ウィリアム・パウンドストーン
飯嶋貴子 訳

世界を支配するベイズの定理

スパムメールの仕分けから
人類の終焉までを予測する
究極の方程式

THE DOOMSDAY CALCULATION
How an Equation that Predicts the Future Is Transforming Everything We Know About Life and the Universe

青土社

世界を支配するベイズの定理

目次

第二部　生命、心、宇宙　189

アーサー・サン＝トーバンへ

世界を支配するベイズの定理

スパムメールの仕分けから
人類の終焉までを予測する究極の方程式

時間とは子どもたちが美しく遊ぶゲームだ。[1]　――ヘラクレイトス

猫の毛皮で、目があったところに二つの穴が開いていることが彼には不思議だった。[2]　――ゲオルク・クリストフ・リヒテンベルク

［『リヒテンベルクの雑記帳』作品社、二〇一八年、宮田眞治編訳より］

ダイアナとチャールズ

ダイアナ・スペンサーがウェールズ公チャールズと出会ったのは、一九七七年に開催されたあるガーデン・パーティだった。ふたりは恋に落ち、両家の家族によるしかるべき調査の末、一九八一年七月、セントポール寺院で結婚式を挙げた。

アメリカ人の画家、マーク・タンゼイは、一九八六年の絵画『アキレスと亀』にダイアナを描いた。ヘムロック（ドクニンジン）の小さな苗木を植える彼女の背後には、大木に育った同じヘムロックの木が描かれている。ダイアナはよく、植物を植えている写真を撮られていたが、なかにはアイザック・ニュートンに敬意を評してリンゴの木を植えている写真もある。

一九九三年、ダイアナはアメリカの宇宙物理学者、リチャード・ゴットの目に留まった。ゴットはそのとき、すでに未来を予測する公式を編みだしていた。この公式を著名人の結婚式で試してみたいと考えたゴットは、チャールズとダイアナの結婚式を選んだのだ。(1) 当時最も有名なカップルはこのふたりだと、ある雑誌が報じていたからである。このロイヤルカップルの結婚生活は九〇パーセントの確率で、わずか一・三年で終止符を打つと、ゴットの公式は予測した。王室の離婚はほとんど考えられないものとされていた時代だ。

一九九五年一二月、女王エリザベス二世はこの夫婦の不倫報道に激怒し、チャールズとダイアナに離婚を勧める手紙を書いた。一九九六年八月二八日、離婚が正式に成立した。その翌年の一九九七年八月三一日、ダイアナは新たに恋心を抱いていた映画プロデューサーのドディ・アルファイドと、パリでシャンパンを飲みながらディナーを楽しんだ。レストランを出ると、酒に酔った運転手がパパラッチとカーチェイスを繰り広げ、結果的にダイアナとドディの命が奪われた。

タンゼイの絵には、他にも少なくとも四人の人物が描かれている。ダイアナの右に立っているのは、シャンパンのボトルをもつ数学者のミッチェル・ファイゲンバウムだ。ボトルの口から出る泡がカオス理論を物語っている。[2] この理論を開拓したファイゲンバウムは、多くの現象は根本的に予測不可能だということを明らかにした。一九九六年、彼はニューメリックス（Numerix）という、ベイズ確率を用いてウォール街のいわゆるロケットサイエンティスト［投資銀行で金融商品を開発する人］のためにデリバティブの格付けをする会社を設立した。

ミッチェルの右隣にいるのが、見落としてしまいそうだが、かの有名なアルベルト・アインシュタインで、その横顔だけが見える。高速発射されたロケットと、ゆっくりと生長するヘムロックの木が、相対性理論を発展させるためにアインシュタインが利用した、走る列車と光線の思考実験を仄めかしている。アインシュタインの前に立つのは、フラクタル概念［図形の部分と全体が自己相似になっているものなどをいう］を考案したＩＢＭの数学者、ブノワ・マンデルブロだ。ヘムロックの木とロケットの爆風がフラクタルになっていて、それぞれの部分が全体と相似形を成す複雑な形をしている。

古代の胸像の姿で有名なギリシャの哲学者ゼノンが、たばこをくゆらしている。アキレスと亀のパラドックスを提唱した人物だ。俊足のアキレスが徒競走で亀に挑戦する。亀は有利なスタートを要求する。

マーク・タンゼイ『アキレスと亀』1986年　©Mark Tansey

亀がいたところまでアキレスが追いつくたびに、亀はアキレスの少しだけ先にいる。そこでゼノンは考えた。アキレスは決して亀を追い越すことができない、と。ゼノンの支持者にとって、このパラドックスは、空間、時間、現実に関するわれわれの理解には、何か完全にまちがっているものがあるということの証明となった。

本書では、もうひとつの度肝を抜くような考え、すなわち終末論法に関する話をする。ゴットをはじめとする学者たちが展開してきたように、これは、人類があとどれくらい存続するかを予測する数学的体系である。この考えに初めて出会った人にとっては、ほとんど信じられないように思えるかもしれないが、これから見ていくように、終末論法はそれほど簡単に退けられるものではない。本書では、この物議をかもす考えの是非をめぐる事例を紹介し、それらを評価しようと思う。終末論法に利用される推論のタイプには、いかに多くの潜在的な適用範囲があるかということも示していきたい。この論法は頭脳明晰な人々に、われわれの脆い存在、希望、そして、これからの世代に対するわれわれの責任について考えさせ——証拠の本質と、宇宙における人間の場所について再検討させてきたのである。

第一部　レミングを考える

終末の日は近いのか。それともまだ先なのか。以下の章では、終末論法について探求する。それは、人類に残された時間がそれほど多くはないという結論へとまっしぐらに突き進む一連のシンプルな論法だ。これから私たちは、終末論者とそれを批判する人々と出会い、ブロードウェイの演劇やレミングの集団、「眠り姫」問題の謎といったトピックと遭遇する。そして、終末の日の計算の少なくともいくつかは、真剣に受けとめる価値があると知ることで、今後の見通しを評価することにしよう。

すべてを予測する方法

六歳のヘレン・グレッグと九歳の姉フランセス、そして同じく九歳の従姉、エラ・デイヴィスは、「原子爆弾」が自分たちの「子どもの家」を襲ったのを目の当たりにすることはなかった。一九五八年三月一一日の、あのよく晴れた春の日、子どもたちはそこから一八〇メートルほど離れたサウスカロライナの森にいた。爆弾は卵形で、安定翼がついていて、長崎に投下された原子爆弾「ファットマン」と酷似していた。それは、彼女たちのためにヘレンとフランセスの父親が建てた「子どもの家」を全壊し、幅二三メートル、深さ九メートルほどのクレーターだけを残した。

空中に吹き上げられた何トンもの土砂のすべてが、地獄を思わせる雨のように降ってきた。それが三人の少女と、両親のウォルターとエフィー・グレッグ、そして彼らの息子のウォルター・ジュニアに傷を負わせた。数羽の鶏の他、死者はいなかった。グレッグ一家はマーズ・ブラフという街に住んでいた。あれから六〇回目の夏を迎えたいまも、クレーターは目で確認できるくらいに残っている。

アルバート・マダンスキーは、シカゴ大学で統計学の博士号を取得した若者で、サンタモニカを拠点とするシンクタンクで、ペンタゴン（米国防総省）の仕事を請け負うランド研究所に採用された。ランド研究所はマダンスキーに、言うのは簡単だが答えるのは難しい、ある問題に取り組ませようとしていた。その問題というのは、核兵器がたまたま誤って爆発する確率はどれくらいか？　というものだ。(1)

マーズ・ブラフの事件が起きたのは、マダンスキーがランド研究所で働きはじめた翌年で、これが議論の主な争点となった。マダンスキーは一般市民がまだ知らないことを知っていた。B―47ストラトジェットが核兵器の取扱訓練の一環として、ジョージア州のハンター空軍基地を飛び立った。飛行の初期段階で、コックピットの赤い警告ランプが点灯し、爆弾が適切に固定されていないことを知らせていた。副操縦士のブルース・クルカは、勤務用リボルバーの床尾で警告ランプを叩いた。ランプは消えた。その後、また点灯した。クルカは爆弾倉に行って問題を解決しようとした。爆弾に手を伸ばしてロックをかけようとしたとき、まちがったボタンに触れてしまった。ロックの外れた爆弾が爆弾倉の扉を突き破り、四五〇〇メートル下まで急降下した。

原子爆弾にはTNT火薬と呼ばれる化学爆薬が含まれており、ウランやプルトニウムの中心を覆っていた。言葉にできないほどの悲劇が回避されたのは、爆弾が非武装状態だった、つまり爆弾に核分裂性物質が含まれていなかったからだ。とはいえ、地面に落ちた衝撃でTNTが爆発し、大規模な従来型の爆破を引き起こした。

マーズ・ブラフと似たような事件はしばらくの間続いた。マダンスキーは、一九五〇年から一九五八年の間に起こった一六の「劇的事件」を記した極秘リストの閲覧を許された。ランド研究所の職員は別のシナリオを懸念していた。爆弾が行方不明になり、一般市民がそれを発見したらどうなるか？　腹を立てたり、情緒不安定になったりした指揮官が、許可なく原子爆弾を発射したらどうなるか？　そのようなケースに関する統計はなかった。そんなことは一度も起こったことがなかったからである。

従来の統計学的考え方からすれば、起こったことのない事象に確率を割り当てることはできない。データのないものに対しては、沈黙を守らなければならないからだ……ところが、マダンスキーはレナード〝ジミィ〟サヴェッジとともに、シカゴで統計学を勉強していた。サヴェッジはオガシェヴィッツという名前でこの世に生を受けたが、サヴェッジのほうが彼に合っていると言われていた。彼は、自分よりも頭脳明晰ではないと判断した人々、つまり数学と経済学の分野に属するほぼすべての人々に対しては、残酷なまでに批判的だった。サヴェッジは生来、人と反対の行動をとる人間だった。最も人と異なる、彼のお気に入りの思想は、ベイズの定理――一八世紀イギリスの、ある無名の牧師の名前にちなんでつけられたよく知られていない公式だった。マダンスキーは、ベイズの定理はランド研究所がまさに必要としているものを提供すると確信した。つまり、ある確率を終末の日に割り当てる方法だ。

ランド研究所の一九五八年の報告書(マダンスキーとその同僚のフレッド・チャールズ・アイクレ、ジェラルド・J・アロンソンが執筆し、二〇〇〇年に機密解除された)には、アメリカの核兵器は急速に進化しているため、事件が起こる確率が拡大していると記載されている。冷戦の真っただ中で、アメリカの戦略空軍は約二七〇機のB―52爆撃機を常に空中に保持し、大統領からの指令があればすぐに核攻撃に乗りだす心づもりでいた。

「一回の操作に対する非常に低い確率、たとえば一〇〇万分の一といった確率は、この操作が今後五年以内に一万回起これば、非常に大きなものになる可能性がある」とランド研究所の報告書は警告した。[2] より多くの爆弾がより遠くまで運ばれたら、大規模なカタストロフィが数年のうちに起こることはほぼ避けられない、と報告書の執筆者らは見積もった。

この報告書には、ありふれた日常から奇想天外なものに至るまで、さまざまな対応策が詳しく書かれていた。そのひとつとして、爆弾発射スイッチに電流を通すという提案があった。そうすれば、このスイッチに触れた人はだれもが軽いショックを受け、まちがったボタンを押してしまう可能性が軽減できるからだ。『博士の異常な愛情』に登場する、第二次世界大戦を勃発させた錯乱状態の人間のシナリオについて、この報告書は、爆弾を取り扱うすべての人間の心理学的スクリーニングをするよう訴えている。最も実践的なアイデアは、爆弾にダイヤル錠をかけることと、爆弾を装備するためにふたりの人間が同時に行動しなければならないようにすることだった。

ランド研究所のグループは、カーチス・ルメイ空軍大将に報告しようとしていた。政治的に正しすぎるがゆえに核兵器を使用することができないアメリカの首脳部に頭を悩ませていた、生まじめな英雄だ。ルメイがこの問題の深刻さをすぐさま理解したことに、マダンスキーは胸をなでおろした。ルメイ大将は早速ダイヤル錠をつけ、二人体制を敷くよう命じた。

民衆の知恵によれば、稲妻は同じ場所に二度落ちることは決してない。ところが一九六一年一月二四日、カロライナの低地帯にまた別の核爆弾が落ちるところを、間一髪で免れた。ルメイのB―52のうちの一機が燃料漏れを起こし、ノースカロライナ州ゴールズボロ付近で空中分解しはじめたのだ。尾翼が剥ぎ取られた二機の爆弾が爆弾倉をすり抜け、地面へと落下した。三人の乗組員が死亡し、五人がパラシュートで脱出して命拾いした。

爆弾が爆発してしまっていたら、安全な場所など、どこにもなかっただろう。このB―52は水素爆弾を積んでいた。それがひとつでも爆発したら、死の灰の噴煙がフィラデルフィアまで到達していたかもしれない。[3]
爆弾のうちのひとつはパラシュートがついたまま、木にぶらさがった状態で発見された。地面すれすれのところだった。「発射／安全」スイッチは「安全」のままになっていた。
もうひとつの爆弾はパラシュートが作動しなかった。この爆弾は爆発し、断片が湿地帯に落下したが、湿地だったことで衝撃が和らぎ、従来のような爆発は免れた。
爆弾処理の専門家、ジャック・レヴェル中尉が呼ばれ、爆弾の破片探しが始まった。「死ぬまで忘れることはないだろう」とレヴェルは言う。[4]「軍曹がこう言った。「中尉、発射／安全スイッチが見つかりました」。「それはよかった」と私が言うと、彼はこう答えたのだ。「よくありません。スイッチが〝発射〟になっています」」

「あなたは製品だ」

イングランドのタンブリッジ・ウェルズに住む非国教徒の牧師、トーマス・ベイズが息を引き取ったのは、一七六一年四月一七日だった。理由は定かではないが、彼は自らの人生最大の功績を公表することも、だれかに読んでもらうこともなく、しまい込んでいた。数学に傾倒していたもうひとりの牧師、リチャード・プライスが、ベイズの死後、彼の原稿を発見し、その重要性に気づいた。プライスの知り合いには、ある悪名高い集団がいた。アメリカ人革命家のトマス・ペイン、トーマス・ジェファーソン、ベンジャミン・フランクリンの他、無政府主義者と結婚して、後に『フランケンシュタイン』の著者メアリー・シェリーを生んだメアリ・ウルストンクラフトなどが属する集団だ。

プライスは、ロンドンの王立協会にベイズの論文を送った。プライスによれば、「いまは亡きわれわれの友人、ベイズ氏の書類から発見した、私の意見では非常に価値のある論文」だ。

この論文は現在、私たちがベイズの定理（または規則もしくは法則）と呼んでいるものを説明している。それは、啓蒙主義の世界観の根本的疑問——われわれは自らが信じることをどのように調整して新たな証拠を説明するか——に取り組んでいる。

現代の言葉で言えば、人はまず、事前確率（略して「事前」）から始める。これは何かが起こる可能性の推定値であり、すでにわかっているすべてのことを基礎にしている。この推定値がその後、単純な公式に従って調整され、新しいデータとなる。

プライスはベイズの創意を称賛したが、こんな警告もしていた。「計算のなかには……大変な苦労なくしてはできないものもある」。

こうした理由もあり、ベイズの定理が重視されることはなかった。反復計算を手計算でおこなうのは、うんざりするような作業だった——だがこの状況は、コンピューターの発明とともに、二〇世紀になって変化した。ベイズの定理は保険会社や軍隊、テクノロジー業界などにも採用された(5)。長い間忘れ去られていたベイズ牧師の規則が、シリコンバレーの多くの富の背後にあると言っても過言ではない。

「お金を払っていないなら、あなたはその商品の一部だ」。これは私たちの時代のデジタルエコノミーの格言だ。グーグル、フェイスブック、インスタグラム、ツイッター、ユーチューブ——すべて現代の魅力的で依存性のあるアプリだ——は、ファウスト的契約を伴う無料の製品である。こうしたサービスを利用するために、私たちはそれらのプロバイダーに、いわゆる個人情報——ベイズの定理からすれば価値ある情報――の収集を許す。総体的な「ビッグデータ」としての個人情報は、市場で売買する人々に、あなたが何を買い、いくら支払い、だれを支持するかを予測させる。クリックしたり、スワイプしたり、投稿したりするたびに、またGPS座標ごとに更新されるこうしたベイズ予測は、数多くのテック企業の秘伝のソースなのだ。

ところが、このサクセスストーリーは、私たちと深い関係のある、より奇妙なストーリーの序章に過ぎない。最近では、ベイジアン法が人類そのものの未来を含む、存在の深い神秘に光明を投じる可能性があると考えられるようになった。

オジマンディアス

古《いにしえ》の国から来た旅人に会った
彼は言った――「二本の巨大な胴体を失った石の脚
沙漠《さばく》に立ち……その近くに、沙《すな》に
半ば埋《う》もれ崩れた顔が転がり、その渋面
皺《しわ》の寄った唇、冷酷な命令に歪《ゆが》んだ微笑
工人その情念を巧みに読んだことを告げ
表情は今なお生き生きと、命なきものに刻まれながら
その面持《おももち》を嘲《わら》笑い写した匠《たくみ》の手、それを養った心臓より
生き存《なが》らえる。

そして台座には銘が見える
我が名はオジマンディアス、〈王〉の〈王〉
我が偉勲を見よ、汝《なんじ》ら強き諸侯よ、そして絶望せよ！
他は跡形なし。その巨大な〈遺骸〉の
廃址《はいし》の周りには、極みなく、草木なく
寂漠《せきばく》たる平らかな沙、渺茫《びょうぼう》と広がるのみ。」
――『対訳 シェリー詩集――イギリス詩人選（9）』岩波書店、二〇一三年、アルヴィ宮本なほ子編より」[6]

これは、パーシー・ビッシュ・シェリーのソネット、「オジマンディアス」（一八八八年）である。ロマン派詩人のシェリーは、フェミニズムの先駆者、メアリ・ウルストンクラフトの娘で『フランケンシュタイン』の著者であるメアリー・シェリーの夫であり、トーマス・ベイズの知的財産を世に紹介したリチャード・プライス牧師の友人である。栄光はいつしか消える、永続するものはない、というのが「オジマンディアス」のテーマだ。

一九六九年の夏、J・リチャード・ゴットは、ハーバード大学の卒業旅行でヨーロッパを旅した。そして、冷戦の不安を決定的に物語る記念碑、ベルリンの壁を訪れた。この歴史的建造物を前に、彼はその歴史と未来に思いを馳せた。全体主義の権力を象徴するこのシンボルは、いつの日か瓦礫と化すのだろうか？

これは外交官や歴史家、論説のコラムニストやテレビに登場する有識者、スパイ小説家などが論じていたテーマだった。意見はさまざまだった。大学院で天体物理学の研究をしようとしていたゴットは、別の見方をしていた。彼は、ベルリンの壁があと何年存続するかを概算するためのシンプルな方法を考えだした。これを頭のなかで計算し、友人のチャンク・アレンに打ち明けた。壁は少なくともあと二年八ヶ月は存続するが、二四年以上は存続しないだろう、と彼は言った。[7]

ゴットはアメリカへ戻った。一九八七年、ロナルド・レーガン大統領はこんな要請をした。「ゴルバチョフさん、この壁を壊しなさい!」一九九〇年から一九九二年にかけて、壁は取り壊された。それは、ゴットの予測から二一〜二三年後の話であり、彼が告知した期限内に入っていた。

ゴットはこの秘密のトリックを、「デルタt論法」と呼んだ。「デルタt」とは時間における変化のことである。ルネサンス時代のポーランドの偉大な天文学者、コペルニクスにちなんで名付けられたコペルニクス的方法としても知られている。コペルニクスの想像力の飛躍は、地球が宇宙の中心ではないということだった。地球は、太陽の周りをまわる惑星のひとつに過ぎないというのだ。この考え方は観測結果とより一致する、さらにシンプルな太陽系モデルをもたらした。

天文学者にとって、コペルニクスの洞察は尽きることのない贈り物である。過去五世紀以上もの間、人類は物事の成り立ちの中心的な、または特別な地位を占めていないということが繰り返し立証されてきた。私たちの太陽は、ありふれた銀河にある、ありふれた星である。それは銀河の中心にあるのではなく、かなり周縁にある。私たちの銀河は、それが属する銀河団において特別な地位を占めているわけではなく、この銀河団は、私たちが知っているようには宇宙の特別な地位を保持していない。観測可能な宇宙全体でさえ、いまや、さらに大きな多元的宇宙における取るに足らない小片だと広く信じられている。宇宙における「現在地」点が示すのは、どこでもない場所のちょうど真ん中に私たちが存在しているということなのだ。

コペルニクスの原理は一般に、宇宙における観測者の位置に適用されるが、デルタt論法はこれを、時間における観測者の位置に適用する。ゴットは、ベルリンの壁の訪問が、この壁の歴史におけるなんらかの特別な瞬間に起こったのではなかったという仮定から出発した。この前提により、ゴットは冷戦の地政学に関するいかなる専門知識ももたずに、壁の未来を予測することができたのだ。彼が一九六九年に予測したのは、ベルリンの壁が彼の訪問から少なくとも二・六七年存続する確率は五〇パーセントだが、二四年以上存続することはない、というものだった。

一九九三年、ゴットはこの方法を権威ある学術雑誌『ネイチャー』に発表し、これがいまなお白熱している議論に火をつけた。多くの人が、ゴットの方法は有効となるべくもないと主張した。彼らは博学な（そして驚くほどさまざまな）理由を引き合いに出した。ゴットの論文に、うんざりするような知的教養の兆候を認める者もいた。「量子力学の時代に、われわれがしばしば幻想的結論を受け入れるのは、ただ単にそれが幻想的で衝撃的だからだ」とジョージ・F・ソワーズ・Jr.は訴えた。(8)「われわれの感性は麻痺している。しかし、われわれが終末のようなものを推論できるほど、この世は混乱していない」。

それでも、ゴットの方法を試して、それがうまくいったと言う人もいた。あるイギリスの数学者グループがゴットの考えを利用して、保守党があとどれくらい勢力を維持できるかを計算したのだ。彼らの予測どおり、保守党はその三年半後に失脚した。

愛はいつまで続くか？

ゴットは文字どおり、非常に個性的な性格の持ち主だ。私と会ったときは、ほとんど蛍光色とも言えるような色合いのターコイズのジャケットと、小麦色のフェドーラ［柔らかなフェルトの中折れ帽子］を身につけていた。生まれながらのストーリーテラーで、そのケンタッキー訛りの鼻声はアイビーリーグで数十年もの間健在で、ひょうきんなユーモアのセンスも備えている。『ネイチャー』に論文を発表してから数年後、彼は科学界の予言者のような存在として、ちょっとした有名人になった。一九九七年、ゴットは『ニュー・サイエンティスト』の読者を招き、この雑誌が手元に届くときから数えて、現在のボーイフレンド、ガールフレンド、または配偶者との関係がどれくらい続くかを概算した。この原理は、本書の読者の皆さんにも同じように適用できる。

皆さんはいま、ここに書かれている言葉を、各自の恋愛関係が進行している期間のランダムな瞬間に読んでいる。それ以外はほとんどないだろう。本書は、彼または彼女が本気であなたに夢中かどうかを、どのように知るかというハウツー本ではない。また、優秀な離婚調停弁護士の探し方を助言する本でもない。本書はほとんどいつ、いかなるときも、あなたの人生に入り込んでくる可能性があった。これが、ロマンスとは関係のないコペルニクス的仮定である。この瞬間については、特別なものは何ひとつないのだ。

それならばもしかしたら、あなたは恋愛関係の超初期にいるのでも超末期にいるのでもないかもしれない。その中間地点のどこかにいるのだ。この前提を受け入れるとすると、あなたの恋愛関係の過去の継続期間は、未来の継続期間のきわめて大まかな考え方を提供することになる。

そんなことは常識だと思うかもしれない。もしだれかと五日前に出会ったとすれば、いまから五日後にその関係が終わっても驚くべきことではない。来年の夏のためにタトゥーを入れたり、ビーチハウスを予約したりするのは、あまりにも時期尚早だ。この種の推定が楽しいもの、落胆するもの、またはそのどちらでもあることがわかるかもしれない。だが本当の疑問は、そうした推定値にどれほどの正確さを求めるべきか、ということなのだ。

ゴットは、この推定値を求めるのに複雑な計算は必要ないことに気づいた。ただ、紙ナプキンの上に簡単な略図を書くだけで良いのだ。

あなたの恋愛関係の持続期間を表す水平の棒グラフを描く。これを動画のスクロールバーのようなものと考える。関係性の始まりを左に、終わりを右にもってくる。愛がどれくらい持続するかだれにもわからないので、この棒グラフを何時間とか何日、または何年で示すことはできない。その代わり、パーセンテージで表すことにしよう。関係性の始まりは〇パーセント、終わりが一〇〇パーセントだ（それがリアルタイムでどれほどの長さになるかは関係ない）。現在の瞬間は〇から一〇〇パーセントのいずれかの地点になければならないが、それがどこかはわからない。

相手はまだ自分と一緒にいるだろうか？

棒グラフの半分が影になっている。中央部分の五〇パーセント、つまり二五〜七五パーセントの部分だ。現在の瞬間は地図上のピン（「現在地」）で示される。棒グラフの長さに沿ったどの位置にいる可能性も等しいと仮定しよう。それは影の部分かもしれないし、影ではない部分かもしれない。ところが、

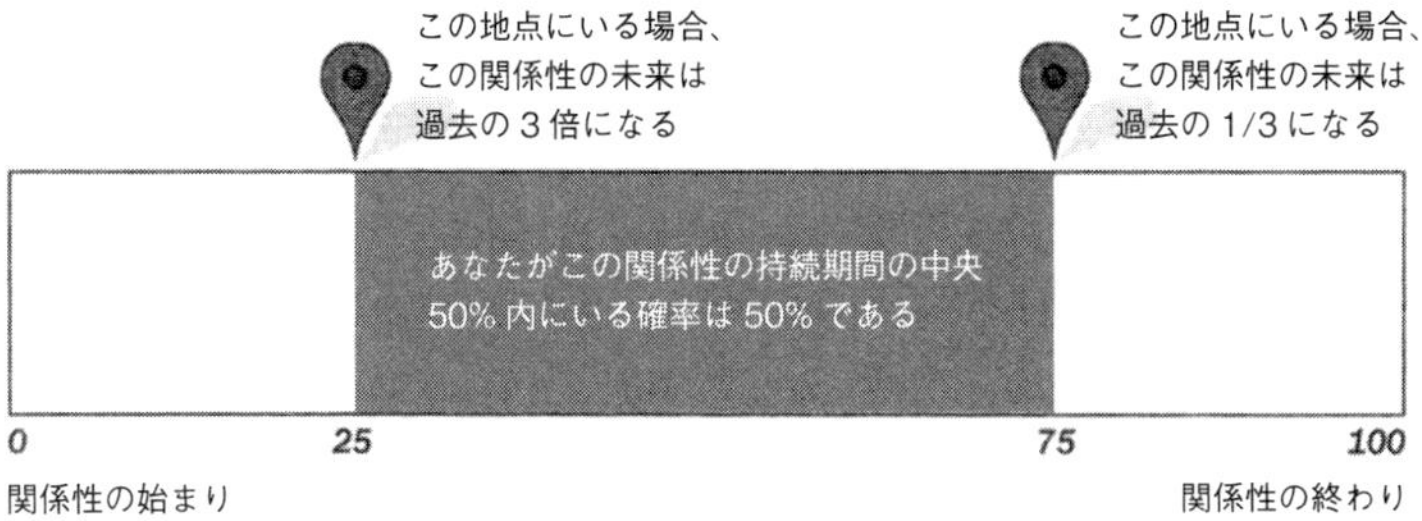
この地点にいる場合、
この関係性の未来は
過去の3倍になる
この地点にいる場合、
この関係性の未来は
過去の1/3になる
あなたがこの関係性の持続期間の中央
50%内にいる確率は50%である
0
25
75
100
関係性の始まり
関係性の終わり

影の領域は棒グラフのちょうど五〇パーセントを占めているため、現在の瞬間が影の部分のどこかである確率は、五分五分と言うことができる。

この図にサンプルのピンをふたつ置いた。これらのピンは影の領域の両端を示している。左側のピンは二五パーセントのところにある。このピンが、この関係性のタイムラインであなたが実際にいる地点と一致していると信じることができる理由はない。だが、便宜上それらが一致していると仮定しよう。すると、あなたの恋愛関係は全持続期間の二五パーセント続いていて、その後まだ七五パーセント残っている。未来は過去よりも三倍長いことになる。

右側のピンは七五パーセントの位置にある。これが正確な現在の位置だとすると、未来（二五パーセント残っている）は過去（七五パーセント）の三分の一しかない。

これらふたつのピンは、棒グラフの中央五〇パーセントの両端にあるため、現在の瞬間がこの領域の内部にある確率は五分五分である。つまり、あなたの関係性の未来が、過去の長さの三分の一から三倍のどこかにある確率は五〇パーセントだ、ということになる。ゴットはこの計算を、ベルリンの壁の予測に使ったのだ。

この予測は、皆さんがおこなっているかもしれない多くの同じような予測のひとつである。ゴットは『ネイチャー』の論文で、科学と統計学で広く使われている九五パーセントの信頼水準を採用した。ある科学雑誌に結果を発表するには、一般に、結果がサンプリングのエラーによるものではないという確率が九五パーセント以上であることを示す必要がある。九五パーセントがかなりの確信だということを理解するために、科学者になる必要はない。この人は「理想の人」なのか、それとも単に「長続きしない、いまだけの人」なのか？ それについては九五パーセント確信することはできない。それに、明日の天気や次期選挙の勝者についても、九五パーセント確信することができないことがほとんどだ。

棒グラフの中央の九五パーセントに影をつけた、もうひとつの図をつくってみた。今度は、影の領域は二・五〜九七・五パーセントの範囲になる。左側のピンに自分がいるとすると、過去の持続期間は二・五パーセント、未来のそれは九七・五パーセントである。未来は二・五分の九七・五、すなわち過去よりも三九倍長いことになる。

右側のピンにいる場合、未来は過去の持続期間の三九分の一しかない。したがって、この図で、また未来の持続期間のコペルニクス的概算において、九五パーセントの信頼区間は、過去の持続期間の三九分の一〜三九倍ということになる。

たとえば、一ヶ月前にだれかと知り合ったとしよう。この関係性が三九分の一ヶ月以上、三九ヶ月以内に終わる信頼水準は九五パーセントである。これは、一八時間から三年余の期間に相当する。映画館で携帯電話をマナーモードにする時に、別れのメッセージを見逃すようなことはないということは、合理的に確信できるだろう。また、この同じ相手といまから五年後には関係性をもっていないということ

過去の時間／39＜未来の時間＜過去の時間×39

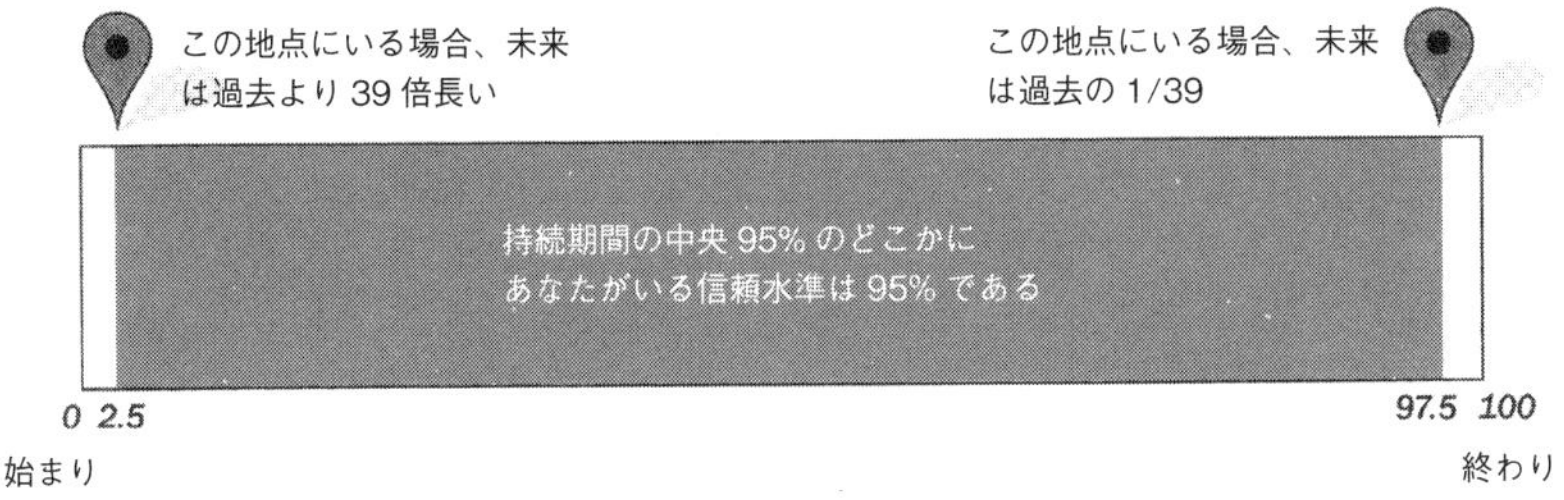
この地点にいる場合、未来
は過去より39倍長い
この地点にいる場合、未来
は過去の1/39
持続期間の中央95%のどこかに
あなたがいる信頼水準は95%である
0 2.5
始まり
97.5 100
終わり

も、予想しておくべきである——ゴットの愛の統計学がそう語っているように。

リンディの法則

長い間、ゴットや他の人々は、コペルニクス的方法の幅広い適用を主張してきた。ウォール街の有名な逃げ口上——過去の実績は未来の結果を保証するものではない——を考えてみると良い。そう言いながらも、未来の株価実績を過去から（他に何から？）予測することに、信じられないほどの努力が注がれているのだ。

　企業の生き残り——そしてフォーチュン500やS&P500といった、ランキングリストやインデックスに掲載される期間——に関する統計が、コペルニクス的効果を示している。ある会社がこれまでどれくらい存続してきたか（またはランキングリストに掲載されてきたか）は、この会社が今後どれくらい生き残る（リストに残る）かを大まかに予言するものとなる。

　コペルニクスの原理は、株式投資家を悩ませる生存者バイアスとなんらかの関係がある。ある特定の期間において、インデックスファンドまたはポートフォリオは、直近の過去に好結果を出していた株式をより重視する傾向があるが、長い目で見て、それが同じくらい好成績を上げつづける可能性は低い。投資家は、掌中で砕けて灰となってしまうような金を常に握っているのだ。

ブロードウェイのショーは特殊なタイプのビジネスである。企業と同じように、演劇は投資家が利益を望むことができる限り上演される。ところが、ブロードウェイのショーは、企業と比べればカゲロウのように儚く、その存続期間が週単位で測られる。ゴットは、このことが検証可能な予測をする機会を自分に与えることに気づいた。一九九三年、『ネイチャー』に論文が発表されたその日、彼は当時ニューヨークで上演されていた四四の演劇とミュージカルを特定した。『キャッツ』などのヒット作もあれば、すぐに忘れられてしまったものもあった。四年後、四四の劇のうち三六作品が上演を終了し、そのすべてが、ゴットが予測した九五パーセントの信頼区間に含まれていた。

最近の報告によると、ブロードウェイのミュージカルの七九パーセントが失敗、つまり経費を回収する前に上演終了となってしまう[9]。税金の控除にも関わらず、演劇資金援助者の多くが興行を過大評価しているのだ。ゴットの予測法では、脚本、スター、キャスト、レビューは計算に入っていない。また、前売りチケットの売上げ、セレブの噂、広告キャンペーン、また人々が何に喜んでお金を払うかとか、チケットを手に入れるためにどんなことをするかといったことも考慮に入れていない。にもかかわらず、ゴットは、ショーがそれまでどれくらい上演されてきたかということが、情報に基づく多くの意見よりも、未来を予測する上でよりすぐれていることを発見したのだ。『ザ・ニューヨーカー』の編集者らは、ゴットと彼の方法にひどく感銘を受け、ティモシー・フェリスにゴットを紹介する記事を書くよう依頼した。一九九九年、それは、「すべてを予測する方法」というタイトルで発表された[10]。

ある大学院生が、禅行さながらに壁を見つめ、悟りを得る。「すべて」を予測することは、本当にそんなふうに簡単なことなのだろうか？

自己位置情報

確かにゴットの方法は、大きな、ドラマチックな予測を空っぽの帽子から引き出しているように見える。だが、何もないところから魔法のように予測を引き出すことはできない。実は、コペルニクス的方法は特別な種類の情報を利用しているのだ。

ひとつの例として、グーグルマップのピンがある。ジェンス・アイルストラップ・ラスムッセンが二〇〇五年にデザインした、この涙のしずくを逆さまにした形は、瞬く間に世界に知られる記号となり、ニューヨーク近代美術館のデザインコレクションに展示されるという栄誉を勝ち取った。ラスムッセンのアイコンは、印刷に勝るデジタルメディアの威力を典型的に表している。印刷された世界のロードマップや地図帳全体を調べて、最も重要な情報――自分がいまどこにいて、どこへ行こうとしているか――を、ひとつの地図から得ることなんてできないだろう。

デジタルマップのユーザーが迷子になることは決してない。GPS対応の地図には特殊な機能があるからだ。それは、ユーザーの現在地を知っている。これは自分の位置、つまりインデックス的な情報である。これらは、私たちの大半が当然と思っていることを、いかにも聞こえがいいように表した用語だ。「インデックス」とは人差し指のことで、何か、またはだれかを指し示すもの、つまり「あなたがいる場所（現在地）」ということである。

自己位置情報は、空間における所定の位置に関連する必要はない。それは、時間における位置を表すこともできる。これもまた便利だ。（そうでなければ、なぜ私たちには時計があるのか？）ゴットのコペルニクス的方法は、ある人の時間における位置を利用して予測するのである。

自己位置情報による予測は、別段新しいものではない。一九六四年、伝記作家であり評論家でもあるアルバート・ゴールドマンが、「リンディの法則」を公式化した。「リンディーズ［ニューヨークのデリ］に夜な夜な集合する、禿げ頭の、葉巻をくわえた、知ったかぶりの輩たちが確立し、普及した法則によると……テレビのコメディアンの平均存続期間は、メディアにおけるその人の総露出量に比例する」[11]。『ザ・トゥナイト・ショー』で得点を挙げる多くのコメディアンはすぐに忘れ去られるが、ジェリー・サインフェルド［アメリカNBCで放送された国民的コメディドラマ『となりのサインフェルド』の主演を演じたアメリカ人俳優］は、しばらくは消えないと考えて、まずまちがいないだろう。

数学者のブノワ・マンデルブロがリンディの法則を思いつき、この法則はショービジネス以外の他の多くのことに適用できると述べた。それがゴットの真意だった。

コペルニクス的方法のことを聞く前に、私はカスタマーサポートのスタッフとつながるまでの待ち時間について、半ば本気の法則を定式化した。生身の人間と話をするために待つ未来の時間は、すでに待っている時間がどれほど長かろうと、その過去の時間とおよそ一致するというものだ。保留の状態になった最初の数秒間だけ、すぐにスタッフと話ができるという期待を抱く。数秒が数分になるにつれて、期待する待ち時間も同じように増えていく。

コペルニクス的概算は、持続期間とそれほど厳密に関わる必要はない。たとえばチャンネルを変えていくうちに、『ロッキー4』というタイトルの映画に出会ったとしよう。ところで、これまでいくつのロッキー映画が製作されてきただろうか？　ランダムに出会ったこの映画が四番目のものだとしたら、「だいたい八作くらい」のロッキー映画があると考えるのが妥当な推測だろう。

こうした形の予言には、いくつかの細則がある。ゴットはこれについて、次のように述べている。結婚式に招いたゲストを、新婦の未来の破局という心穏やかではない予想でもって楽しませることはできない。それは無作法であるばかりか、役に立たないだろうから。

この方法は、人は何かが持続している期間の、あるランダムな地点にいる自分に気づくという前提に根ざしている。私たちはタイムマシンに飛び乗って、それを「ランダム」に設定することはできない。実際これは、現在の瞬間が、関連する現象の持続期間内のどこにあるかを知る方法がなく、現在の瞬間が初期なのか、中間なのか、後期なのかを信じる理由が何ひとつないという状況に自分がいなければならないことを意味するのだ。

結婚式は共同生活の始まりを祝う儀式だ。すべての人が、結婚式はこの関係性の初期の瞬間であり、ランダムな瞬間ではないことを願っている。

その後は寿命が影響してくる。フランクとフランの結婚五〇周年記念で、だれかがこの夫婦に、さらに五〇年の結婚生活の喜びを願う。もちろんこれはジョークであって、予測ではない。私たちは、フランクとフランが長期にわたってこの関係性にあることを推測することはできるが、それは、人間の寿命について私たちが知っていることを覆すことはないのだ。

スフィンクスの謎

ゴットが終末をどのように計算し、私たち全員が役者であるショーの最後の幕が、思っていた以上に早く降りる可能性があるということを、どのように結論付けたかについて、これから皆さんにお伝えしなければならない。

皮肉屋ならこう尋ねるだろう。他に何か新しいことはないのか？　と。その日のニュースに悲観論の原因を探しだすのは難しいことではない。だが、ゴットがこの決断に至ったのは、少しちがう方向からなのだ。それはすべて数学であり、戦争やテロリズム、環境破壊、制御不能のテクノロジー、その他、人間の生活に対する特定の脅威について私たちがもっている一般的な知識がいかなるものであろうと、それらが考慮されることはなかった。

一九九三年の『ネイチャー』の論文で、ゴットは、私たちが終末論法と呼んでいるものを提示した。彼はそのふたつのバージョンについて説明している。ひとつは時間におけるわれわれの地点を利用するもので、もうひとつは天体物理学者ブランドン・カーターと哲学者ジョン・レスリーが発展させた、人類の年代順リストにおける地点を利用したものだ。いずれの方法でも、終末論法は人類が滅亡する日を予測する。

考古学者は、解剖学的にこんにちの人間と同じとされる人間が登場したのは二〇万年前まで遡ると言っている。[1] 当時の頭蓋骨には、私たちのそれとだいたい同じ大きさと形の脳がおさまっていた。仮に私たちが、人間の存在の年表におけるランダムな地点にいるとしよう。私たちの前には二〇万年という年月が存在し、私たちの先には同じく二〇万年の年月が存在すると予測できる——きわめて大まかな計算ではあるが。ゴットは九五パーセントの信頼水準を利用して、人類は少なくともあと五一〇〇年存続するが、七八〇〇万年以上は存続しないと推定した。[2]

生物学者は哺乳類種の平均存続年数を、一〇〇万年から二〇〇万年としてきた。[3] ゴットが見積もった範囲はこれと一致しており、それほど悲観すべきものでもない。この予測が、今後五一〇〇年のうちに人類が滅亡する確率をたった二・五パーセントとしていることは留意すべきだ。これはあまりに楽観的すぎるように思える。

だが、これとは別の、よりきめの細かい見方もある。いまこの瞬間は、人類の存在の、それほどランダムな地点ではないということだ。このことは、長期にわたる世界人口チャートを用いればいちばんわかりやすい。

この図はホッケースティック曲線、すなわち、人口がうなぎのぼりに増えていることを示している。世界の人口は、農業、金属加工業、工業、そしてデジタル・テクノロジーの採用とともに急成長した。ホメロスからテイラー・スウィフトまで、私たちがその名を知るありとあらゆる人が、私たちの種の年表の最も直近の一・五パーセント以内に押し込められている。地図上のピンは現在の瞬間を表し、これが典型的でないのは明らかだ。

「さもなければレミングを考えてみると良い」とジョン・レスリーは言った。[4]「典型的なレミングはど

世界の人口

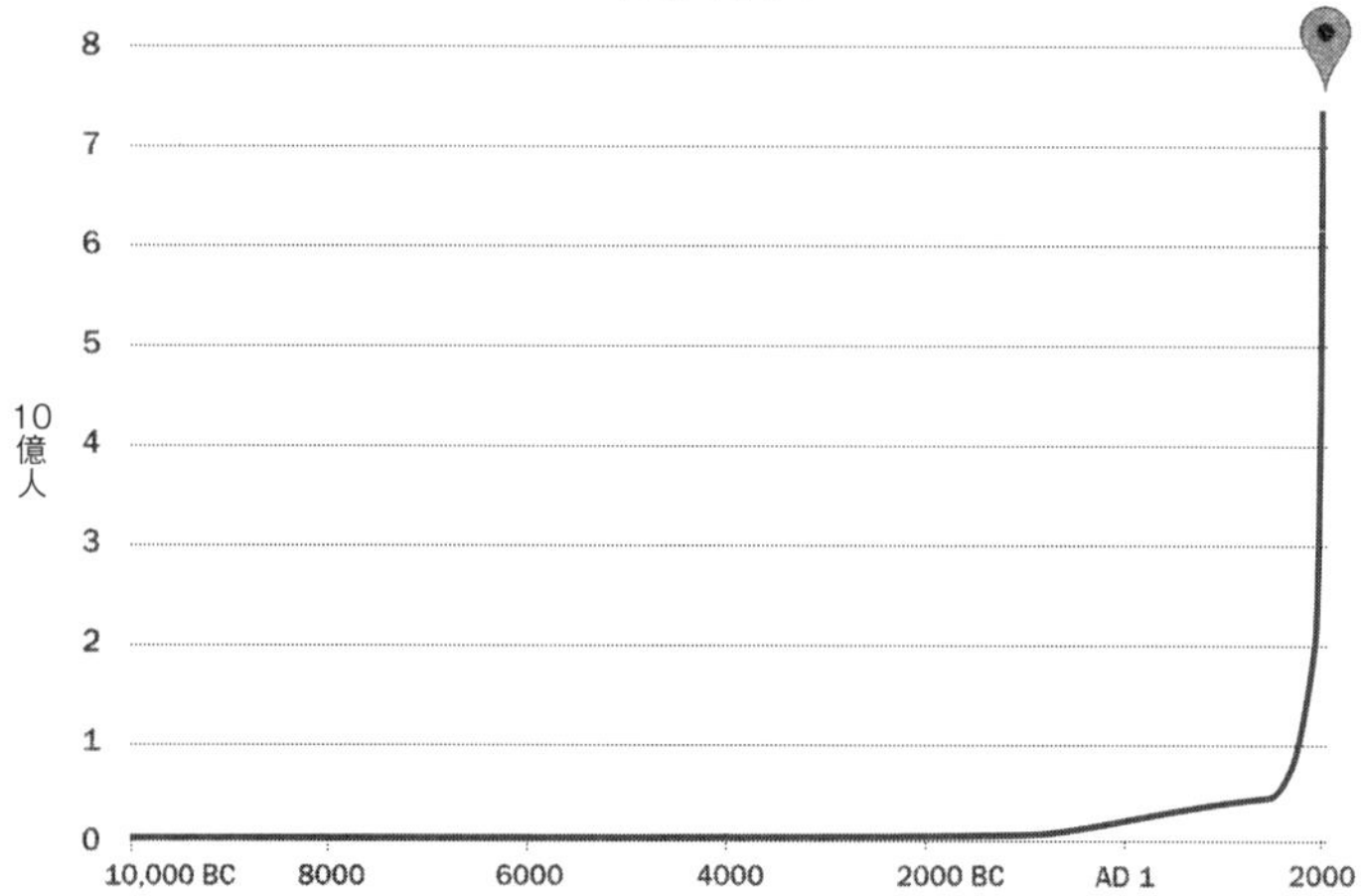

こで自己を認識するか？　他のレミングがほとんどいなくなったときか、それともレミング全体が爆発的に増えた後か？」（レミングというのは、長年にわたってその総数が幅広く変化する、北極圏に住むげっ歯動物である。崖から海洋へ飛び降りて、集団自殺するという俗説がある）。

というわけで、私たちは人口急増のただ中に生きている。カーターとレスリーの取り組みには、この人口を収容するひとつの方法がある。自己サンプリングと呼ばれる手法を利用するのだ。たとえば、私がくじ券を一枚買い、その番号が64だったとしよう。くじが連番であることを想定すれば、少なくとも六四枚の券が存在しなければならない。とはいえ、数百万枚あるということはおそらくないだろう。もしそんなにあるとしたら、私が64という小さな数字を引く確率は低いからだ。

自己サンプリングでは、自分をある集団のランダムなサンプルと見なす。その後、自分自身に関する知識（たとえばくじ券の番号など）を利用して、そのグループに関する結論（くじ券を所持している人の総数）を導きだす。これを終末論法に置き換えたバージョンで、カーターとレスリーは誕生順を利用しているのだ。

過去、現在、未来のあらゆる人間のリストを想像し、これを生まれた年で分類してみよう。概念上、このリストは次のようなものになる。

1. アダム
2. イヴ
…
X. 自分
…
Z. （未来の）最後の人間

私の誕生順のシリアル番号はXである。はたして私はこのリストの上位に近いところにいるのか、中間に向かっているのか、それとも下位に近いところにいるのか？　そもそもこのリストの長さは、どれくらいなのか？

私にはわからない。ひとつだけ言えるのは、直線における私の位置があまりに非典型的だと信じる理由はない、ということだけだ。これもまたコペルニクス的前提であり、年数ではなく誕生順を利用した現在に過ぎない。私たちは通常の時計ではなく、「誕生の時計」のチクタクという音を利用しているのだ。

ゴットは人類の累積人口を約七〇〇億人と見積もっている。[5] これは過去から現在までに生きたすべての人間だ。この数は、あなたが思っているよりも明確に定義される。有史以前の人口は、現代の水準からすれば取るに足らない。したがって、ホモ・ハイデルベルゲンシスと初期のホモ・サピエンスとの間のどこに恣意的な境界線を引くかとか、ヒトとネアンデルタール人のハイブリッドをカウントするか否かといったことは、それほど大きな問題ではない。これら初期の人間は、総人口にはそれほど影響を及ぼさないからだ。

ほぼすべての生命が人口チャートのいちばん右の部分に群がっているため、利用できる文書や考古学によって、最近の一〇〇〇年の人口を概算することができる。

私の誕生のシリアル番号は、七〇〇億人のなかのいずれかの地点にある。つまり*X*だ。ところが、最後の人間の誕生順である*Z*についてはどうだろうか?

九五パーセントの信頼水準で言えば、それは私の数の三九分の一と三九倍の間にある。ゴットは、今後生まれてくる人間の数を一八億人から二兆七〇〇〇億人と概算した。

さて、ここで未来の誕生数を年数に変換する方法が必要となる。最後の人間が誕生するのに、あと何年かかるだろうか?

これを左右するのが出生率だ。ゴットの論文が発表された当時は、年間約一億五〇〇〇万人が誕生していた。この出生率が継続していれば、さらに一八億人が増えるのに、わずか一二年しかかからないことになる。上限の二兆七〇〇〇億人という未来の誕生数を達成するには、一万八〇〇〇年かかる。

この計算から、終末はいまから一二年後から一万八〇〇〇年後までのいずれかの地点にあると予測できる。[6] これは――特に一二年後という下限を見ると――かなり憂慮すべき見通しだ。

世界の出生率は一九九三年以降、徐々に減少している（年間約一億三〇〇〇万人）。一方、累積人口の概算は現在、ゴットが使用した数字（一〇〇〇億人前後）よりも大きくなる傾向にある。これらの改められた数字は、いまから二〇年後から三万年後の範囲に当たる。それでも私たちは、いま生きている人間の自然寿命の間に終末が訪れることはないと、自信をもって言うことはできない。

未来の出生率を利用すべきなのだが、それを知ることはできない。ひとつ可能性があるとすれば、人類は多かれ少なかれ、加速度的に成長を続けるということだ。これは、人間が他の惑星を占領するような未来、もしくはテクノロジーが、現在地球上では想定しにくい人口密度を支えるような未来であれば、ありうることだろう。この仮定からすると、誕生順のマイルストーンである*Z*に私たちが到達する日はますます早まる。これは終末の日を引き延ばすのではなく、加速させるのだ。

一見、より温和であるように思える前提としては、出生率が減少しつづけるということがある。だが、終末の日を著しく先延ばしにするためには、出生率を抜本的に低下させる必要があるだろう。このことを肯定的に解釈するのは難しい。世界の滅亡後にわずかな生存者だけが残るという、地球規模のカタストロフィを必然的に伴う可能性があるからだ。年間出生率が一〇〇分の一の割合で減少すれば、一〇〇倍の割合で人類の滅亡を先延ばしにすることができる。全体的な終末を延期するのに、終末寸前の状態が必要になるということだ。こんなことをしても成功したとは言い難い。

占いマシン

二〇一五年八月七日の未明、「リンディーズ」のテーブルで、あなたは、前夜上演が始まったばかりのミュージカルの最初の論評を読んでいる。

家を抵当に入れ、子供たちを里子に出してまで、ブロードウェイのヒット作のチケットを手に入れることはお勧めしない。だが、トーマス・カイルが監督し、[リン゠マニュエル・]ミランダ氏が主演を務めた『ハミルトン』は、その価値があると言えるだろう——少なくとも、このアメリカのミュージカルがずっと生き残るばかりか、今後数年のうちに急成長と変身を遂げるほどに進化するという証拠が欲しい人にとっては。

——ベン・ブラントレー、『ニューヨーク・タイムズ』(7)

ゴット流の予言には限界がある。影響力のある批評家による熱烈な論評は、ショーが長期にわたって上演されると信じるだけの道理にかなった理由になりうる——それまでの興行期間がどれほど短くても、だ。同じことが私たち人間にも当てはまるような気がする。ホモ・サピエンスはマンモスやマラリア、原子爆弾よりも長く生きてきた。私たちを滅亡させるものは、いまのところ何もない。私たちは典型的な種ではなく、この瞬間は典型的な瞬間ではない——だからそれを乗り越えるのだ。

別の言葉で言えば、人間という種が長期にわたって存続するという強い確信が私たちにはあるということなのかもしれない。この信念は事前確率である。確かに、世界の終わりというのは、意見が分かれる問題だ。カルトや悲観主義者のなかには、終わりは近いと確信している者もいる。楽観主義者のなかには、人間は数十億年生きつづけると信じる人もいる。ノストラダムスの預言を吹聴する霊能者のなかには、終末の正確な日だけでなく、その日の何時何分かということまでわかる（そしてどんな数学よりも、あなたの恋愛生活を正確に予測できる）と主張する者までいる。

一九九三年の論文で、ゴットは事前確率については触れなかった。だが、これはカーターやレスリーが展開した終末論法の、もうひとつのバージョンの中心的テーマなのだ。[8] それはベイズの定理を利用して、誕生順が提供する新しい証拠に合わせて事前確率を調整する。

残念ながら、終末のこの第三の予測は、気楽な猶予を与えるものではない。未来に関するほぼすべての合理的楽観主義を考えると、ベイズの終末論法は、差し迫るカタストロフィに、より高い確率で行き着くように、その確率を変えているのだ。カーターは、自身のバージョンの終末論法を拡大鏡に喩えてきた。これは、終末の確率は人が思っているよりも高いとしている。この世の終わりは、鏡に映るよりも近くにあるのだ。

ここで、単純化したモデルをひとつ紹介しよう。可能性のあるシナリオはふたつしかない。つまり「終末の日は近い」か「終末の日は先」かだ。「終末の日は近い」というのは、人間は今後五〇〇年以内に滅亡するという意味である。「終末の日は先」というのは、それよりも長く生き延び、「終末の日は近い」場合の一〇〇〇倍の累積人口を達成するということだ。

たとえば、「終末の日は近い」確率が一〇パーセントだと信じることから始めよう。この偽りの例では、ベイズの規則がこの確率を約九九パーセントまで引きあげる。[9]（どんな計算をしたか知りたい人は、註の2ページを参照してほしい。）

おそらく私はもっと楽観的なので、「終末の日は近い」確率はわずか一パーセントだと信じている。ベイズはこれを九一パーセントまで引きあげる。

超楽観主義者にとっては、「終末の日は近い」確率はせいぜい〇・一パーセント程度だろう。ベイズはこれを五〇パーセントまで引きあげるのだ。

未来に関する、実質的にすべての合理的信念の領域では、人類の滅亡が早期に起こる可能性は、起こらない可能性よりも高いということになる――ベイズの終末論法が有効であればの話だが。マルサス以来、人口統計予測がこれほど激しい論争を巻き起こしたことはなかった。私たちは意見の食いちがいを解決し、戦争やテロリズムをなくし、環境を保護し、銀河を探検しつづけるのだろうか？　ベイズの占いマシンだったらこう告げるだろう。非常に疑わしい、と。

スフィンクスの謎

娯楽産業は、終末（またはそれをギリギリのところで回避するような脅威）を題材にシリーズものをつくりだす。核戦争、地球に向かってくる小惑星、地球を破壊しようとする悪党、ゾンビ、ロボット強奪者、地球外侵略者などをめぐって紡ぎだされるジャンルもある。個体の数と同じくらい多くの種が死すべき運命にある、という考え方に晒されることなく、この社会で生きていくことはできない。メメント・モリ（死を忘るなかれ）。アスタ・ラ・ビスタ、ベイビー（地獄で会おうぜ、ベイビー）［映画『ターミネーター2』のなかのせりふ」。

終末論法は、別の種類の悪い予感である。その神託は、何が人類の生命を消滅させるかについて、腹立たしくなるほど沈黙している。

それほど遠くない過去に、終末は近いと感じていた人は、核戦争がその原因になると仮定した。こんにち、存在を危うくする脅威のリストはさらに長くなり、人口知能（ＡＩ）が睡眠を阻害するものとして、爆弾と肩を並べている。

皮肉なことに、悲観主義の暗流がシリコンバレーに浸透し、しかも地球上の他のどんな地域よりも栄えているこの数平方マイルの土地は、ベイズの定理によってその富を拡大した。ＡＩに関する相反する感情の多くが、ノルウェー出身の哲学者で、現在はオックスフォード大学の教授であるニック・ボストロムの功績に端を発している。ボストロムは終末論法と自己サンプリングの謎について博士論文を執筆した。自己サンプリングは幅広い科学の疑問に適用できると提唱し、人々に影響を与えてきた。現在ボストロムは、主にＡＩが引き起こすと考えられるリスクに関心を寄せている。人間の価値を機械にプログラミングするという挑戦は、一般的に評価されているよりも恐るべきことだと彼は信じている。ＡＩはいつの日か、全知全能となるかもしれない。まちがった思い込みをすれば、カタストロフィが待っている。

本書は、終末から始まった驚くべき、だがほとんど歓迎されることのない知的冒険を辿る。トーマス・ベイズの識別規則を自己サンプリングの技法に適用することにより、私たちは宇宙の謎に一歩近づくことができる。地球上の生命の存在は起こりうるものだったのか、それとも稀な偶然の出来事だったのか？　私たちはなぜ、地球外生命体の存在を見ることがないのか？　私たちが見ている世界は現実なのか、それとも見せかけなのか？　私たちが観測する宇宙は、それがすべてなのか？

ほんの数年のうちに終末論法が現代思想の中心になっていても、さほど不思議ではない。この類い稀な哲学的論争こそ、理解しやすい前提を提供する。それは科学、テクノロジー、そして文化における流行りの話題に関連しているだけではない。生命、精神、そして宇宙に関する大きな疑問に答えを出してくれるかもしれないのだ。終末論法は私たちの時代におけるスフィンクスの謎であり、私たちは生と死を演じている役者なのである。

タンブリッジ・ウェルズの牧師

「これまでの人生で、これほど最悪な人類のコレクションを見たことがない[1]」。これはエリザベス・モンタギューが、タンブリッジ・ウェルズにあるケントの温泉街について、一七四五年に述べた意見だ。ここは当時、ヨーロッパ全土から来た、多言語を話す貴族階級や成金たちを惹きつけるリゾート地だった。ロンドンの社交界の女主人でインテリ女性だったモンタギューは、その後、自らの意見を少しだけ抑えて、「さまざまな種類の人間と個性がタンブリッジを世界の縮図にしている[2]」と言い換えた。

こんにち、タンブリッジ・ウェルズはジェーン・オースティンの街として知られている。ジェーンの父、ジョージ・オースティン牧師は、この辺りで幼少時代を過ごした。ここは、オースティン家の想像の世界では、幸運が奪われていく街とされていた。後にタンブリッジ・ウェルズの運気が上がったのは、オースティン家と関連があったおかげである。ジェーンの小説の随所に登場するこの街は、オースティン・ファンにとっては巡礼の地であり、映画の舞台にもなっている。

さらにはE・M・フォースターともつながりがある。「私はタンブリッジの人間よ。あそこじゃ誰もかも時代おくれ」『眺めのいい部屋』みすず書房、北條文緒訳、一九九三年より」と、『眺めのいい部屋』（一九〇八年）のルーシー・バートレットはため息まじりに言う。フォースターの時代になると、この色あせたリゾート地は硬直したイギリスの保守主義の象徴とされていた。一九四〇年代以来、「タンブリッジ・ウェルズにうんざりした人」というフレーズは、この退屈で面白みのない景色を記した編集者宛ての手紙の差出人が使う、冗談半分のペンネームとなった。

それでもタンブリッジ・ウェルズは、現代の世の中で最も混乱をもたらすような考え方が生まれた地でもあった。この街でかつて牧師をしていたトーマス・ベイズ（一七〇一―一七六一）については、それほど多くの痕跡は残っていない。ベイズ家は数世代前にシェフィールドの地で、刃物製造業で財を成した。(3) トーマス・ベイズはエディンバラ大学で神学と論理を学んだ。ロンドンでの生活も数年が過ぎる頃、一七三三年から一七三四年頃にタンブリッジ・ウェルズへ移転し、マウント・シオン・チャペルの牧師になった。ベイズは長老派の非国教徒であり、現代の長老派のほぼすべての人からすれば曖昧模糊とした理由で、イングランド国教会とその『祈禱書』に反対していた。

ベイズは自らの説教で名を成すことはなく、おまけにあまりに目立たない存在でもあったため、彼に関して知られていることはほとんどない。とはいえ、ロンドンの科学界とはつながりをもっていた。タンブリッジ・ウェルズ近郊に大邸宅を構える数学愛好家の第二代スタンホープ伯爵が、ベイズを王立協会に引き入れた。(4) スタンホープは、ベイズがニュートンの微積分学を、バークレー司教の批判から守る目的で書いた論文に感銘を受けたのだ。それは、ベイズが生涯に発表したふたつの論文のひとつだった。もう一方の論文は、「神の慈悲、または神の摂理と政府の最も重要な目的が神の創造物の幸福であることを証明するための試み」という題名がつけられた神学に関する研究だった。

啓蒙主義の偉大な精神は、至るところに蔓延する教会の教えを捨て去ろうとした。スコットランドの哲学者、デイヴィッド・ヒュームの『人間知性研究』（一七四八年）が、キリスト教の奇蹟の実在に疑問を投げかけ、一八世紀の文化戦争に火をつけた。聖書では、イエス・キリストは水の上を歩き、水をワインに変え、パンと魚を増やし、ラザロを生き返らせ、自身も死の淵から生還したと言われている。ヒュームは大胆にも、裁判所で適用される証拠基準は、奇蹟にも適用されるべきだと提唱した。ヒュームは、スコットランド法の判決である「証拠不十分」を支持したのだ。(5)

奇蹟というのは、疑り深い人にしてみれば一度だけしか起こらないものであり、繰り返されることはない。そこにいなければいけなかったのに、いなかったということだ。ヒュームは、ある出来事に本来備わっている確率と、それを立証する証言の信頼性の両方を考えることが妥当だと述べた。「いかなる証言も、もしその証言の虚偽であることが、それが確立しようとしている事実以上に奇蹟的であると言えるような種類のものでないならば、奇蹟を確立するのに十分ではない」［『近代社会思想コレクション24　ヒューム　人間知性研究』京都大学学術出版会、二〇一八年、神野慧一郎・中才敏郎訳より］。

数学者と聖職者の両方の立場から、ベイズは自らが攻撃に晒されるのを感じていたにちがいない。奇蹟を信じることが啓蒙主義とどのように折り合いをつけることができるか、またそれは可能なのかどうかを熟慮するだけの理由が、彼にはあったのだろう。確率に関するベイズの研究は、ヒュームが奇蹟の偽りを暴いたことから刺激を受けたと推測できる。(6)だが、『偶然論における一問題を解くための試論』と題された、ベイズの定理について書かれた影響力のある論文では、ヒュームのことにも、奇蹟のことにも触れられていなかった。それにこの『試論』がいつ書かれたかについても、正確なことはわからない。ベイズの死後、リチャード・プライスが、一七四〇年代後半の論文のファイルのなかからこれを発見したのである。

ベイズの定理

確率理論はギャンブルの席で始まった。ジェロラモ・カルダーノは究極のルネサンス的教養人だった——哲学者、数学者、物理学者、天文学者、占星術師、発明家、化学者、生物学者、そして当時流行りの医者でもあった。また、生まれついてのギャンブラーでもあり、二五年間、毎日賭けをしていたと自認する。確率に関するカルダーノの小論は、それほどの大金がなぜ自分の指の間からこぼれ落ちてしまったのかを理解する試みだった。ギャンブラーたちは、カードやサイコロ、ルーレット盤がどのような仕組みになっているかについてはすでに知っていた。彼らが知る必要があったのは、その確率だった。つまり、エースを二枚引く確率、サイコロで7を出す確率、ルーレットで繰り返し赤に賭けて勝つ確率を、どのように計算するかということだ。カルダーノと彼の後継者であるフランス人のピエール・ド・フェルマー、そしてブレーズ・パスカルは、ベイズの時代よりはるか以前にこれを提示していた。

ベイズが取り上げたのは、これとは反対の問題だった。すなわち、逆確率または事後確率というものだ。仮に、私たちがすでに結果（配られた手札）を知っているとしよう。私たちは原因（ディーラーは正直か、それともごまかしているか）についてどのように結論付けることができるだろうか？　これもまた、まじめなギャンブラーにとっては差し迫った問題である。

ディーラーが巧妙にごまかしてエースを出さないようにしているとすれば、それは私が受け取る手札に影響を与える。ベイズ識別規則は、そうした問題を論証するための数学的枠組みを提供する。まずは、たとえば「公平な一組のトランプからエースを引く確率は一三分の一である」といった事前確率から始めよう。配られたそれぞれのカードによって、トランプの山の高さの変化や、ディーラーとの継続的なやりとりを反映して、この確率を上げたり下げたり調整することができる。この調整が事後確率を生みだし、事前確率を新たな証拠へと更新していく。

自分が引くエースが、常に公平な取り分に満たないことがわかれば、ひとつの原因を推測することができる――ディーラーがごまかしているか、はじめからエースが混ざっていなかったか、だ。この推測が一〇〇パーセント確実であることはない。自分がとにかくひどい不運続きなのかもしれないということも、依然として想像できる。だが、ごまかされている確率は、「不運」が重なれば重なるほど大きくなる。私たちは、確かなものなど何もない世界に生きている。道理をわきまえたギャンブラーなら、不正と思われるようなゲームからは身を引かなければならない。

ベイズの『試論』は、偉大な概念を説明した数学の論文のなかでも最悪のものとされている。現在、ベイズの解説は欠点があり、混乱を招くものであり、未解決であると判断されている――そして、ポイントを明確にすることよりも、理解するほうが難しいような喩えが散りばめられている。プライスが書いた序章には、ベイズ自身が提供したものではないひねりが加えられている。プライスはこの『試論』を第一原理、すなわちキリスト教の神を信じる人だけがわかるものだと表現している。「私が言おうとしているのは……この世は知性あるものの知恵と力の結果でなければならないということを信じるために、私たちにはどんな理由があるかを示し、これによって、神の存在の目的因から導きだされる論点を確証することである」[7]。

プライスの考え方は、こんにち私たちが目的論的証明と呼ぶものである。万物は美しく構成された腕時計であり、そこから私たちは神聖な時計士を推論することができる。

とはいえ、ベイズの『試論』は、厳密に言えば数学の研究だ。その命題はさまざまな点で常識にかなっている。それでは、ベイズの哲学を早足で見ていくことにしよう。

1.「途方もない主張には途方もない証拠が必要である」。このわずかな文字で表現される現代の無神論者の格言は、ベイズの考え方への入門として悪くはない。ヒュームの例を用いれば、イエス・キリストは大工の息子であり、幼い頃からその知恵でもっておとなたちを驚かせ、山上の垂訓を与え、総督ポンティウス・ピラトの命令で十字架に磔にされる前に従者たちと夕食をともにした、と聖書には書かれてある。新約聖書はこうした主張の唯一の源泉だ。[8] これらの主張は真実として、ほぼ普遍的に受け入れられている。非キリスト教徒が否定するのは、むしろ新約聖書の奇蹟なのだ。なぜか？　ひとつ言えるのは、四人の福音伝道者は信頼できない語り手かもしれないということだ。もしそうであれば、聖書のなかの出来事は、すべて等しく疑わしいはずではないか？

必ずしもそうとは言えない。奇蹟というものは、よりハードルの高い証明を必要とする途方もない主張なのだ。一回限りの奇蹟には、世界がどのように作用するかについて知られている他のすべてを基にした低い事前確率しかない。聖書に書かれた証拠（伝記、伝説、寓喩を組み合わせたように見える古代の文書のなかで主張されている証拠）は、その確率を大きく上げるには不じゅうぶんだ。ところが、大工の息子であるといった付随的な詳細は、真である確率がより高いところから始まる。ここでは聖書の説明は、疑り深い人にとってさえ、この確率をありそうな可能性へ高めるのにじゅうぶんなのである。

ベイズとプライスは信仰が厚かった。プライスの著作は、彼がベイズの定理を神聖な抜け穴として見ていることを仄めかし、啓蒙主義のキリスト教徒らが奇蹟への信念を維持することを許した。[9] じゅうぶんな証人が奇蹟を立証したならば、それぞれの観測は、その確率をほぼ確実というところまで徐々に引きあげることができる。

このことはベイズの定理への、ある共通した不満を示している。つまり、多くのことを利用者の判断に任せているということである。確かにそうだ。そして同じことが、誤りを犯しがちな人間が適用してきたあらゆる規則や法則、信条にも言える。

2．証拠がないということは有益である。アーサー・コナン・ドイルの短編小説「白銀号事件」（一八九二年）のなかで、シャーロック・ホームズは馬調教師の殺人を調査している。ホームズは、どの証人も、この馬小屋の番犬の吠え声を聞いたと言っていないことに気づく。番犬は、犯人が見知らぬ人であれば吠えたはずだ。彼は、殺人者は犠牲者とその犬の知り合いだと推論する。

ドイルは、証拠不足（吠えない番犬）は断定的証拠と同じくらい真実を暴露している可能性があるという転覆させるような指摘をしている点で、ベイズと結びついている。ベイズの規則は、確率比に目を向けよ、と言う。吠えない番犬が顔見知りの訪問者と一緒にいたことはありうるが、見知らぬ人と一緒にいたことはありえない。これが、最初の確率を支持する理由だ。

3．「馬の蹄の音を聞いたら、シマウマではなく馬を探せ」[10]。その他すべてが同じであれば、より一般的な説明が優先される。

もうひとつの例を紹介しよう。三年生のとき、私はキックベースボールでトロフィーをもらった。次のどちらの可能性が高いか？

・私がトロフィーをもらったのは、全三年生のなかでキックボールがいちばん上手だったからだ。
・私がトロフィーをもらったのは、それが参加賞だったからだ（自尊心を高めるためにすべての生徒にトロフィーが与えられた）。

二番目の選択肢は、私の勝利を、確率に反する劇的勝利ではなく、与えられた勝利にしている。これが、二番目の仮説のほうが起こりうると考える理由である。ジョン・レスリーが述べているように、「ある観測がありふれたことだと容易に見なすことができる場合、それを途方もないことと仮定してはならない」のだ。[11] 私たちは、自分たちの現実を、あまりに安易に、まぐれ当たりとか、大博打とか、奇妙な偶然の一致などのせいにするべきではない。

ホーマー・シンプソンと壺

スプリングフィールドのカウンティ・フェア遊園地は、技術と運を要するゲームを提供している。それはふたつの大きな、まったく同じ壺を使ったゲームだ。[12] 片方の壺にはボールが一〇個、もう片方には一〇〇〇個入っているが、どちらの壺にも何も書かれていない。それぞれの壺に入っているボールには、連続した番号――片方の壺のボールには1〜10、もう片方には1〜1000――が付けられている。観客のひとりがどちらかの壺を選び、司会者がそこからひとつだけボールを引いて、その番号を見せる。客はその後、自分が選んだ壺にボールがいくつ入っているかを当てなければならない。当てればキューピー人形がもらえるという仕組みだ。

ホーマー・シンプソンが一ドル支払ってこのゲームをする。彼は左側の壺を選ぶ。司会者が左側の壺からランダムにボールを引く。その数は7だ。「さあ、お客さん。この壺にはボールがいくつ入っているでしょうか？」

「一〇〇〇個！」とホーマーは言い当てる。

哀れにもホーマーは、ベイズの定理の応用に失敗した。ボールを引く前は、どちらの壺に一〇〇〇個のボールが入っている確率が高いかを知る理由はひとつもない。可能性はそれぞれ五分五分だ。ランダムなサンプリングは、ホーマーが利用すべき新しい情報を明らかにする。ある壺から7という小さな数字を引いたことにより、そこには小さな数字しか含まれていない確率が高くなるのだ。

左側の壺に一〇個しかボールが入っていないとすれば、そこから7を引く確率は一〇分の一である。一〇〇〇個のボールが入っていれば、その確率は一〇〇〇分の一になる。7を引くことは、いずれのケースでもありそうな結果ではない。だが、実際に7が引かれたことを私たちはすでに知っている。常識からすれば、このサンプルとなった壺に一〇個のボールが入っていることはほぼ確実だ。それはさらに、一〇個のボールが入っているサンプルの壺を選べば、その確率が一〇〇対一〇すなわち一〇〇対一であることを暗に示している。これこそまさに、ベイズの定理を適用することによって得ることのできる確率なのだ。

ここで、ベイズの定理のシンプルな説明をしたいと思う。読者の皆さんは、偽陽性とか偽陰性という言葉を聞いたことがあるかもしれない。医学的検査は、患者が本当にその状態のときにその状態であることを示す正確な結果を出すこともあれば（真陽性）、その状態でないときにその状態だとする紛らわしい結果を出す（偽陽性）こともある。この専門用語は、ベイズの定理を表す簡潔な方法を提供する。「テスト」後のなんらかの確率は、真の陽性結果の確率を、すべての陽性結果（真と偽）の確率で割ったものになる。

これを方程式にすると以下のようになる。

$$P(H|E)=P(H\&E)/P(E)$$

$P(H|E)$ というのは、私たちが計算で出したい確率である。つまり、それに関係する証拠（たとえば小さい数字のボールを引くなど）があると仮定した場合に、ひとつの仮説（「この壺には一〇個のボールが入っている」など）が真である確率だ。ベイズの規則は、この確率が $P(H\&E)$――この仮説が真であり、その証拠がそれを裏付ける確率（真陽性）――を、$P(E)$――その証拠を（真陽性か偽陽性のいずれかとして）得る全確率――で割ったものに等しいとしている。

これをスプリングフィールドの壺に応用してみよう。ある壺にボールが一〇個しか入っていないかどうかをテストしたい。小さい数字（1～10）を引くことは陽性のテスト結果であり、その壺には一〇個のボールが入っている可能性が高いことを暗に示している。真陽性というのは、実際に一〇個のボールが入った壺から小さい数字のボールを引くことである。これが起こる確率は五〇パーセントだ。なぜならば、一〇個のボールが入った壺から引くことを選ぶ確率は五〇パーセントだからだ。一〇個のボールが入った壺から引くとすれば、10を超えない数字のボールを引くことが保証され、この結果は真陽性でなければならない。(一〇〇〇個のボールが入った壺を選んだ場合、どんな数字を引いたとしても、一〇個のボールのテストでの真陽性は得られない。)

すべての陽性の確率は、真陽性の確率(さきほど決定した五〇パーセント)+偽陽性の確率である。偽陽性を得るには、まちがった、一〇〇〇個のボールの壺を選ばなければならず(五〇パーセントの確率)、かつ、その壺からたまたま、紛らわしい小さい数字のボールを引く必要がある。この確率はわずか一〇〇〇分の一〇、すなわち一パーセントだ。つまり、偽陽性の確率は五〇パーセント×一パーセント、すなわち〇・五パーセントということになる。

まとめると、ベイズの定理では、ある壺に一〇個のボールが入っている確率は、小さい数字のボールをそこから引いたと仮定した場合に五〇パーセント/(五〇パーセント+〇・五パーセント)になるということだ。これは結局、一〇〇/一〇一(一〇〇対一の確率)、すなわち九九パーセントを少し超えるくらいということである。ホーマーは、左側の壺には一〇個しかボールが入っていないと確信できるはずだ。

ここには、数学的に深いとか賢いとかいったことは存在しない。単に常識的に計算しただけの話だ。ホーマーの問題は、7を引いても、それが自分に何かを教えてくれるわけではないと思っていることだろう。選んだボールの数字が11より大きかったら、完璧な確信をもって、それは一〇〇〇個のボールが入った壺から引いたものだと推測することができただろう。だが、どちらの壺にも7番のボールが入っている。7を引くことから得られる証拠は間接的なものではあるが、じゅうぶんに合理的な当事者であれば、無視してはならないことなのだ。

ニック・ボストロムはこう書いている「合理的信念は、推論によって得られる結果の鎖だけでなく、確率推論［結果から原因を推論すること］の輪ゴムにも拘束されている」と。[13]

疑り深い人

ベイズの『試論』は、最も影響力のある読者を見いだした。フランスの侯爵で、数学者、物理学者、天文学者、そして無神論者であるピエール＝シモン・ラプラス（一七四九―一八二七）だ。ラプラスは、ぼろぼろになったベイズの論文を厳格な数学に仕立てあげた。ラプラスこそ、ベイズ確率論の創始者であり、ベイズブランドを確立した人物だと言う人もいる。[14]

だれもがラプラスを読んだ。だが、原因の確率に対するラプラスの熱意が現実を変えることはできなかった。最も簡単な例で言えば、ベイズの結果は、計算をしなくても明らかだった。別の例では、事前確率の主観的性質は、だれが、そして何が正しいかの決定を困難にした。さらに別の場合では、ペンとインクで拡張計算をするのが難しかった。確率を更新しようとするだれもが、多くの洞察を得る前に挫折するというリスクを何度も負った。

その後に続く数世紀の間、確率理論と統計学の分野は異なる道を歩んだ。ほとんどの科学的観測は一回限りの奇蹟ではない。それらは任意に繰り返す可能性があり、すぐれた科学者はなんでも疑ってかかる姿勢が期待される。同じ実験を同じやり方でやれば、ロンドンだろうと、ラクナウだろうと、リマだろうと、すべての都市で同じ結果が得られなければならない。ひとつの結果を繰り返すことができない場合、警告が出される。

私たちは、個人の話に基づく不確かな証拠にはあまり注意を向けるべきではない。だれにでも、最新のサプリや養生法によって救われたという近所の人や同僚、友だちの友だちなどがいるだろう。治療が効くかどうかを知るには、ランダム化された二重盲検試験を実施するという方法がある。その治療が本当に効果的だとすれば、それを飲んだ人はプラセボ（偽薬）を飲んだ人よりも健康になるはずであり、両者のちがいは統計誤差の予測できる制限範囲を超えていなければならない。

再現性とランダム試験は、現代思想の最大の記念碑と並び称せられる。現代の統計学の多くは、実験やサンプル集団を設計する最善の方法と、データの解釈方法を探究してきた。ここに力点を置いたことが、少なくとも二〇世紀に入って計算機が出現するまで、ベイズ確率を主流から外していたのだ。

トーマス・ベイズが、自身の定理が何に効果を発揮すると考えていたのか、本当のところはだれにもわからない。彼自身も、それがこれほど役に立つとは予想できなかっただろう。ベイズの法則は、ナチスやインターネットのスパマーと競い合ってきたのだ。

連合軍がDデイ侵攻を計画していたとき、彼らは、ドイツ軍がV号戦車パンターをどれくらい製造していたかを予測する必要があった。連合国はドイツ軍の戦車の数を把握していた。ドイツの製造業者がシリアルナンバーに細心の注意を払っていることを知っていたからだ。シリアルナンバーは戦車の変速機とエンジン、車体下部に記されていた。捕獲された戦車は既存の戦車の総数からランダムに引いてきたものと見なすことができたため、これによって軍の統計学者らは、ドイツ軍の戦車の製造数を予測することができたのだ。彼らはそれを、ひと月に二七〇台と予測した。スパイのデータが断言していた数値との差はわずかだった。戦後に明らかになった記録によると、ドイツ軍はひと月に二七六台を製造していたことがわかった。統計学者らの予測はほぼ正確だったのだ。[15]

こんにち、いわゆるベイズのスパムフィルターと呼ばれているものは、望ましくないEメールのメッセージのなかの言葉やフレーズを継続的に更新したリストを利用している。典型的なリストには、FREE（無料）、Earn $（お金を稼ごう）、cure baldness（薄毛は治る）、score with dudes（男を口説く）、you are a winner!（当選しました！）などが含まれる。こうした言葉やフレーズのいずれも、メッセージがスパムであることを証明することはできない。現にこの段落はそのすべてを含んでいるが、スパムではない。だが、スパムリストとマッチする言葉がひとつ以上含まれるメッセージは、マッチする言葉がひとつもないメッセージよりも迷惑メールである可能性が高い。ベイズのスパムフィルターは、メッセージの内容をスキャンし、そのメッセージがスパムである確率を示す。この確率が設定閾値を超えると、そのメッセージはスパムとしてマークされる。これは完璧ではないが、「迷惑」メールのフォルダーをチェックしてみれば、あなたが知りうるよりも、この機能がすぐれていることがわかるだろう。

厳格な計算の歴史

「ある朝、『ニューヨーク・タイムズ』を手に取り――」と、J・リチャード・ゴットは言った。[1]「パルテノン神殿が地震で崩壊したことを報じる記事を開いた。そしてこうつぶやいた。パルテノン神殿は何千年も前から存在していて、私は生まれてからまだ二〇年しか存在していない。こんなことが、自分が生まれてから現在までに起こる確率は、いったいどれほどだろう?」

当時、ハーバード大学の学部生だったゴットは、この確率が非常に低いと断定した。彼は正しかった。この大学のパロディ雑誌『ハーバード・ランプーン』のいたずら好きたちは、『タイムズ』の発行人欄を掲載したデマの一面記事を印刷した。そしてそれを、大学の定期購読者の原稿の一面とすり替えたのだ。

自身のタイムスパンと、ギリシャの歴史的遺跡のタイムスパンとの間の精神的なつながりこそ、ゴットがベルリンで直覚的な《エピファニー》悟りを得るきっかけとなったものだ。

選択効果

ゴットだけがこうした考え方に沿っていたわけではなかった。一九七三年九月、クラクフは、コペルニクスの生誕五〇〇周年を祝うシンポジウムを主催した。この天文学者の評判は、それまでにないほど高まっていた。コペルニクスは単に、地球が太陽の周りをまわっていることを私たちに教えただけではない。私たち人間の観点は特別なものではないとするコペルニクスの原理は、ブラーエやケプラーとはちがった意味で、コペルニクスをこの問題と関連付けてきた。

多くの創始者と同じように、コペルニクスは現代の想像力の産物である。彼は、自らの原理を明確化したことはないし、彼の時代にそんなことが理解されることもなかっただろう。彼はただ、太陽系がどのように作用するかを解明しようとしていただけだ。二〇世紀半ばになってようやく、太陽を中心とするコペルニクスの太陽系と、中心のない宇宙という、後の天文学的仮定との間の明確な類似性を引き出すというのが一般的なこととなった。物理学者のヘルマン・ボンディは、一九五二年に著した書物のなかで「コペルニクスの宇宙論的原理」という言葉を用いた。(2) ゴットがベルリンの壁を訪れた一九六九年には、コペルニクスの名前を、このポーランドの天文学者と隠喩的つながりをもつ方法に付けることが(天体物理学者にとっては)自然なこととなっていた。

クラクフでおこなわれた講演のひとつが、隠喩としてのコペルニクスを称賛するよりも埋没させることになった。オーストラリア生まれの当時三一歳のブランドン・カーターは、ケンブリッジ大学の講師だった。彼の研究の多くはブラックホールの物理学を発展させたものであり、このトピックは後になってようやく社会的地位を得るようになった。カーターは、コペルニクス的隠喩があまりに文字どおり捉えられすぎていると感じていた。彼が語っているように、「コペルニクスは、私たちは宇宙において特権的で中心的な地位を占めていると無意味に仮定してならないという、きわめて健全な教訓をわれわれに与えた。残念なことに、これを、私たちの状況はいかなる意味においても特権化することはできないという旨の、最も疑わしい教義にまで拡張する強い（常に無意識的とは限らない）傾向が存在する」[3]。

カーターは、私たちはときどき、特別な存在であるときもあるという、控えめな提案をした。私たちが周囲の世界の観測者であるとすれば、その状況は、私たちのような観測者の存在を許すのに必要な、なんらかの方法で特別でなければならない。

これは観測選択効果の一例である。私たちが観測できる人、物、出来事は、観測できないそれらの典型であると仮定するのは自然なことだ。これが、ランダムに選ばれた一握りの人々が全国民に代わって意見を述べることができるという世論調査の前提となる。ところが、選択効果によって調査が歪められたり、観測が歪曲されたりすることがたくさんあるのだ。

イギリスの物理学者、アーサー・エディントンは、一九三九年の著作、『物理科学の哲学』で典型的な例を挙げている。池のなかのいちばん小さな魚の大きさを知りたいと思い、網を手に取り、ランダムな魚を一〇〇匹すくい上げ、一匹ずつ注意深く計測する。一〇〇匹のうち、いちばん小さな魚は一五センチメートルだ。

したがって一五センチより小さな魚は珍しい、または存在しない、と結論を急ぐのは簡単だ。しかし、ちがうのだ。そこにエディントンのオチがある。この網は一五センチメートル以上の魚しかすくうことができない。それよりも小さな魚はすべて、網の目から滑り落ちてしまうということだ[4]。

「小サンプルに限定された観測から一般的な結論を導きたいときはどんな場合でも、それが先入観を伴うサンプルだと考えるべきかどうか、もしそうであればどんな先入観かを知ることが重要になる」とカーターは書いている。[5] 知的観測者としての私たちの存在そのものが先入観――エディントンのアナロジーでは魚をすくう網――を押しつけているのであり、それが、時空間のなかで私たちが存在しうる場所を制限しているのだ。

したがって私たちは、地球が典型的な惑星であると性急に仮定するべきではない。そうした問題を話し合うことができるのは、知的生命体がすでに出現している惑星だけなのだから！

物理学者はしばしば、観測された宇宙の属性のなかには、不思議にも、知的生命体の起源と進化にぴったり合っているように見えるものもあるということを指摘してきた。これもまた、選択効果として理解することができるかもしれない。

カーターはこの命題を、人間原理と名付けた。この人間原理を、コペルニクスの原理への常識的な対抗勢力にしようとしたのだ。カーターの考え方は以来、現代物理のより二極化した概念のひとつとなっている。ほとんどの物理学者が、人間原理は有効ではあるが、必ずしも有益ではないと考えていると言っても良いだろう。なかには、自分たちが見ているものは、メディアの注目を必要以上に浴びている、ウケ狙いのありふれたものだとして、あきれた顔をする者もいる。「人間原理は、あいまいな言語と人をだますような思考の堆肥のなかで、すくすくと成長する」と、ある無情な批評家は書いている。[6] 演説のなかで「人間原理の言語」を使用した物理学者は、やじを飛ばされてきた。[7] 人は、人間原理をものすごく好きになるか、きらいになるかのどちらかだ。そこに「深み」を見いだすか、安直なしゃれを見いだすか。どこへ行こうが、その問題から逃れることはできない。

人間原理の複雑な世評は、人々がこれを非常にさまざまな形で解釈してきたという事実に負っている部分がある。カーター自身はふたつのバージョンを提供した。弱い人間原理は、「弱々しい」という名を冠しているにも関わらず重要である。これは、観測者としての私たちが、観測者と互換可能な宇宙の一部に自分がいることを発見しなければならないという、シンプルな選択効果である。

カーターは強い人間原理も提唱している。これは、私たちは観測者として、その法則が観測者の存在を許すような宇宙の一部にいる自分を発見しなければならない、ということだ。自明の理でもあるが、これはほとんど形而上学と紙一重であり、カーターは、強い人間原理は弱い人間原理と「同じ確信をもって擁護する覚悟を決められるようなものではない」と記している。[8]

これまで、カーターの考え方のさらなる反復が、数多く提唱されてきた。最も熱心なふたりの擁護者であるジョン・バロウとフランク・ティプラーは、最終的人間原理（FAP）というものを考案した。「知的情報処理がこの宇宙に出現しなければならず、ひとたび出現すれば、決して滅びることはないだろう[9]」。

『ニューヨーク・レビュー・オブ・ブックス』のなかで、マーティン・ガードナーは、FAPは完全にばかげた人間原理（CRAP）と呼んだほうがマシかもしれない、という辛辣な意見を示した。[10]

一九八三年になる頃、カーターは「人間的」論拠のもうひとつの応用を発見していた。つまり、人類の未来の生存を予測するというものだ。一九八三年、ロンドンのロイヤル・アカデミーでの講義で、カーターは、現在私たちが終末論法と呼んでいるものについて説明した。彼はそれが「他の応用に含まれるような疑わしい技術的仮定がまったくない人間原理の応用」であり、「明らかに、実用的に最も重要な応用」であると信じていた[11]。

しかしカーターは、自らの数学の厳格な予測を完全に受け入れていたわけではなかった[12]。それは他の多くの人たちも同様だった。人間原理は熱い論争を巻き起こした一方で、終末という論題は徹底的に拒絶された。実際、終末に関する議論は、カーターの講義を活字にしたものからも除外されている。カーターは終末に関するものは出版しないことにし、公平な発言の機会が得られると彼自身が判断したセミナーでのみ触れることにした。こうして、終末論法は秘密の、ほとんど地下出版組織とも言える教義、いわば「カーターのカタストロフィ」として、わずかな人だけが知っているものとして始まったのである。

そこにはなぜ何かがあるのか？

オックスフォード大学を出たばかりのジョン・レスリーは、マッキャンエリクソン・ロンドン支部の広告コピーライターとしての職を得た。この仕事を長きにわたって続けたが、そのうちに彼は、広告ビジネスに求められるものよりも、もっと深い思考を得たいと自覚するようになった。仕事を辞めた彼は、カナダのオンタリオ州にあるゲルフ大学で哲学を学んだ。

レスリーは活発なアウトドア志向――ロッククライミング、カヌー、火山探検など――で、囲碁やチェスの愛好家でもあった。一九八九年に発売された「ワールドマスター」と呼ばれるボードゲームを発明した人物でもある。よく知られたボードゲームの「リスク」と「スクラブル」の中間に位置するようなゲームだ。プレイヤーは、アルファベットが書かれたタイルで国名をきれいに並べることができた国を征服していく。レスリーは「ホステージ・チェス」の考案者でもある。これは、よく研究されたチェスの変形で、獲得した駒が人質となり、この人質は交換可能で、ボードに戻すこともできる。

教壇を降りたレスリーは現在、ブリティッシュコロンビア州ビクトリアの緑の茂る地域に妻と暮らしている。歯切れの良いイギリス英語で、いたずらっぽい表現を好む。レスリーが長い経歴のなかで焦点を当ててきたのは、何よりも大きな疑問、すなわち、なぜ何かが（無ではなく宇宙が）あるのか？ということだった。科学ジャーナリストのジム・ホルトはレスリーを、このほとんど定義することのできないトピックに関する「世界最高のエキスパート」と評した。[13] ところがレスリーは、世界がいつ終わるかについてのエキスパートとしても、同じく知られている。こうしたトピックへの関心は、物理学者フランク・J・ティプラーとの一九八七年九月の会合に端を発している。[14]

バチカンは、ニュートンの『プリンキピア』の三百周年を祝って、カステル・ガンドルフォで科学者と神学者を集めた会合を催したことがある。「ティプラーはその会場で、私の特別な友人のひとりだった」とレスリーは思い起こす。[15] アラバマ生まれのティプラーは、ＭＩＴとメリーランド大学で教育を受けた。宇宙論におけるティプラーの業績は以来、数々の野心的なアイデアへ向ける情熱によって影を潜めてしまった。彼は「オメガポイント」の仮説で最もよく知られている。すなわち、加速的に進化を遂げるわれわれの計算力は、最終的には全知全能の、ありとあらゆるところに存在するシンギュラリティ（技術的特異点）に至り、神の伝統的属性を獲得するだろう、というものだ。

多くの批評家も言っているとおり、ティプラーはそうした稀なタイプの実例であり、生涯の奇人である。テュレーン大学の教授である彼は、物理学入門クラスとともに、オメガポイント理論のクラス

(PHYS 1190) も教えている。[16] ティプラーはダーウィン説と地球温暖化の証拠に疑問を呈してきた。マイケル・シャーマーが『なぜ人はニセ科学を信じるのか――奇妙な論理が蔓延するとき』〔早川書房、二〇〇三年、岡田靖史訳〕というタイトルの本を書くことになったとき、彼は一章分すべてをティプラーに関する説明に割いた。

カーターの終末論法は、ティプラーの奇妙なアイデアのレーダーを作動させた。カーターが公表を差し控えていたことを考えると、ティプラーは終末論法を完全に受け入れた最初の人物だったと言えるかもしれない。ティプラーは熱心で快活で、製品の良さを心の底から信じている訪問販売員のような性質を備えていた。ローマでの会合で、彼はレスリーに終末論法について説明した。この哲学者は「これはただ単にまちがっているにちがいないと最初の二分間だけちらっと思ったが、すぐにその重要性を確信するようになった」と言う。[17] こうしてレスリーもまた、終末論法信者の小さな集団へと改宗していったわけだ。

レスリーがカーターと文通を始めた頃、カーターは変わった要求をしてきた。彼はレスリーに、このアイデアを「カーター＝レスリー終末論法」として、「称賛だけでなく、少なくはないであろう非難をも」共有したいと言ってきたのだ。[18]

終末の日

カーターはレスリーに終末論法について出版するよう勧め、きっと「第一線からは支持が得られるだろう」と言った。[19] 終末について書かれたものは、一九八九年五月に、二度にわたって出版された。レスリーはカーターのアイデアを簡潔に説明したものを、『カナダ原子力協会会報』に「世界の終わりのリスクを負う」というタイトルで発表した。同月、弦理論のパイオニアであるデンマーク人の物理学者、ホルガー・ベック・ニールセンが、ある物理学の論文にこの考えの概略を書いた。これは「フェルミオン世代数と微細構造定数間のランダムな力学と関係性」というタイトルで、ポーランドの雑誌『ポーランド物理学議事録』（*Acta Physica Polonica*）に掲載された。この論文は、ニールセンがポーランドのザコパネで、その前年におこなった四つの講義を記録したものである。終末の議論は、三つ目の講義の後半で語られている。

ニールセンは英語（と数学）で、「終末」という言葉にポーランド語の訳を充てて論文を書いた。[20]「さて、私の要点は、この手順が暴力的結末、すなわち終末の日（*Ostatni Dizien*）を含むか、または少なくとも現在の規模までは決して増えることはないであろう人口の急激な減少、すなわち、これもまた終末を含むか、いずれかを除くすべての妥当なシナリオを捨て去ることへとわれわれを導く、ということだ。推定によれば、この〝終末の日〟は……遅くともいまから数百年後に来るべきものとされている[21]」。*Ostatni Dizien* はポーランド語で「最後の日（Last Day）」を意味する。ニールセンは嵐の気配の最初の雷鳴のようなものを提示した。「私の草案を基にこうした覚書をつくってくれたことを、N・ブレネーに感謝したい」と彼は記している。[22]「しかしながら、彼は第三の講義の内容については責任を感じていない」。

ニールセンがデンマークの著名な科学者であるという事実にもかかわらず、この論文は終末論法としてはそれほど注目を浴びなかった。この議論は、高度に専門的な論文のなかに埋もれてしまった。かつてないほどグローバル化された科学界においてさえ、国民性や文化の問題だとされたのだ。一九八九年にカナダとポーランドの学術雑誌に掲載された議論が、おそらくその聴衆を限定してしまったのだろう。レスリーは、『哲学四季報』（一九九〇）および『マインド』（一九九二）の両誌に、終末に関する論文を寄稿しつづけた。ゴットの論文、「われわれの未来の展望に対するコペルニクス原理の含意」が『ネイチャー』に掲載されたのは、一九九三年のことだった。世界中の科学者が『ネイチャー』を読んでいたように、特集記事を探し求める科学的精神をもったジャーナリストも同じくこれを読んでいた。こうした人目を引く刊行物のおかげで、終末に関する議論が本格化しはじめたのだ。

「コペルニクス原理の含意」

一九九〇年の夏、ゴットは大学の友人、チャック・アレンに電話をした。[23]「チャック、僕がベルリンの壁について予測したことを覚えているかい？　とにかくテレビをつけてみてくれ！」[24] NBCのニュースキャスター、トム・ブロコウが、ベルリンからライブ中継をしている。壁はまさに崩壊しようとしていた。

「このことは書きとめておかなければ、と思った」とゴットは言った。[25]

優先権を確保することについては、それほど気にしていなかった（彼は、レスリーとニールセンの出版物には気づいていなかった）。その代わりにゴットが心配していたのは、自分の考えを発表したり推進したりするチャンスを見いださないうちに、何年も、さらには何世紀も経ってしまって、そのアイデアといっしょに自分も死んでしまうような事例が科学の歴史には数多く存在するということだった。ベイズの定理がその例だ。ゴットの頭にあったのはヘロンのエンジンだった。紀元一世紀、アレクサンドリアの工学者であり、数学者でもあったヘロンは、単純な蒸気機関に関する記述をした。それから一七〇〇年経ってようやく、似たようなアイデアが広く実用的に使われるようになった。さらに、熱力学の科学を発展させたのは、蒸気機関の基礎工学だった。

ゴットはデルタt論法に関する論文を書き、野心をもって『ネイチャー』に投稿した。『ネイチャー』の編集者がこれを査読者へ送り、その査読者のひとりがブランドン・カーターだった。ゴットはカーターを通じて、レスリーとニールセンの出版物のことを知った。ところがゴットはこの考えを、いくつかの新しい方向で発展させた。六ページにわたるゴットの論文は、人類の未来だけでなく、宇宙旅行や地球外生命体の探求も取り扱っている。論文は次のように始まる。

> 宇宙の時空間においてあなたが誕生する場所は、あなたが知的観測者であり、知的観測者のなかのあなたの位置付けが特別なものではなく、ランダムに選ばれたものであるという事実に暗示される限りにおいてのみ、特権的である（または特別なものとなる）。自分が知的観測者であるということだけを知るあなたは、自分がそのひとりであったかもしれないすべての知的観測者（過去、現在、未来）からランダムに選ばれた存在だと自分を見なすべきである。[26]

これは、現在自己サンプリング仮説（ＳＳＡ）として知られているものを説明している。つまり、人間はランダムな存在であるという仮説だ。[27] ゴットはこれを利用して、私たち人類の存続期間を概算した。

「ひどく気がかりなことに、［終末までの未来にとって］甚だしく価値が低いものでさえ、確信をもって除外することはできない」とゴットは書いている。[28]「しかし、価値の高いもの……たとえば何十億年も生きのびて欲しいとわれわれが願うものは［除外することが］できる」のだ。

「ここで私が使用してきた方法は、非常に保守的なものである。結果が劇的なものであれば、それは、この事実が劇的であるというだけの理由だ……この論文は、あなたがランダムに選ばれた知的観測者であるという仮説を指摘し、それを擁護しているに過ぎない……他の知的な種の存続期間に関する実際のデータが不足しているため、この仮説はおそらく、われわれが立てることのできる最善のものだろう」[29]。

コペルニクスは、地球が神の創造した宇宙の中心だというキリスト教の教えに異議を唱えた。ゴットは世俗的なテクノクラート社会の核となる教義に異議を唱えた。すなわち、人間には他の多くの惑星へ宇宙旅行に行ったり、そこに定住したりする可能性のある長い未来があるといった教義だ。ゴットは、銀河系の他の惑星に人類が定住する可能性を、わずか一〇億分の一の確率と見積もった。[30]コペルニクスとガリレオが宗教裁判に逆らったとしたら、ゴットは『スタートレック』の思想を取り入れたのだ。

「「嘘、大嘘、そして統計」というのは、哀れで平凡な統計学者を当惑させる口汚いフレーズのひとつだ」と、ジョンズ・ホプキンス大学の生物統計学者、スティーヴン・N・グッドマンは不平をもらした。[31]「私の意見としては、ゴットの統計学的方法論は……この格言に好ましくない新風を吹き込んでいる」。これは、『ネイチャー』の編集者へ送られた、批判的で、憤怒に満ちているとも言えるいくつかの手紙に書かれた言葉だ。

この議論は一般メディアにも広まった。『ニューヨーク・タイムズ』は、ゴットと彼のアイデアを好意的に特集した。[32]その翌月、『タイムズ』は特別記事の紙面に、きわめて辛辣な終末論法の批評を掲載した。記者のエリック・J・ラーナーは、ビッグバンに異を唱える口うるさい物理学者で、『ネイチャー』に掲載されたゴットの論文に「疑似科学」の烙印を押して次のように述べている。[33]「ありそうもない論法を偽装させる、単なる数字の操作に過ぎない。なぜ『ネイチャー』のような権威ある雑誌が、こんな占星術を発表するのか？　なぜもっと知識のありそうな傑出した宇宙論者が書かないのか？」

ラーナーはこの自らの疑問にこう答えている。「社会が進歩を止め、生活水準が下がると、こんにちのように必ずや、統治者の欲深さと視野の狭さに……なんらかの責任を有する当局を赦免しようと躍起になる、いわゆる専門家が存在することは歴史が示している」。

ラーナーは積極的な社会活動家で、アラバマ州セルマで市民権を求めてデモ行進をしたこともある。彼はゴットを変人と言うが、それ以上に『タイムズ』の多くの読者は、ゴットが言わんとしていること（資本主義の君主のための占星術？）に当惑させられてきたにちがいない。

編集者への手紙として公表されたゴットの辛辣な反応には、次のように書かれている。

ラーナー氏は、自分が人類のなかでランダムに位置付けられた存在かもしれないということを信じようとしない……これが驚くべきことであるのは、私の論文がおこなった数々の予測を彼に当てはめると、すべてが正しいことが証明されるからだ。すなわち、彼は（1）電話帳の中央の九五パーセントに入っている、（2）一月一日生まれではない、（3）人口六三〇万人以上の国で生まれた、

（４）今後生きつづけるすべての人間の最後の二・五パーセントのなかには誕生しない（これが真であることは、彼が誕生してからすでに生まれている人間の数が証明している）……ラーナー氏は、自分で考えている以上にランダムな存在である可能性がある。[34]

一九九六年、ジョン・レスリーは『世界の終焉——今ここにいることの論理』［青土社、二〇一七年、松浦俊輔訳］を出版した。これは、終末論法について詳細に示した初めての本で、なじみのものから風変わりなものまで、起こりうる災害を連ねた目も眩むようなリストが網羅されている。ゴットが禁欲主義者だったとすれば、レスリーは数学を目覚まし時計だと思っているような人間だった。レスリーの主張によれば、私たちは滅亡の事前確率を変える力を備えており、それを試みる倫理的義務があるという。『クリスマス・キャロル』の主人公、エベニーザ・スクルージがクリスマスの未来の精霊に言ったように、終末論法はそうでなければならないものではなく、そうかもしれないものの影なのだ。

レスリーの本は、終末論争にすでに着手していた雑誌『ネイチャー』で、きわめて辛辣な書評を受けた。この書評を書いたのは、著名な物理学者、数学者、作家であり、プリンストン高等研究所のフリーマン・J・ダイソンだった。「注意深く考えた末、ここでのベイズ規則の応用は有効ではないと、はっきり述べておこう」とダイソンは書いている。[35]「この議論には価値がない」。

ダイソンはレスリーの本とマルサスの有名な『人口の原理』［一七九八年：岩波書店、一九九七年、高野岩三郎・大内兵衛訳］の比較に取りかかった。これは敬意を示すための行為ではなかった。「マルサスの予測を無批判に信じたことが、一世紀にわたる英国での政治的、社会的進歩を抑制した」とダイソンは語る。「この不幸な先例があるために、レスリーの論法における誤った推論には注意が必要だと思うのだ」。

レスリーは『ネイチャー』への手紙のなかで自らの書物を擁護し、その数年後、カーターもその擁護に加わった。[36] ダイソンが「希望的観測の影響下にあったのは明らかだ」とカーターは書いている。[37]「とはいえ、こうした結論はさまざまな方面で不評を買う傾向があることがわかった。というのも、おそらくはこれらが、(個人の不死の代わりに)多くの人々が永続してほしいと願っている、私たちの文明のような文明の限界と、より特定的にはその存続期間を制限するものを含んでいるからだろう」。

カーターがここで仄めかしていたのは、ダイソンの「永遠の知性」という概念だった。一九七九年の思弁的論文、「終わりなき時間——開かれた宇宙における物理学と生物学」のなかで、ダイソンは知的生命体がともするとエントロピーを逃れ、永遠に生きつづけ、星の最後のきらめきと宇宙の熱的死を通り抜ける方法について概説した。技術的に熟達した観測者たちは、自らを再構成することによって、宇宙が絶対零度まで低温になっても、主観的永遠を経験することができるかもしれない。[38] その結果、肥沃さと複雑さのなかで無限に成長する宇宙、永遠に生きつづける生命体の宇宙となる[39]。

ダイソンの考えの実行可能性を疑問視する理由は数多くあるが、終末論法はこれに、さらに新しい疑問をつけ加えた。人間の意識が数千兆年も生きつづけるとしたら、その何巻もからなる輝かしい歴史の一ページ目に私たちが存在するというのは奇妙な話だ。カーターが仄めかしていたのは、ダイソンが自らのお気に入りのアイデアを「無意識的に」当然のことと考え、レスリーの(そしてカーターの)考えに公正な解釈を与えていなかったということである。

影響力のある考えを発信する人が、それを自分の功績だと主張しないということはあまりない。カーターは、終末論法については不思議にも寡黙を貫いてきた。彼は、その考えがあまりに一般的ではないので、暗殺されるのではないかと自虐的に話していた。最近になってようやく彼は、人間原理の議論のなかで終末論法について言及するようになった。二〇〇四年、パリで、彼は終末論法について自らの言葉で次のように簡潔に説明した。「われわれの文明の内部において、同等の個人に同等の先験的重点を置くという人間原理の属性は、その歴史の例外的なほど初期の段階に生まれたという意味で私たちの存在が非典型的であるという可能性を低め、したがって、私たちの文明は、未来に生まれるもっとずっと多くの人間を含むという可能性を低める[40]」。

カーターはこれを、「特にレスリーが（ゴットとはわずかに異なる視点から）発展させた命題」であると説明し、自らの役割については触れないままにしている。

ポスト黙示録的未来

第二次世界大戦が明日始まるとしても、それがすべての人間を殺すことには、おそらくならないだろう。（「われわれは髪の毛一本も乱すことはないと言っているのではありません」と『博士の異常な愛情』の将軍が言っているように。）だが、大規模核戦争とその余波は、農業、貿易、インフラを混乱させ、私たちが知っている文明を終わらせることになるだろう。

カリフォルニア州カールスバッドの物理学者、ウィラード・ウェルズは、標準的な終末論法は、人類の滅亡に力点を置きすぎると主張する。未来はポスト黙示録的になる可能性が高いというのだ。[41]

二〇〇九年の著書『世界の終わりはいつか?』で、ウェルズはコペルニクス的推論を文明に当てはめた。私たちの都市社会は、およそ一万一〇〇〇年前のメソポタミアで起こった都市社会にまで、その起源を遡ることができる、と彼は言う。文明化されたほとんどの人々は、過去数世紀の間、存在しつづけている。ホモ・サピエンスよりずっと新しい私たちの文明の未来は、他のすべてが同じであれば、もっと短い可能性が高い。ウェルズは、文明の未来の存続期間の中央値は、八六〇〇億観測人年であると見積もっている[42](これは、世界の総人口にかかわらず、文明のもとで生きることのできる総年数だ)。こんにちの人口で言えば、ウェルズの概算は、あとわずか一一五年ほどの文明に相当する。したがってウェルズは、文明が終わる確率は年に一パーセント程度だと信じているのだ。

私たちの惑星が数十億人もの人間に耐えるのは簡単なことではない。これは、食物や商品を大陸や海洋を横断して移動させる、綿密に調整されたグローバルエコノミーの曲芸とも言える。何かがこのグローバルエコノミーに起こっていれば、数十億の人々が餓死したことも考えられる。そして黙示録後のわずかな人口が、終末の日の時計の針を遅らせただろう。人類の滅亡は長期にわたって延期されたかもしれないが、数十億もの人々が死んでしまった可能性がある。

ウェルズが見積もった、年に一パーセントという、社会が崩壊する確率は、平均的な家庭がその一年のうちに火事に遭う確率よりも高い。私たちはこれを深刻に捉えるから火災保険に入るのだ。両親は安全ではない車のシートやワクチン接種の副作用、派手に細工したハロウィンのお菓子などを懸念する。ウェルズは、裕福な先進国の家庭に現在生まれてくる子どもが、黙示録後の地獄で飢死することを心配する原因はもっとたくさんあると言う。生き残った者は、数え切れないほどのケーブルチャンネルと流行の先端を行く移動式屋台で溢れているような、自分たちが生まれた豊かな世界が永遠に消滅してしまった光景を目の当たりにするだろう。ウェルズは容赦のない結論を下す。「そして、大きな疑問への短い回答、それは〝ノー〟だ。(43) このジレンマから抜け出す方法はない。黙示録的な出来事、おそらくは滅亡が近いということは、長期にわたる人間の存続の必要条件であり、それが現実なのだ」。

この小史を、終末論法を独自に編みだしてきたと思われるさらにふたりの人物に触れて終わりにしたいと思う。アメリカの素粒子物理学者で、科学と宗教に関する著作でも知られているスティーヴン・バーと、イスラエルのテック起業家で、競技ポーカーのプレイヤーでもあるザール・ウィルフだ。科学には数多くの同時発見のケースがある。ニュートンとライプニッツ（微積分学）、ルヴェリエとアダムス（海王星）、ダーウィンとウォレス（進化）などだ。こうした有名な例では、ふたりの人物がほぼ同じ瞬間に、ほぼ同じアイデアを思いついている。終末論法にも、五人を下らない共発見者がいる可能性がある。二〇世紀の最後の一〇年間は、エスカトロジー（終末論）がそこかしこに漂っていた。

終末論法がまちがいである12の理由

「終末論法は正しいか?」と、オランダ人の物理学者、デニス・ダークスは尋ねた。[1]「この論法について私が話をしただれもが、それを正しいとする準備ができていなかった。だが、そのまちがい(もしあるとすれば)の本質について、明確で確信的な見方を提供できる人はだれもいなかった」

「終末論法については、何百もの反対意見に出会ってきた」とニック・ボストロムは書いている。[2]「……その多くが互いに矛盾している。まるで終末論法があまりに直観に反している(または脅威である?)ために、人々はあらゆる批評が有効でなければならないと思っているかのようだ」。

「二〇秒あれば、多くの人が、辛辣な反対意見を見つけられると思うだろう」と、ジョン・レスリーは書いている。[3]「少なくとも十数回、私もまた、終末論法の辛辣な反論と思えるものを頭に思い描いた。どれほど満足していようと、そうした反論には疑り深くならなければならない!」。

こうした反応は典型的なものである。終末論法のことを耳にしたとたん、私たちのほとんどが、それは明らかにまちがっていると思い、なぜまちがっているかを突きとめるのは簡単だと考える。だが、それは見た目ほど容易に反論できるものではないのだ。このことが、終末の日を哲学雑誌に最も適したテーマにしてきた。「不思議なのは、誰々が正しいと言っている論文にはめったにお目にかかれないということだ」とレスリーは私に言った。「誰々がまちがっていると言っている論文を発表するほうが、はるかに簡単だ」。終末に関する論文のこうした流れは、こんにちまで続いている。

この議論が最大の効果を上げるようにする良い方法は、最も一般的な反論を走り読みすること（そしてそれらがなぜ、この怪物を倒すことができないかを説明すること）だ。

私はランダムではない

レスリーはこう書いている。「大きな疑問は――壺からその名前を出すのとまったく同じように、自分たちが人類史のある特定のときに生まれたと捉える権利が私たちにあるかどうかということだ」[4]。終末の前提のこの部分が、多くの不安を残している。

ランダムなくじ引きは、よく混ざっていることが期待される。テレビで、数百万人がくじ券をもっていることを想定し、壺からくじの番号のついたボールを引くことを求められた場合、たまたまいちばん上にあったボールを単に選ぶようなことはしないだろう。ボールを、下から上、上から下へと、手でかきまわすという大げさな仕草をすると思う。こうしてランダム性を演出するのだ。

過去―現在―未来の人間の生命は、そんなふうに混ぜ合わせることはできない。私たちはそれぞれ個別のアイデンティティをもっていて、それは私たちが生きている時代に縛られている。私は一八五〇年代のダコタ準州の辺境の主婦でもなければ、三七世紀のワームホールの技術者でもない。仮に自分がそうした人物で、いまとはまったく異なる文化に生きているとすれば、私はこの私ではなく、まったくちがう人間になっているだろう。私たちはみな、蝶のように、歴史における自分たちの場所にピン付けされているのだ。

「私はランダムではない」と言うのは、ランダム化する手順なくしてランダム性はあり得ないと言うことと同じだ。これは筋の通った主張のように聞こえる。ところが、ある人間のランダムは、別のだれかの秩序なのである。ゴットの電話帳の例を見てみよう。任意の名前はまちがいなく、電話帳の中央九五パーセントに含まれる。私の名前もそうだ。これは議論の余地がないほど真であり、ランダム性はこれとはまったく関係がない。名前はアルファベット順に並んでいるのだから！ さらに、私はこの私である。AAAという名の害虫やシロアリでもなければ、セオドア・R・ジスコフスキーでもない。アルファベット順のどこか別の場所に当てはまる名前をもっているふりをする必要もない。ゴットの主張は、それでもやはり有効なのだ。

自己サンプリングは、生活のさほど重大ではない不思議を説明するのに役立つ。なぜ（銀行、スーパーマーケット、運転免許センターなどに並ぶ）となりの列のほうが、いつも進むのが速いのか？ 研究によると、こうした感じ方は本当のもので、単なる心理的なものではないことが証明されている。

これを説明するのはいたって簡単だ。レーンや順番を待つ列が遅いのは、混んでいるからなのである。列を変えるのが簡単ではなかったり、安全ではなかったりすることもあるため、ドライバーはしばらくの間、混んでいる車線に留まろうとする。（銀行では、列を変えるということは、新しい列のいちばん後ろに並び直すということだ。だれもそんなことをしようとはしない）。だから、もしあなたが世界中のすべての高速道路にいるすべてのドライバーから任意に選ばれたひとりのドライバーだとすれば、車が少ない車線よりも、車が多い車線に留まる確率のほうが高いということになる。つまり遅い車線ということだ。(5)

ANZ912というナンバープレートをつけた、二〇〇四年式のエレクトリックブルーのミニクーパーを運転するあなたが、だれか他の人である可能性があるだろうか？　いや、ない。あなたは独自の存在だ。それでももし、となりの車線のほうがなぜ速いかを知りたいのなら、自分自身をランダムなくじだと考えると良いだろう。

いまこの瞬間はランダムな時間ではない

終末論法は、いま、この瞬間は時間におけるランダムな点であるという主張にも依存している。数学の教育を受けた商品取引業者で、終末の日について書いたウィリアム・エックハートは、アイデアと発明は歴史のなんらかのランダムな点から生じるものではないことを指摘した。アイデアと発明は、それらを生みだす文化の必要性を反映しているのだ。私たちは、終末論法が核兵器、遺伝子工学、地球の気候変化、そして人工知能への初の試みが出現した直後に考案されたと聞いても驚くべきではない。生命は常に儚いものだが、そうした発展が不安定な新しい場所に私たちを位置付けてきたのだ。

ゴット、カーター、そしてニールセンが、それぞれ個別に、ほぼ同じ時期に似たような考えをもっていたということは、偶然の一致ではない。それはツァイトガイスト（時代精神）なのである。現代という時代は、人類の滅亡に関する限り、ランダムと見なすことはできない。

私たちは終末論法を文化的人工物として、すなわち、未来に対する私たちの時代の不安の表明として脱構築することができる。これは、私たちが展開してきた終末論法の値打ちを下げはするが、私たちの責任を免除することはできない。私たちが話題にしていることになんらかの合理的基盤があるとすれば、結論は同じようなものになるかもしれない。つまり、終末の日は近い、ということだ。

アダムとイヴについてはどうか？

アダムとイヴ（またはクロマニョン人など）は、終末の推論を適用して、二一世紀にならないうちに滅亡の日が訪れると予測していたかもしれない。しかし、私たちはまだここに存在し、元気でぴんぴんしている。ということは、終末論法に何かまちがいがあったという証拠なのだろうか？

アダムとイヴについてはどうか？　と尋ねられたとき、リチャード・ゴットはソクラテス風にこう言い放った。「あなたはアダムまたはイヴですか？」と。彼に反論した者たちが、アダムやイヴであるはずがない。そこがポイントなのだ。何人かの人間は、誕生順のくじの超初期にいなければならない。だが、私が超初期にいる可能性は低い(6)。

終末論法は確率の言明である。それは、降水確率が七〇パーセントであると天気予報士が言うのと同じようなものだ。雨が降らなければ、予報はまちがっていたと言うだろう。それはあまり公平ではない。天気予報は、雨が降らない確率として三〇パーセントを提示していたのだから。確率の言明は、それらがどれほどうまく測定されているかによって判断すべきなのである。天気予報士を試して、彼らが主張する確率が、長い目で見てどれくらい正確かを見ることはできる。だが、人類の滅亡といった一回限りの出来事の予測を試すことはできない。

コペルニクス的方法自体はテストすることができる。次章でこれをやってみたいと思う。

だれかが「初期」でなければならない。なぜ私ではないのか？

あるスタートアップのスタッフがアプリ開発に取り組んでいて、一日に一〇億人のユーザーを獲得することを目指している。私はベータテストの検査員で、このアプリを手にする七番目の人間だ。厳格なコペルニクス擁護者であれば、数百人以上のユーザーを獲得することはないという、かなりの確信を私がもつことができると言うかもしれない。この論理を受け入れたベンチャーキャピタリストは、どんなアプリにも決して投資しようとはしないだろう！

これはゴットの結婚式の例の変形だ。ベータテストの検査員である私は、ランダムなユーザーではない。私は自分が初期の利用者であることを知っているからだ。

自分は人類の存在の基本プロットを直観で捉えることができると感じる人もいるかもしれない。そういう人は、私たちがいまも、ストーリーの初期段階にいると信じている。だれかがこれを確信することができる限りにおいて、終末論法は無関係なのだ。

問題は、終末のリスクを大幅に軽減するには、私たちが初期にいるという、とてつもない確信（通常は九九パーセント以上）が必要だということだ。私たちの未来を、それほどまでに確信している人がいるだろうか？

人間のマスターリストは存在しない

カーター＝レスリーの終末論法は、過去、現在、未来のすべての人間の完全リストを想定することを私たちに求める。このリストはフィクションである。実際には存在しない。決して存在することはないだろう。

私は自分が宇宙旅行の未来のジェームズ・タイベリアス・カーク船長『スタートレック』に登場する架空の人物」ではないことを知っている。来たる世紀のいかなる特定の、ノンフィクションの人物にも、名前をつけることすらできない。それならば、なぜ私は、あたかも未来のすべての人間の名前が、私自身の名前と過去のすべての人間の名前とともに、ランダムなくじ引きの帽子に入れることできるかのように推論すべきなのだろうか？

レスリーはこんな反論を提示した。じゅうぶんな資金のある秘密の財団が、五〇〇三個のエメラルドをランダムに選ばれた五〇〇三人の勝者に賞として与えることを想像してみよう。勝者のうちの三人が同じ世紀にいて、他の五〇〇〇人がその後の世紀にいる。勝者の名前は決して明かされず、それぞれが沈黙の誓いを立てる。[7]

あなたはエメラルドがもらえる勝者だとする。あなたは自分が前の世紀にいるのか、後の世紀にいるのかは知らない。前の世紀には勝者が三人しかおらず、後の世紀には勝者が五〇〇〇人いるため、あなたは後の世紀にいる確率がかなり高い。

イーブンマネーベット「カジノで、勝つと賭け金の同額が配当として得られる賭けの総称」を提示されたら、後の世紀にいるほうに賭けるべきだ。五〇〇三人全員がそうすれば、五〇〇〇人が賞金をもらうことができ、三人だけが負けることになる。これはもう一方に賭けるよりもうまくいく。

前の世紀には、エメラルド財団のリストには三人しかおらず、後で埋めるために五〇〇〇人分が空欄になっている。後の世紀になって初めて、このリストを完成させることができるのだ。だが、それはエメラルド勝者の推論には影響を与えないはずだ。重要なのは、自分がリストのどの位置にいるかということを、自分が何も知らないということなのだ。私は、自分の無知にもかかわらず、というよりもその無知を理由に、自己サンプリングに訴えるのである。

自己サンプリングはサイコロを振ったり、チャック・ア・ラック［三個のサイコロを振って出目の数を予想して賭けるゲーム］をしたりする必要はない。ランダムな世紀のランダムな肉体に入れられた姿なき魂として、自分自身を見なす必要もない。私が最もする必要のないことは、自分がここではない時代に生きていた「可能性がある」ことを思い悩まないことだ。エメラルドの勝者は自分が何者か、いまが西暦何年かを知っている。彼らが知らないのは、エメラルド実験の相対的な年表のどこに自分がいるかということだ。自己サンプリングの正当な根拠となるのは――世紀を飛び越えて自由に石ころ遊びをする能力ではなく――その人の前後関係の状況に関する無知なのだ。

終末の予言者は一貫性のない予測をする

用心深い人が占星術を信じないのは、一貫した予測が得られないからである。ある星占いでは、今日は天秤座にとって、ベンチャービジネスをスタートする絶好の日だと言っている。また別の星占いでは正反対のことを言っている。そのどちらもが正しいとは言えない。終末論法も似たような不安を引き起こす可能性がある。自分が人類の存続期間のランダムな地点にいると仮定した場合、ひとつの予測が得られる。自分にはランダムな誕生順があるとしたら、また別の予測が得られる。私の事前確率にひとつ

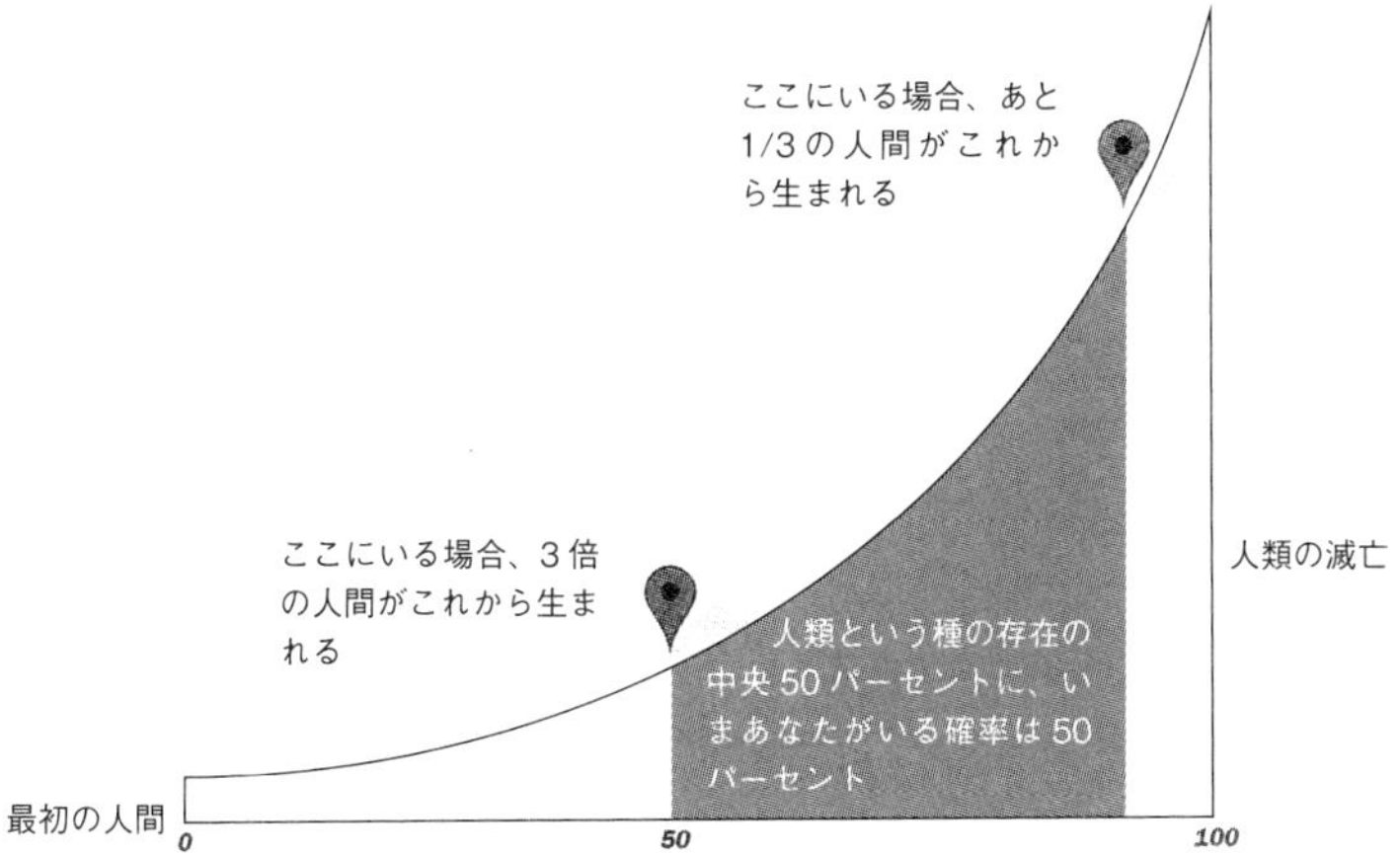
ここにいる場合、あと
1/3の人間がこれから生まれる
ここにいる場合、3倍の人間がこれから生まれる
人類という種の存在の中央50パーセントに、いまあなたがいる確率は50パーセント
人類の滅亡
最初の人間
0
50
100

の因子があるとすれば、また別の因子もあるのだ。どちらを信じれば良いのか？

終末論法の三つすべてのバージョンは、私がことによると特別な存在ではないという前提を共有している。特別ではない存在には、さまざまな例がある。私はピザが好きかもしれないし、黒板を爪で掻く音が嫌いかもしれない。一九九〇年代のエモバンド［ロックバンドの一形態で、ボーカルがエモーショナルに絶叫するのを特徴とする］のメインボーカルでは、たぶんなかっただろう……すべては必ず当たる賭けだ。この必ず当たる賭けのリストは、無限に続く可能性がある。ところが、このような、通常は真だとされるにじゅうぶんな主張をこのリストに加えようとした場合、私は（だれもが）不思議にもいくつかの点では「特別」な存在ということになるかもしれない。

終末の通常の時計と誕生の時計の両方のバージョンが、私が誕生した時間はおそらく特別ではなかったと言う。可能性が高いのは、どちらのバージョンも人類の滅亡に関して正しい予測を生みだしているということだが、どちらかひとつだけがそうであることもあれば、どちらもそうでないということもある。

終末論法が示しているのは、平均的な誕生順をもっているということは、私を通常時間の時計によって非典型的に遅らせる可能性があるということだ。左の図がそれを示している。前の図のように、時間を水平軸に置く。しかし今回は、曲線の高さは人口を示し、曲線の下の領域は累積人口を示している。「平均的な」人間は中央、すなわち五〇の時間のところではなく、もっと後のほうにいる。

影をつけた部分は曲線部分の中央五〇パーセントである。ほとんどの観測者が右に偏っているため、滅亡は――ほとんどの観測者にとって――この人間という種の起源までの距離よりも近くなる。人類はアルマゲドンに向かって前かがみになっているのだ。

この人口曲線はひとつの可能なモデルに過ぎない。いちばん左の部分が最近の人口増加と一致している限り、自分の好きなところに曲線を引くことができる。

したがって誕生の時計の終末計算のジレンマはこうだ。終末の正確な日付を得るためには、未来の人口統計データを提供しなければならない。数年先、数世紀先の未来の国勢調査の数字が必要なのだ。だが、それを得たとしたら、終末論法そのものの必要性がなくなる。そうした未来の国勢調査の結果をチェックして、西暦何年に人口がゼロの線に達するかを見れば良いだけだからだ。

だが、これですら不適格と見なすべきではない。終末論法が本当に言おうとしているのは、誕生順からしても、時間からしても、私がきわめて初期の人間である可能性は低いということなのだ。これにより、当然矛盾が生じる結果になる。未来は人口密度が高くなる可能性がある（ただし終末が差し迫っている場合に限り）。そして未来はこれから先も長く続く可能性がある（ただし人口が少ない場合に限り）。

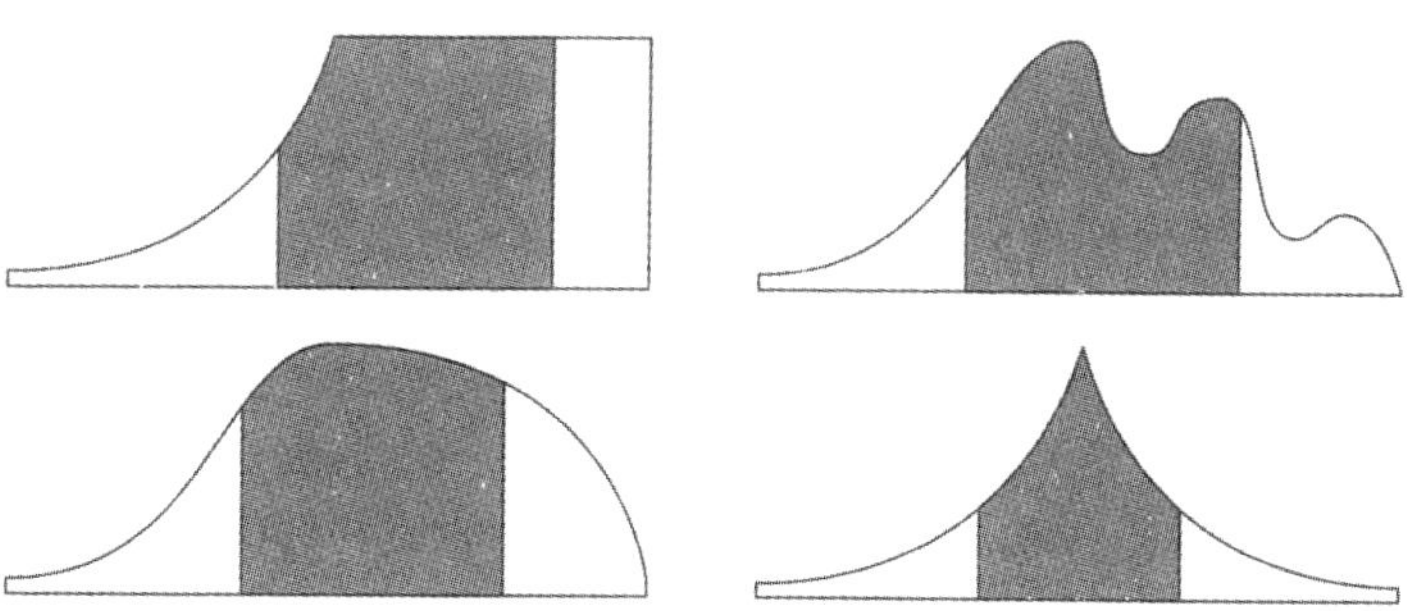

いずれにせよ、人類が一〇兆人の累積人口に到達することすら、きわめて可能性が低いということだ。善かれ悪しかれ、この主張は無効ではない。

終末論法は反証可能性がない

エリック・J・ラーナーなどの批評家は、終末論法は反証可能性がないと訴えてきた。哲学者カール・ポパーの造語であるこの流行語は、理にかなった科学的理論は潜在的にまちがっていると証明できるものでなければならないという見方を反映している。「反証可能性がない」というのは、ある科学者がもうひとりの科学者の理論について言う、最も手厳しい言葉のひとつとなっている。そうしたわけで、この言葉は頻繁に使われているのだ。

ポパーはこれを取りちがえていたと考えることもできる。科学というのは、理論が正しいということを証明するものではないのか？　いやちがう、とポパーは言う。理論というのは一般論なのだ。一般論は決して正しいと証明することはできない。ワタリガラスを見ながら世界を旅し、それらがすべて黒かったら、このことはあなたに「すべてのワタリガラスは黒い」という規則に対する確信を与えるだろう。だがこれは、すべてのワタリガラスが黒いことを証明することにはならない。あなたが見ていなかったところに、オレンジ色のワタリガラスがいた可能性もあるのだ。一般論を証明することは、ゼノンのパラドックスのようなものである。その走者は永遠にゴールにたどり着かないというものだ。ポパーにとって、絶対的真実は私たちが決して到達することのない蜃気楼なのである。

これが疑いの余地がないということは、むしろ事実を歪曲している。オレンジ色のワタリガラスを見つけて、「すべてのワタリガラスは黒い」というのはまちがっているからだ。

科学者が反証可能な仮説に快く賛成するには、それなりの理由がある。行き詰った状態のまま自分のキャリアを費やすのは、あまりに安易すぎるからだ。だが現実の世界では、簡単に反証できる仮説などだれも立てようとはしない。一〇ドルの実験をして、ある主張がまちがっていることを証明することができるとすれば、提案者はこの実験をとっくの昔にやっていただろう。理論を発表するには、多くの時間と、創意と、テストするためのリソースが必要になることが多い。じゅうぶんなリソースは決して存在しないため、理論家は実験主義者に働きかけ、自分たちの考えはテストするにじゅうぶん興味深いものだと説得する。ときにそれは、対抗する理論を「反証不可能」として軽視することを意味することもある。

「すぐれた科学的仮説と同じように、この仮説も反証可能である」とゴットは終末論法について書いている。この仮説に反証するには、「さらに二・七×一〇の一二乗以上の人類が生まれる」必要がある。つまり、終末は検証不可能であると言ったほうがより正確だろう。私たちは、悲しいことにすべての人間が死ぬまで、この予測が正しいと確信することはできないのだ。(8)

古い証拠から予測することはできない

ベイズ擁護者は、新しい証拠を利用して事前確率を更新する。終末に関して言えば、この新しい証拠はすべて、それほど新しいものではない。初めて終末論法について聞いたのが何世紀だったか、私は知っているからだ。

これは古い証拠問題として知られている。私たちは、かなり以前から知られている証拠からは推論したがらない。私は、いまが何世紀かを学んだのがいつだったかすら覚えていない。幼少時代に何度も世紀の概念に晒されて、ようやく、おとなたちが何を話しているかを理解するようになったにちがいない。人類全体としても、地理的、宇宙的時間尺度における私たちの種の位置を確立するのは、遅く、漸次的で、辛い道のりだった。累積人口の数値は、長い時間をかけて精錬されてきた。終末の日の証拠が露わになるような真実の瞬間は、一度たりともなかった。

少し考えれば、この問題が不合理であることがわかる。まさに今日、私は小学三年生のときにもらったキックベースボールのトロフィーの埃を払おうとしていた(五〇頁)。こんなふうに考えていたのだ。キックベースボールが得意だった記憶はないのに、おかしいな……と。そしてふと思い当たった。このトロフィーは参加賞だったのだ!

これは有効なベイズ的結論だと言えるだろう。その有効性は、私が精神的飛躍を遂げるのにどれほどの時間がかかったかにかかわらず、持続する。遅れても、気づいただけマシなのだ!

レスリーはこのことを次のように述べている。「親愛なるニュートンさま。新しい物理学をリンゴが木から落ちることから引き出すなんて、なんたるナンセンスでしょう？　そのリンゴが確実に木から落ちることを、あなたはとっくの昔から知っていたはずです[9]」。

主観的証拠からは予測できない

「現在地」のピンは、基礎となる地図の客観的情報とは異なる次元に存在する。自己位置情報は主観的で一人称のものだ。このことがピンを、科学と客観的事実の領域から隔たったところに置く。科学論文の文法でさえ、この区別を強制する。学術雑誌の論文は中立的な三人称で書かれることになっている（「調査者は……であることを示した」）。科学のチームに「私」は存在しないのだ。

とはいえ、自己位置の証拠は他のどんな種類の証拠よりも真実だ。時計、カレンダー、道路標識、コンパス、GPSが発明されたのは、自己位置情報を提供するためだ。もちろん、この情報は便利で、現実世界を暗に含んでいる。会議に遅れてしまうかどうか知りたいとき、私は時計かグーグルマップをチェックする。私たちは常に、何かを予測するために自己位置情報を利用しているのだ。

不死の社会は終末をごまかすことができる

テクノロジー的楽観主義者は、次の世紀か、さらにその次の世紀のうちに（終末が訪れる前に私たちがおそらく経験できる時代に）、医学はすべての病気と老化を治癒するだろうと想像することができる。仮想的な不死の社会では、子供をもつ必要がないかもしれない。出生率は急落する可能性がある。私たちが終末の最後の誕生順番号であるZに到達することは、決してないかもしれない。土壇場で救われて？

残念ながらそんなことは起こらない。終末論法を誕生の予測として見なす必要はない。それは、最も根本的には、意識の瞬間（「観測者―瞬間」）に関するものなのだ。ときにこれは、無視することのできる、重箱の隅をつつくような区別である。寿命が有限であり、それほど大きく変わらない限り、誕生は人間の生命と経験の便利な測定方法なのだ。だが、だれも誕生しない不死の社会では、ランダムなサンプルであるとはどういうことかを再考する必要があるだろう。自分の現在の意識の瞬間を、人類の全体的な意識の流れから引いたランダムなくじと見なすのは有益かもしれない。終末論法からすれば、私の瞬間が極端に早いという可能性は低いとされ、これが未来にどれほど多くの意識的瞬間が存在する可能性があるかについて、おおよその制限を設定する。

観測者―瞬間は労働者―時間という経済的概念とかなり似かよっている。精神の数に、そうした精神が存在し、意識している時間数を掛ける。七万年生きた「不死」の人は、七〇年生きた死すべき運命の人の一〇〇〇倍の観測者―瞬間をもつ――つまり、一〇〇〇倍の思考と経験をもつということだ。

その結果、不死の人が一〇〇億人いるという安定した人口は、継続的に置き換わる一〇〇億人の死すべき運命の人と同じ数の観測者―瞬間をもつということになる。終末の計算は変わらない。どれほど不死を希望しても、終わりは近いのだ。

私たちはより良いものへと進化する

モーリシャスの鳥、ドードーの存在が最初に報告されたのは一五九八年だった。それから七〇年のうちに、ヨーロッパの水兵がこの鳥をすべて殺した。最後の一羽となったドードーが目撃されたのは一六六二年のことだった。

すべての種が、ドードーのように突然の絶滅という最後を遂げるとは限らない。ホモ・ハイデルベルゲンシスは、ゆっくりとホモ・サピエンスへと進化した。私たちの観点からすれば、それは良いことだった。私たちは、ホモ・ハイデルベルゲンシスより良い食べ物、良い衣服、良い娯楽、ありとあらゆるより良いものを備えた有意義な内的・外的生活を送っていると自惚れている。この前進は続くかもしれない。私たちの子孫が自分たちをよりすばらしい種であると評価できるほど、私たちとはまったく異なるものになっているような時代が来るかもしれない。

これは希望に満ちた考え方だ。だが、生物学的進化は遅い。人口ベースの終末論法の時間枠のなかで、新しい種へ進化するという予測はできない。

もっと信憑性があるのは、人間はテクノロジーの助けを借りて変化していく可能性があるということだ。遺伝子工学、ロボット工学、人工知能は、来る数世紀または数千年の間に、人類をいまとは劇的に異なる何かに変えることができるだろう。生物学的な人類は廃れる瀬戸際に立たされることになるかもしれないと、テックブースター［テクノロジーの後押しをする人］は言うが、それでも構わないのだ――人間に似た意識が、他の、より良い器（「ポストヒューマン」）のなかで生きつづける限りにおいては。

これは、テクノロジーによって改良された存在が、終末論法にどう当てはまるかという疑問を提起する。この問題については後ほど触れることにする。さしあたっては、それが安易な解決法を提供するようには見えないとだけ言っておこう。終末論法は「人間」という言葉の、法律的な側面にあまりに限定しすぎるような定義には依存していない。私たちは立ち返って、「人間」というあらゆる言及を「人間またはポストヒューマン」という言葉に置き換えることができる。そうすれば、同じ数の過去の精神や観測者―瞬間を見つけだし、これがほぼ同じ結果につながっていくだろう。終末の日の危険にさらされているのは私たちだけではない。私たちのテクノロジーの後継者や譲受人も含まれるのだ。

私たちはそこから出て、より多くの証拠を得るべきだ

「データがないときは、ゴット［の方法］に従えと教えられる」と、科学関連の哲学者、エリオット・ソーバーは書いている。[10]「私はほとんどの生物学者が何かちがうことを言うのを期待している――データがないのなら、そこから出て、より多くのデータを手に入れるべきだ、と」。

レスリーの物理学者の仲間も同じような発言をし、「一度の試みからはいかなる結果も得られない」と言って反論した。[11]

レスリーは思考実験でもってこれに応えた。ある特定の興味深い原子が、一〇億ドルの費用をかけて製造される。理論によれば、この原子は約一秒以内、あるいは約一〇〇〇億年以内に崩壊する可能性がある。この原子が一秒で崩壊するとしたら「また一〇億ドルを払って、同じ実験を繰り返そうと思うだろうか?」[12]

この物理学者は再度こう述べる。一度の試みからはいかなる結果も得られない――「その時点で、私は諦めた」とレスリーは言った。

終末論者の多くが天文学者や宇宙論研究者であるのは偶然ではない。生物学者は好きなだけバクテリ

アを群生させることができる。素粒子物理学者は、金さえあればすばらしいことができる。だが天文学者は、宇宙はたったひとつしか存在しないという厄介な状況に行き詰っているのだ。

アメリカ先住民がバッファローのあらゆる部位を利用したのをまったく同じように、天文学者と宇宙論研究者は、自分たちが得たあらゆるデータの小片をも大切にする。これには自己位置情報やそのベイズ的含意も含まれる。

だれも一度の出来事から結論を導きたがらない。その出来事が容易に反復可能であるような場合は、どんな科学者もそんなことはしないだろう。科学や生命におけるありとあらゆるものが反復可能なわけではない。人類がいつまで生きつづけるかを知りたければ、私たちは地球から出て、宇宙の知的種の生存率に関するより多くのデータを取得するべきなのだ。しかしながらこれは、口で言うほどたやすいことではない。

アルバカーキの24匹の犬

研究休暇から戻ると、カールトン・ケイヴスは、『ザ・ニューヨーカー』に掲載されたリチャード・ゴットに関する一九九九年の記事をメールのなかに発見した。彼はこれを、ゴットの命題を宣伝するための、この雑誌の「信じられないほど無責任な行為」だと考えた。「だれもが、これはでたらめだと思う可能性がある」[1]。

そこで一九九九年一〇月二一日、ニューメキシコ大学先進研究センターに所属していたケイヴスは、教授陣、スタッフ、大学院生に、一通のメールを送信した。彼はある科学的疑問を解決するため、犬――年老いた犬――を探していた。犬を傷つけるような実験ではない。ケイヴスは量子物理学者なのだ。「ゴットは現象に関する情報を収集、整理する、すべてのプロセスを退けている」とケイヴスは記している[2]。「手短に言えば、彼は合理的な科学的探求のプロセスを不適切なものとして拒絶し、これを単一の、普遍的な統計規則と置き換えているのだ」。そして次のように結論付けた。「重要なのはゴットの推論の欠陥を発見することだった。欠陥のある意見は避けられないし、科学的企ての不可欠な一部とも言えるが、『ザ・ニューヨーカー』に掲載されるとなれば、いまこそその欠陥を見つけて、それらに注意を向けるべきだ」[3]。

この目的のために、ケイヴスは……それぞれの犬の名前、生年月日、品種、飼い主の氏名を含めた二四匹の犬の……公証リスト」を編纂した。[4] そのうちの六匹は一〇歳以上だった。ケイヴスはゴットに、この六匹それぞれの犬の命に対して一〇〇〇ドル、合計六〇〇〇ドルの賭けを提案する計画を立てた。つまり、犬がいつ死ぬかを賭けるのだ。

一七年蟬

ケイヴスは、「あらゆるもの」を予測するゴットの公式を、新種のほら話だと見なした。そして次のように書いている。

ゴットは自らの規則を、自分自身、キリスト教、旧ソビエト連邦、第三帝国、アメリカ合衆国、カナダ、世界の指導者、ストーンヘンジ、古代世界の七不思議、パルテノン神殿、万里の長城、ネイチャー、ウォール・ストリート・ジャーナル、ニューヨーク・タイムズ、ベルリンの壁、太平洋天文学会、一九九三年五月二七日に開演・上演中だった四四のブロードウェイおよびオフ・ブロードウェイの演劇、イギリスのサッチャー＝メイジャー保守党政権、マンハッタン（ニューヨーク市）、ニューヨーク証券取引所、オックスフォード大学、インターネット、マイクロソフト、ゼネラル・モーターズ、有人宇宙飛行計画、ホモ・サピエンス……などに適用したという記録がある。[5] ゴットは自らの規則の適用可能性について、たびたび注意書きを掲示していたが、彼がこの規則を適用した現象のリストを見れば、こうした注意書きが、彼自身の自由をそれほど束縛していないことがわかる。

これまで見てきたように、ゴットのデルタtやコペルニクス的方法（持続期間全般に適用可能）と、カーター＝レスリーの終末論法（人類滅亡の事前確率を使用）との間には相違がある。[6] 一九九〇年代以降、終末の日に関する文献は、概してカーター＝レスリー論に焦点を当て、ゴット版は却下されることもあった。ニック・ボストロムはこんな素っ気ない評価をしている。「私たちは、これまで文献に示されてきた「終末論法」のふたつのバージョンを明確に区別することができる……ゴット版は正しくない」。

ゴットはシンプリシティとジェネラリティとの間に、異なるトレードオフを成立させていると言ったほうが良いかもしれない。コペルニクス的方法は、高度な情報処理能力が初期設定された、スマートなテックガジェットのようなものだ。カーター＝レスリー論は、よりカスタマイズされた、あれこれいじくりまわすのを好む人々に、より適したものとなりそうだ。

ゴットの一九九三年の論文は、ベイズの定理や事前確率については触れていない。『ネイチャー』の読者のなかには、これを大きな罪だとする者もいた。ゴットに、なぜベイズ［の定理］を省略したのかと尋ねると、彼は即座にこう答えた。「ベイジアンのせいだ」。

「この論文にベイズの統計学をひとつも入れなかったのは、事態を混乱させたくなかったからだ」と彼は説明した。[7]「ベイジアン［ベイズ統計学を用いる人々］は、事前確率について果てしなく論じつづけるだろう。私には反証可能な仮説があった」。

長年の不満というのは、事前確率は主観的であるということだ。ベイズ予測は、ごみを入れればごみしか出てこない一例と言えるかもしれない。結果を自分好みに歪曲し、それらを公平な数学というフラグを立ててまとめ上げている部分がたくさんある。ゴットにとって、コペルニクス的方法のクリーンで事前確率のないインターフェイスは、欠陥ではなく、ひとつの機能なのである。

カールトン・ケイヴスは、言うなればベイジアンだ。彼は量子ベイズ主義として知られる量子論解釈の提案者である。ケイヴスは事前確率の重要性にこだわる。それゆえに犬を賭けたのだ。ゴットのコペルニクス的方法は、ランダムに出会った一〇年のプロセスが、あともう一〇年存続することに五〇パーセントの確率を割り当てる。このプロセスが、「ベラ」と呼ばれて反応するチョコレート色のラブラドールレトリバーだとすれば、予測はほぼ確実にまちがっていることになる。

ケイヴスは、デルタtやコペルニクス的方法の説得力のある分析を提示する。彼によれば、ゴットはふたつの別個の主張を重ね合わせていると言う。第一の主張は、持続期間のランダムな瞬間に、あるプロセスと出会い、このプロセスがそれまでどれくらい続いてきたかを（ましてや今後どれくらい続くかということも）知らないような状況に適用される。こうしたほぼ完全に無知の状態では、こんな主張をするのが理にかなっているだろう。つまり、このプロセスを、その存在の前半で私が観測している確率は二分の一である。すなわち、持続期間の最初のX分の一に自分がいる確率はX分の一であるということだ。ケイヴスはこの点でゴットと意見を同じくしている。

秒数や年数といった通常の時間単位、または誕生数や映画のシリーズものの続編といった、あまり一般的ではない単位で予測するには、そのプロセスの過去の持続期間を知る必要がある。ゴットの第二の暗黙の主張は、過去の持続期間を知ることは、全体的な予測を無用にはしないということだ。

どうしてそうなるのだろうか？　一七年蟬を考えてみよう――このアメリカ生まれの昆虫は、土のなかで一七年を過ごし、その後数週間は地上に出て、やかましいくらいに金切り声で鳴き、交尾し、死ぬ。本質的には、この一七年蟬のすべてが一七年間生きる。仮に、私が新しい送水管の穴を掘っているときに、その存在のランダムなある地点で一匹の一七年蟬に出会ったとしよう。すると、この蟬が寿命の最初の半分のところにいる確率は五〇パーセントだ。これがゴットの第一の主張であり、これは疑いようもなく正しい。

では、私がランダムに出会った蟬が一一歳であることがわかったとしよう。私はその体内時計が、ちょうど残り六年だということを知っている。そうなると、コペルニクス的予測は議論の余地がある。これが不適切なのは、まちがっている（実際には正しい）からではなく、一七年蟬に関して自分が知っていることを知っているという、私がすでにもっている自信と正確さの程度と一致させることができないからである。

こんなにも正確に決められた寿命をもつ生物は、それほど多くは存在しない。だが一七年蟬は、コペルニクス的方法が、なぜあるときは有益で、またあるときは有益ではないかを説明する。その理由は、スケール不変性［対象のスケールが変化しても、その特徴は変化しない性質のこと］だとケイヴスは言う。私たちは、なんら特徴的な時間尺度も寿命もなく、私たちが何ひとつ知識をもたないようなプロセスに取り組む必要があるのだ。

フラクタルとスケール不変性

「スケール不変性」というのは聞き慣れない言葉かもしれない。もっとわかりやすく言えば「フラクタル」ということだ。フラクタルというのはブノワ・マンデルブロの造語で、自然の魅惑的な無秩序を表す。海岸線、雪片、雲、景色は、ユークリッド幾何学の束縛に抵抗する。海岸線は一本の「線」ではない。雪片は六角形ではない。フラクタルを決定付ける特徴はスケール不変性、つまり自己相似だ。フラクタルの絵画や図形をズームイン／ズームアウトすると、その無数の線が集まった細部が、どれもかなり似通ったものに見える。

これは月の写真においても特徴的である。クレーターにはあらゆるサイズがあるため、スケール感を得るのは難しい。穏やかな雨や緑の草木が惑星の傷跡を消す地球でさえ、岩層の科学写真にはしばしば測定用の物差しが一緒に写されている。これがなければ、大きさを判断するのは難しいだろう。マンデルブロは、フラクタルは私たちの周りのいたるところにあると言う。それらは例外ではなく規則なのだ。

ゴットのコペルニクス的方法が作用するのは、持続期間に関する私たちの知識に、このフラクタルに似た不確かさがある場合だ。すなわち、全体的な時間尺度の感覚がないときや、測定された過去の持続期間が全体の大きな部分なのか、小さな部分なのかがわからないようなときである。

これは一七年蟬には適用されない。一七年蟬の時間尺後は、都合よく前もって知らされているからだ。それは、犬や人間の寿命にも、あまり当てはまらない。スケール不変性の特徴がもっとよく表れているのは、アメーバの寿命だ。アメーバは無限に分裂することができる。潜在的に不死ではあるが、好ましくない環境条件下では死滅する可能性があり、実際、多くの場合死んでしまう。

ケイヴスとゴットの根本的な意見の相違の範囲は、その批判的コメントから想像されるほどではない。ケイヴスは、多くのプロセスがスケール不変的ではない（これは正しい）と言っているのに対して、ゴットは多くがスケール不変的である（これもまた正しい）と言っているのだ。二〇〇八年、ケイヴスはできる限り譲歩して、次のように記した。「いかなる時間尺度も特定できないとき、ゴットの規則は、現在の年齢を基に未来の持続期間を予測する最善の策だ(8)」。

ブラッド・ピットの財布

「ブラッド・ピットの財布の中身を当ててみてください」。近頃インターネットに掲載されたこのチャレンジの引き金となったのは、この俳優の財布に入っている実際の金額を報じたあるニュースだった。読者の皆さんも、先を読み進める前に、ぜひ自分で推測してみてほしい。

ブラッド・ピットのおおよその年齢、体重、身長、信用スコアを当てるのはそれほど難しいことではないだろう。これらの測定値には特徴的な尺度《スケール》がある。私たちは、ほとんどの成人男性の身長が一八〇センチメートル程度だということを知っている。ピットの身長に関する合理的な推測はいずれも、大体の概算から大きくそれることはないだろう。ピットの財布の中身に関する不確かさは、もっと奥深い種類のものだ。華やかな映画スターのライフスタイルに見合うような、いくつもの札束をもち歩いているかもしれない。あるいは、セレブは自分でお金の管理などしないのかもしれない。現金は庶民のためにある。

このことは、尺度のわかっていないものの数量に対してどのように確率を割り当てるか、という疑問を提起する。この問題は一九九四年、『ネイチャー』がゴットの終末に関する論文を批判する手紙を公開したときに、大きな注目を浴びた。

可能性のある一連の結果のいずれかを支持する理由が何もない場合、すべてに同じ確率が割り当てられるべきである。この経験則は、無差別の原理として知られている。私たちは日常的に、これをコイン投げやくじ引きに応用している。ラプラスは、この無差別の原理について説明している。彼はこれを敢えて正当化することもなければ、これに名前を付けることすらなかった。明らかに、自明の理であると信じていたのだ。

今昔問わず、ほぼどんなギャンブラーも同意するだろう。なぜならば、ギャンブル装置は、この無差別の原理を体系化するために、精密に設計されているからだ。サイコロの六つの面のすべてが等しい確率で出なければならない。さもなければ、誠実なギャンブラーは新しいサイコロを求める。

ギャンブルのテーブルから離れると、無差別はより厄介な概念となる。「ネス湖の怪獣は実在するか、しないか。だれもどちらかわからない。だから確率は五〇対五〇でなければならない」。

まちがいは簡単に指摘できる。怪獣は神話だと信じる理由は山ほどある（骨格標本も化石も残っておらず、数えきれないほどのデマが広がり、そもそも、これを発見しようとする確固たる取り組みを、巨大な生物が永久的に逃れることができたとはとうてい考えられない）。私たちはデータを無視したり、サイコロの新しい目に無差別を喚起したりしてはならないのだ。

これは理論的問題にとどまらない。無差別の原理など聞いたこともない、現実世界の決定者に突きつけられる問題なのだ。パスカルはその有名な賭けで、神が存在するか否かについてはだれも確信できないと言った。ゆえに、どちらの可能性も真剣に捉える価値がある、と。気候変動を否定する人々は、証拠は決定的ではないという方針をとることがあるため、公共政策は、気候変動が真である可能性と真でない可能性は等しいと仮定するべきなのだ。二〇世紀半ばには、ジョン・メイナード・ケインズが無差別の原理について（皮肉を込めて）次のように書いた。「論理の錬金術における他のどんな公式も、これほど驚くべき力を行使してきたものはない。なぜならそれは、完全な無知から神の存在を立証してきたからだ[9]」。

統計学者のスティーヴン・グッドマンは、まさにこれらの言葉を、ゴットの一九九三年の論文への反論に引用した[10]。だが、ゴットが反証を挙げているように、ケインズ自身が、無差別の原理が適切に利用されているようなケースに触れていたのだ。そのひとつは、ある直線上の未知の位置に点があるときだ。コペルニクス的方法では、現在の瞬間は歴史年表上の未知の位置にあると言う。

「表」か「裏」かなど、結果が簡単に識別できるような場合に、無差別の原理を利用するのはひとつの方法だ。結果が広範囲の数値のなかのどれかになる可能性があるとき、あなたはどうするだろうか？最も一般的な答えは、一様対数事前分布、すなわちジェフリーズの事前分布を使用することだ。

サー・ハロルド・ジェフリーズ（一八九一―一九八九）は英国の博学者で、ベイズ確率の復興に主要な役割を果たした人物だ。ジェフリーズは、未知数として表される量については、一〇の累乗のどの範囲の確率も同じになるはずだと提案している。たとえば、財布のなかに一ドルと一〇ドルの間の金額が入っている確率は、一〇ドルと一〇〇ドルの間の金額が入っている確率、または一〇〇ドルと一〇〇〇ドルの間の金額が入っている確率と同じになるということだ。

これを視覚化する手っ取り早い方法が、対数目盛を付けた直線上に、ダーツをランダムに投げる想像をしてみることだ。この場合、一〇の累乗の各範囲は同じ大きさになる。その結果、ダーツが一ドルと一〇ドルの間に落ちる確率は、一〇ドルと一〇〇ドルの間に落ちる確率、またはその他あらゆる一〇倍の範囲に落ちる確率と同じになる。

これをブラッド・ピッドの財布に応用してみよう。私たちはピットの財布にいくら入っているか、まったくわからないのだから、すべての可能性が等しいと単純に考えるかもしれない。問題は、整数は無数にあり、小さい数字よりも大きい数字のほうがずっと多いということだ。これは、たとえば（ほとんどの整数が一兆よりも大きいので）ピットはおそらく一兆ドル以上をもち歩いているだろうといった、ばかげた結論を招くことになる。

明らかに、私たちはピットがいくらの小遣いをもち歩いているかについて、合理的な限度を設けることができ、またそうしなければならない。彼がいくらかのお金（少なくとも一ドル）をもっていて、この金額の一ドル未満を四捨五入すると想定してみよう。上限は、どれくらいの通貨が流通しているか、そのうちのいくらくらいをひとりのお金持ちの俳優が所有できるか、どれくらいのお金が財布のなかに収まるか、そしてその俳優がどれくらいのお金を財布のなかにもっていたいと思うかによって決まる。現実的な最高額を一〇万ドルとしよう。

それでも私たちは、一ドルから一〇万ドルまでのどの全額も等しく確からしいとは言いたくないだろう。それは、ピットが最低でも五万ドルをもち歩いていることになり、それではあまりに高額すぎるように思えるからだ。

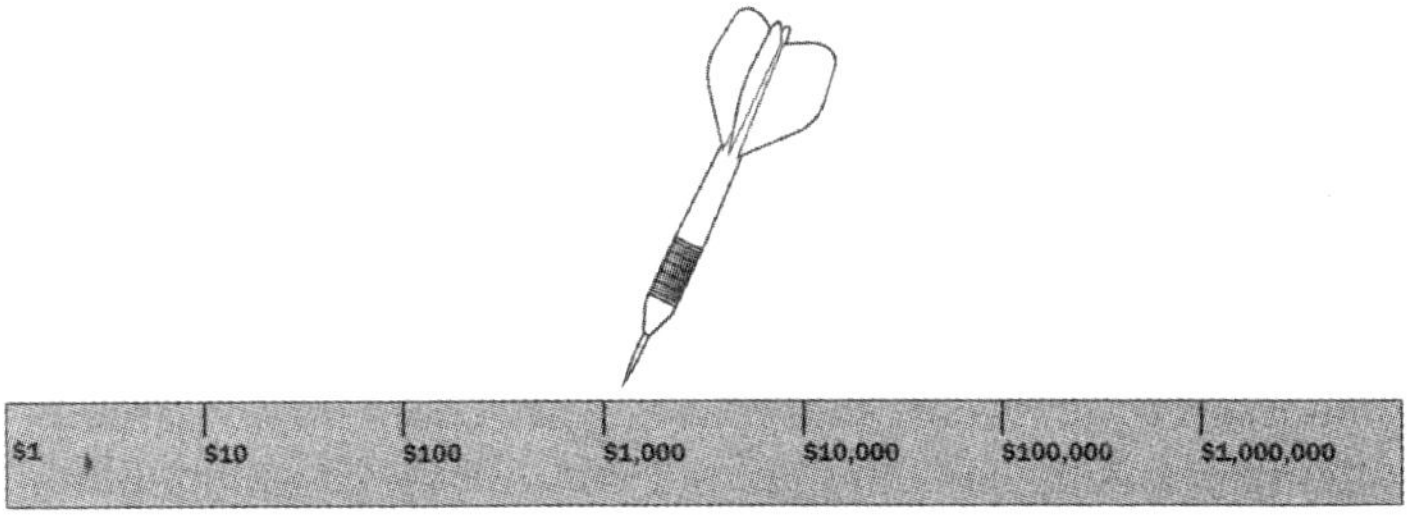

ジェフリーズの事前分布を使用することは、対数目盛を付けた直線にダーツを繰り返し投げて、それが一定の範囲内に何回落ちるかを数えることと似ている(11)。全体として、私たちの限度は五の一〇乗の範囲となる。ダーツが一ドルと一〇ドルの間に落ちる確率は約二〇パーセントだ。また一〇ドルから一〇〇ドルの範囲に落ちる確率も二〇パーセント、同様に一〇〇ドルと一〇〇〇ドルの間、一〇〇〇ドルと一万ドルの間、一万ドルと一〇万ドルの間に落ちる確率も二〇パーセントとなる。ダーツの中央値の位置は私たちの限度のちょうど中央、すなわち三〇〇ドルを少し超えるあたりだ。この確率分布は、ピットの財布に関する私たちの不確かさの合理的モデルとなるかもしれない。「彼が三〇〇ドル以上をもっている確率は五分五分、そして五桁の金額をもっている確率は二〇パーセントだと、私は考える」。

ジェフリーズの事前分布は、たとえ一〇の一乗でも、その数値がわからないとき、桁数は不確実であることを表している。こうした確率関数だけが、スケール不変的なのだ（正の無限量の場合(12)）。

一九九四年、ゴットは批判への返答のなかで、自らのコペルニクス的方法は、ジェフリーズの事前分布を持続期間に利用したベイズ予測に相当するものであることを示した。コペルニクス的方法は、ジェフリーズの事前分布の範囲内で——すなわち、私たちが持続期間について本当にまったく手がかりがないような状況にのみ、適用できるのだ。

『ギネス世界記録』

ジェフリーズの事前分布は、ケイヴスがゴットに提示した賭けに動機を与えた。「リストにある一〇歳以上の六匹の犬それぞれについて、私はゴットに、一九九九年一二月三日時点の年齢の二倍になるまで生存しないことに一〇〇〇米ドルの賭け金を提示する。[13] 二対一の確率で彼のほうが有利だ」。成人したペットの飼い主も、成人した天体物理学者も、ほとんどの犬が二〇歳まで生きないことを理解している。一〇歳というのは、犬の一生のランダムな一地点ではないのだ。

「賭け事はやらない」とゴットは『ニューヨーク・タイムズ』の記者に言った。[14] ケイヴスはこう答えた。「自分の規則が、この犬の場合には当てはまらないと彼が考えていることは疑いようもない[15]」。

二〇〇八年、ケイヴスは犬のその後を調査した。六匹すべてが死んでいた。もし賭けをしていれば、六匹それぞれのケースで彼が勝っていただろう。美術収集家のケイヴスは、手に入ったはずの六〇〇〇ドルを逃したことを惜しんだ。[16]「オーストラリアのアボリジニ族のすばらしいアート作品が買えたのに」。

ゴットは、コペルニクス的方法を適切にテストするには、ランダムな犬——死の淵にすでに足をかけているような、入念に選り好みした老犬ではなく——の生存を予測することが必要だと言う。世界中の犬のほとんどが一〇歳ではない。ランダムに選ばれた犬が現在の年齢の二倍になるまで生きる見込みは、実際には大きい。

ケイヴスは自らの賭けを、デルタt予測の中央値付近に構成した。すなわち、一〇歳の犬が少なくともあと一〇年生きる確率を五〇パーセントとしたのだ。五〇パーセントよりずっと高い信頼水準を採用すれば、スケール不変性条件が満たされていなくても、ゴットの予測が正しい可能性は高くなる。たとえば、ゴットの計算では、一〇歳の犬は一〇・五三歳と二〇〇歳の間のどこかで死ぬ可能性が九〇パーセントだと予測する。考えるまでもない。ほとんどの犬がそうだ。

犬の寿命にはおおよその最大値があるが、最小値はない。犬が空想上のバス、もしくは本物のバスに轢かれて死ぬリスクは常にある。折に触れて、犬をその自然寿命より一〇年も一〇〇年も多く生かすような、対抗しうる幸運など存在しない。老犬に関するコペルニクス的予測は、下限値では妥当に聞こえるが、上限値については慎重すぎるように思える。実際、ケイヴスは次のように反論をしている。「ゴットが正しいという可能性が高いのは、彼が明らかにしている存続期間の間隔があまりに大きすぎるためだ[17]」。

ゴットの年配の仲間はこんな冗談を言っている。「私は年を取りすぎているから緑のバナナは買わない[18]」。その仲間はゴットに、これまた冗談めかして、コペルニクス的方法は私の寿命を予測することはできないと言った。

それができたのである。

「私は『ギネス世界記録』を開いた」とゴットは言う[19]。「そして長寿世界一の人間を突き止めた。彼女の名前はジャンヌ・カルマンだ」。彼女はフランスのアルルに住んでいた。父親はゴッホにキャンバスを売っていた人物だという。

この話をしているとき、ゴットはその正確な数字と日付を思い出していた。「私が論文を書いた当時、彼女は一一八歳だった。いいですか？　つまり、彼女はそのときまでに四万三一九四日間生きていたということです。私は「九五パーセントの信頼水準で」、彼女が少なくともあと一一〇七日以上、一六八万四五六六日未満生きると予測しようとしました。でも彼女は特別な人間です！　年齢の点ではきわめて異例です。彼女には、この予測が当てはまるはずがありません」。

そしてゴットは次のように予測した。「彼女は少なくとも一九九六年六月七日まで――つまりあと三年――生きるけれど、六六〇五年六月二九日より前に亡くなるでしょう」。

「実際は一九九七年八月四日に亡くなったのです」。ゴットは顔を輝かせた。「私の勝ちです」。

ところで、ブラッド・ピッドの財布にはいくら入っているのか？　二〇一二年の『ピープル』の記事は、この俳優が財布のなかにあった現金すべて――一一〇〇ドル――を、ロンドンのサウサンプトン総合病院に寄付したと報じた。[20] ピットは当時イングランドにいて、タンブリッジ・ウェルズで、ゾンビがうろつく黙示録的な映画を撮影中だった。

赤ちゃんの名前と爆弾片

アドルフ・ヒトラーは一九三四年九月の集会で、第三帝国は一〇〇〇年続くと宣言した。[1] ヒトラーが権力を握ってから、わずか二〇ヶ月後のことだった。コペルニクス主義者なら（九五パーセントの信頼水準で）、このナチス国家はあと二週間から六五年の間のある時点まで存続すると予測しただろう。第三帝国はその後、一一年間続いた。

これをコペルニクス主義の勝利と見なそう。終末の日がいつかというのは、まったく不確かな問題なのだから、この不確実性を自明の理として捉える方法を非難することはだれにもできない。そう人は考えるかもしれない。ところがJ・リチャード・ゴットは、われわれは実際、存在の年表のきわめて早い時期にいると、厭わず主張できる人が多いことを発見した。つまり、いまは人類の春ということだ。

ゴットにとって、コペルニクス的方法は検証可能な仮説である。彼は演劇の上演期間だけでなく、セレブの結婚生活の破綻をも予測してきた。ダイアナとチャールズというロイヤルカップルの離婚の日付は、九〇パーセントの信頼水準の範囲内にあった。長らく不調だったシカゴ・ホワイト・ソックスがワールドシリーズで再び勝利を収めることも、ゴットは一九九六年、同じく九〇パーセントの信頼水準で予測した。[2]（実際に勝利を収めたのは二〇〇五年で、一九一七年以来のことだった）。

ゴットは私に、ある思い出の品を見せてくれた。一九八一年の卓上カレンダーで、世界の記念碑や驚異――エッフェル塔、マチュピチュ、富士山など――の写真が載っている。[3] こうした有名な場所のすべてが、一九八一年には存在していた。現在姿を消してしまったものがひとつだけある。

コペルニクス的方法は、ある記念碑の未来はその過去に比例する可能性が高いと言う。要するに、カレンダーの発行の任意の時点において、最も直近に建築された記念碑が、いちばん最初に崩壊することに賭けるべきだ、ということになる。先入れ、先出しということだ。ゴットはページをめくり、一九八一年の世界の驚異のなかで最も新しい写真を見つけた。ニューヨークのワールドトレードセンターだ。このビルは一九七三年にオープンし、二〇〇一年、ハイジャックされた航空機によって崩壊した。

これらは思わず引き込まれてしまいそうなストーリーだ。ゴットは偉大なストーリーテラーである。そこには、こうしたエピソードを超えた何かがあるのだろうか？

そこで、コペルニクス的方法と関係する系統的なデータを調査しようと思う。この方法は「すべて」を予測するひとつのやり方なので、関連する証拠の主題と分野は多岐にわたる。これには企業の存続記録、ビジネススクールや経済学部が大規模なデータセットとして収集するトピック（もちろん、コペルニクス的方法をテストするためではない）などが含まれる。本章ではさらに、考古学、哲学、そしてハリー・ポッターについても、少しだけ言及したい。

だがまずは、演劇から始めよう。二〇〇九年の著書『世界の終わりはいつか？』で、物理学者のウィラード・ウェルズは、ゴットのブロードウェイの実験を超えるようなことをした。ウェルズはJ・P・ウェアリングの『ロンドンの舞台――演劇と役者のカレンダー』を発見した。この複数巻からなる参考文献は、一八九〇年から一九五九年までの間にロンドンで上演された、すべての演劇作品を記録したものだ。

　あなたのタイムマシンをランダムに設定し、ロンドンのウェストエンドの空間座標に合わせてみよう。そこに着陸して、『タイムズ』を一部購入する。発行人欄は、一九二六年一月九日の日付になっている。『のんきな叔母さん』、『ピーターパン』、『ノー・ノー・ナネット』、イプセンの『人形の家』、そしてバーナード・ショーの『聖女ジョウン』が上演されている。次に示す図は、当時上演されていたこれらの演劇とその他の演劇を点で表したものである。それぞれの点の水平位置は、ある演劇の過去の上演日数（当時の作品で、初演の夜から暦日で何日が経過したか）を示している。垂直位置は、その演劇の未来の上演日数を示している。データは数桁にわたるため、両方の軸に対数目盛を使用した。

　太線で示した対角線は、コペルニクス的予測の中央値、すなわち、ある演劇の未来の上演日数が過去の上演日数と等しいことを示している。この線は、点の集団を二分している。そのそれぞれの側に破線で示した二本の対角線は、九五パーセントの信頼水準の限界値を示している。目に見えるすべての点は、これらの限界値の範囲内にある。（一つの点だけ外れているが、それは『ボヘミアン・ガール』で、私たちが決めた任意の夜である一九二六年一月九日に終演した）(4)。

　ふたつの変数の間に強い相関関係がある場合、散布図の点の集合は一本の線に圧縮される。ここにはそうした相関関係は見られない――皆無である！　これはランダムなデータ、または、ほぼランダムなデータだ。ゴットは主張をだいぶ和らげ、ランダムな演劇は、その上演期間のきわめて早い時期またはきわめて遅い時期にある可能性が低いとした。図で見ると、それは、上部左および下部右の三角形の領域に入る点がわずか（この場合はゼロ）しかないことで示される。点が上部左隅にくるためには、私たちのランダムなタイムマシンが、ある演劇の上演期間のきわめて早い時期に着陸していなければならない。下部右隅に関しては、このランダムな日付はきわめて遅くなる。

同じデータセットを別の方法で図にすることができる。仮に、これらの演劇をその全上演期間（過去＋未来）でランク付けするとしよう。この基準によると、一九二六年一月九日で上演期間が最も長い演劇は『農夫の妻』だった。この作品は全部で一〇五四日間上演された。この番付を水平軸に、上演期間を垂直軸に示す。

さて、ここには独特のラインが見られる。『ボヘミアン・ガール』を除き、点の大多数がこの両対数プロット上の直線トレンドラインに沿っている。ところが、トレンドラインが描くよりも、超長期間上演された演劇は少ない（上部左）。最長期間上演されたショーは、予想より早く終了する傾向がある（トレンドラインの下部）。

ウェアリングは、一万六〇〇〇回上演されたアガサ・クリスティの『ねずみとり』を記録した。これを執筆している時点で、このショーはいまも上演されており、二万六〇〇〇回以上の興行を数え、「終わる気配を見せない」と、二〇一五年に『テレグラフ』が報じた。[5] ところが、トレンドラインが示すよりも、そうしたヒット作は少ない。屈折点はおおむね二五〇日付近のどこかにある。二五〇日より長く続かない演劇――全作品の約八五パーセント――がこの線に沿っている。これより長く上演される演劇は、予想よりも少ないのだ。

これは理解に難くない。コペルニクス的モデルは、演劇は時が経っても色褪せず（スケールに依存し

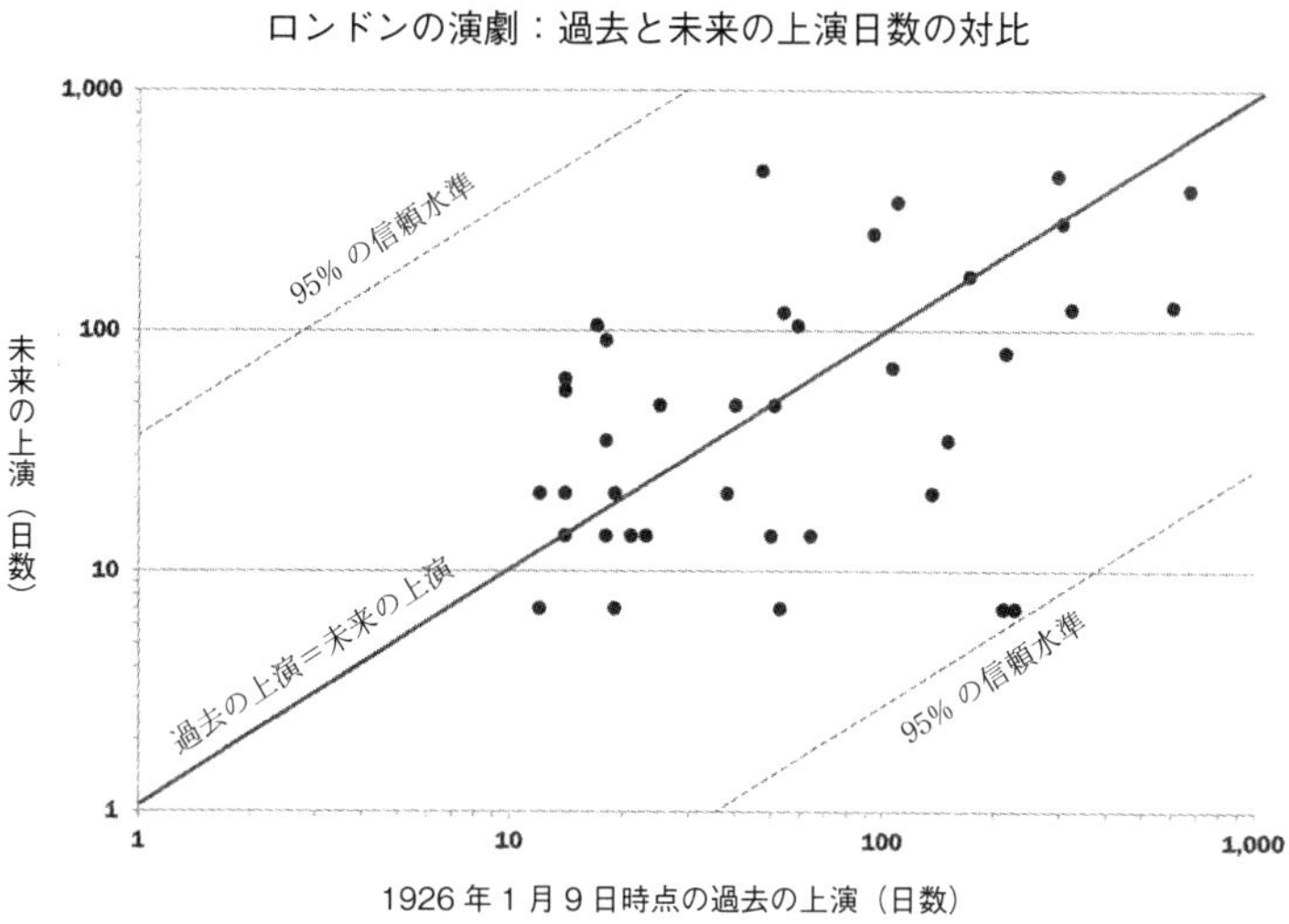
ロンドンの演劇：過去と未来の上演日数の対比
1,000
100
10
1
未来の上演（日数）
95% の信頼水準
過去の上演＝未来の上演
95% の信頼水準
1
10
100
1,000
1926 年 1 月 9 日時点の過去の上演（日数）

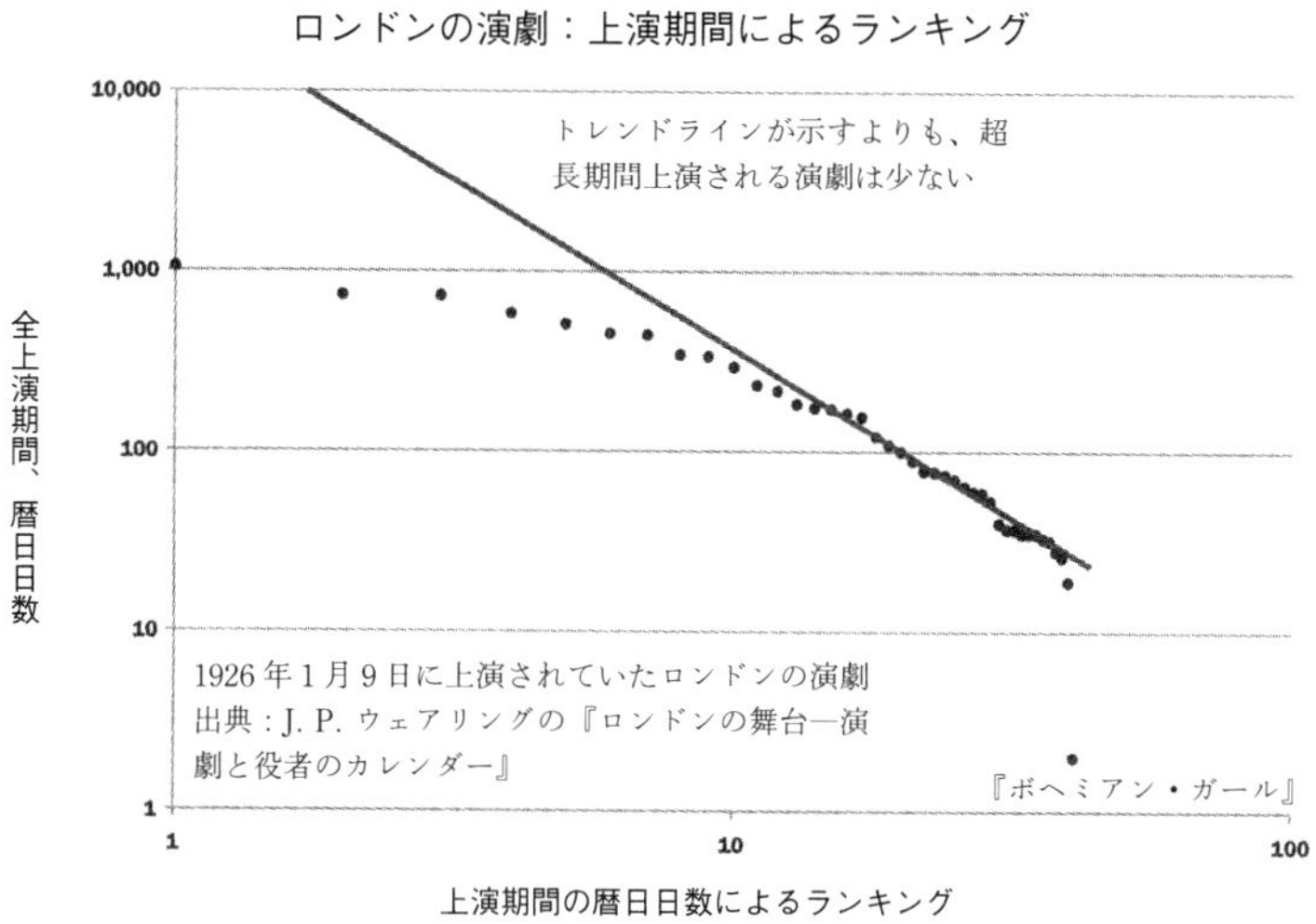
ロンドンの演劇：上演期間によるランキング
10,000
1,000
100
10
1
全上演期間、暦日日数
トレンドラインが示すよりも、超
長期間上演される演劇は少ない
1926 年 1 月 9 日に上演されていたロンドンの演劇
出典：J. P. ウェアリングの『ロンドンの舞台―演
劇と役者のカレンダー』
『ボヘミアン・ガール』
1
10
100
上演期間の暦日日数によるランキング

ない）、可能性として永遠に上演しつづけることができる。そうでないものもあれば、そうできないものもある。ロンドン市民や、定期的に演劇を見にいくような常連の観光客から、ひとつの時間尺度が得られる。八ヶ月ほど経つと、ある一定のショーを見ようという意思のある人たちのほとんどは、すでにそれを見ている。ハードコアのファンは別として、ほとんどの人は同じ演劇を二度見に行こうとはしない。チケットを購入しそうな人々の集団が減少するにつれ、上演の続行が難しくなる。

演劇がこのハードルを越えると、今度は好みの変化に直面する。一九五二年に初めて公開された『ねずみとり』は、その上演期間のほとんどで時代物とされ、流行とは無関係のレベルにまで到達した。とはいえ、荘園領主の館の殺人事件と言われても、みだらな言葉が飛び交うテレビの犯罪ドラマで育った観衆にとっては、もはやピンと来ない。ある時点で、演劇は文化と同期しなくなるのだ。

シェイクスピアの「時代を超越した」作品は例外だと考えられる。だが、それらは唯一無二の例外であり、そうした作品でさえ、使用される言語が現代の観衆にとっては問題となっている。多くのシェイクスピア作品は、同時代性と懸命に闘っているため、それらが最もうまく描写されるのはオリジナルの翻案としてなのだ。

ゴットは、ブロードウェイの広告に、ある歪んだ楽観主義を捉えている。『オペラ座の怪人』のスローガンは「Eternally Yours（永遠にあなたのもの）」だ。『キャッツ』の場合は「Now and Forever（これからもずっと）」だ。これらのモットーは、演劇の典型的な上演期間とは対照的である。人間が始めたものは必ず終わる運命にあるが、私たちは、統計が他の人間、他の企てにも適用できるとひとり合点する傾向がある。みな、自分たちが特別だと思っている。私たちのほとんどがまちがっているのだ。

ジップの法則

ジョージ・キンズリー・ジップ（一九〇二―一九五〇）はハーバード大学の言語学者で、単語の相対頻度に対してマニアと言えるほど取り憑かれていた。コンピューター時代より以前に生きていた彼は、裕福な家系を利用して召使いを雇い、雑誌や書籍、新聞に出てくる単語の頻度を数えさせた。ジップは、英語で最も一般的な単語はTheであることを立証した。この単語は、英語で記述された文章の約七パーセントを占める。

さらに重要なことに、彼は、現在ジップの法則と呼ばれているものを発案した。(6) この法則によると、ある一定の単語の頻出度は、最も一般的な単語リストのランキングに反比例するという。ランキングがNだとすると、頻出度はN分の一に比例する。つまり、最も一般的な単語のリストの二倍上位にある単語は、おおよそ二倍ほど一般的だということだ。ナンバー1の単語Theは、英語の約三・五パーセントを占めるナンバー2の単語ofの二倍の頻度で現れる。

ジップは、ある重大で神秘的な真実に気づいたような気がした。これは単なる英語特有の癖ではない。すべての自然言語と、いくつかのそれほど自然に発展してきたものではない言語にも適用できそうだと考えたのだ。ジップの法則は、最も人口の多い都市、最も人気のある赤ちゃんの名前、最も儲かっている会社、そして最も評判の良いテレビ番組だけでなく、戦死者数でランク付けした戦争や、サイズでランク付けした爆弾片のリストについても説明している。ジップの法則は貧富の差に影響を与え、インターネットを支配し、最もアクセスの多いウェブサイトや、最も検索されているキーワードにも適用されている。

家内工業は、ジップの法則を応用するために発展した。最近になるまで、ジップの法則が持続期間に適用できると考えた人はいなかったようだが、適用できるとなれば、この法則はコペルニクス的方法とも非常に密接な関係があるのだ[7]。両者とも、スケール不変性と因果関係がある。

そのちがいと言えば、ジップの法則が、ランキングリスト上の位置から持続期間を予測するのに対し、コペルニクス的方法は過去の持続期間から未来の持続期間を予測するということだ。ところが、持続期間をランク付けし、それらを私がロンドンの演劇でやったように、ランキングと照らし合わせて図にすれば、ジップの法則のトレンドラインが得られる。さらに深い部分を見てみると、ゴットとジップの規則は、同じ統計エンジンを共有しているのだ。

企業の存続

近年、ビジネス界のキャッチフレーズとなっているのが「リンディ効果」（またの名をリンディの法則）である。他よりも長い過去をもつ企業、市場、そして経営者には、より長い未来がある可能性が高い、というものだ。

二〇〇四年のある論文で、ホセ・マタとペドロ・ポルトガルは、一九八二年から一〇年間、ポルトガルの企業の存続を追跡した。ポルトガル国民は、従業員がひとりでもいるすべての会社に統計を報告するよう要求した。その結果、稀に見るほど完全なデータセットができあがり、あらゆる規模の企業が、一九八〇年代のポルトガルでどれくらい存続したかを追跡することができた。

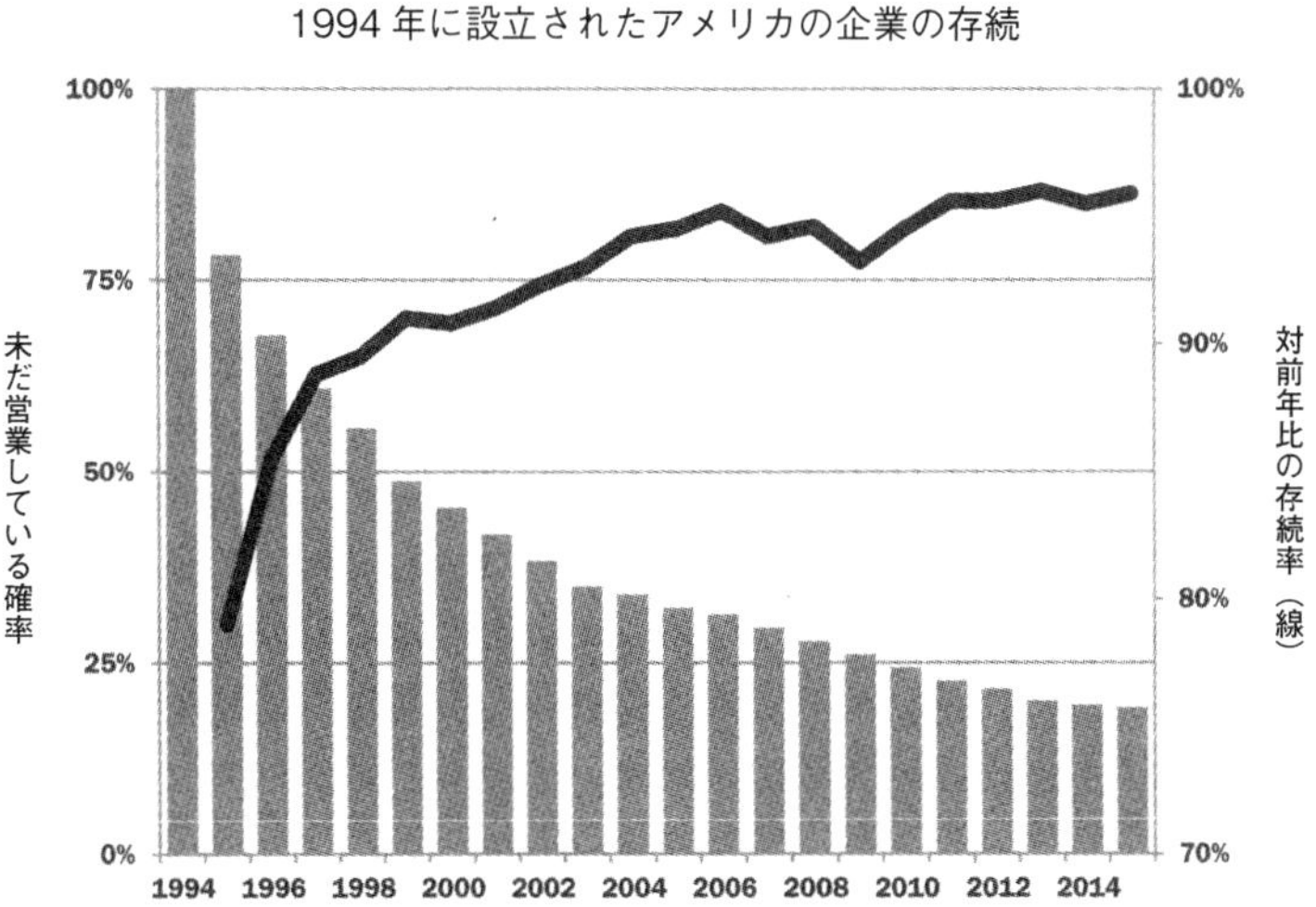

論文の著者らは、一〇万を超える企業からスタートし、そのうちのどれくらいが営業を続けているかを一年ごとに数えた。そして、最初は急だが、徐々になだらかになっていく単純な曲線を発見した。一九八二年に設立されたポルトガルの企業の存続年数の中央値は、四・二年だった。

これは太陽の国、ポルトガルに限ったことではない。次に示すのは、アマゾンと同年の一九九四年に設立された、アメリカの約五七万の企業に関する同種のグラフである。このグラフの棒の高さは、驚くほどなめらかな曲線を描いている。一九九四年に設立されたほとんどの企業がすでに営業を停止し、存続期間の中央値は約五年で、ポルトガルの企業とほぼ同じだ。

つまり、これはそれほど驚くべきことではないということだ。高校や大学のクラスで生き残っている人の数、またはあなたと同じ年に生まれた人の数は、年を追うごとに減っていくしかない。ところが、この図の線はどこか異なるストーリーを語っている。これは、ある年に生き残っているある企業が翌年まで存続する確率を示している。この確率は時とともに増加する。この増加は最初の頃は著しく、次第に緩やかになっていく。

人間（および犬）の人口動勢はこのようにはならない。ある人が次の誕生日まで生きる確率は、年を追うごとに減っていく。だが、企業は人や犬とはちがう。次の創立記念日まで存続する確率は、一般に増えていくのだ。これが一〇〇パーセントに達することは決してないが、このデータセットでは、創立二〇年の企業が翌年まで存続する確率は九五パーセントを超えている。

これが、コペルニクス的方法（別名リンディの法則）が予測していること、すなわち、企業の未来の存続期間は、過去の存続期間と歩調を合わせて増加するということだ。この現象の直観的な認識は、レストランの看板や企業の標識に「創業」年月日をこれ見よがしに入れるような慣習に動機付けを与えているにちがいない。その言外の意味は、過去があるビジネスには未来がある（そしておそらく、何か正しいことをしている）ということだ。企業の実績を基にすれば、マクドナルド（一九五五年創業）が最後のハンバーガーを提供したずっと後も、そしてアマゾン（一九九四年創業）の最後のドローンが最後の荷物を配送したずっと後も、人々がコカコーラ（一八八六年創業）を飲んでいる可能性は高いということである。

このグラフは新しく設立されたカナダの製造系企業の存続期間を追跡したものだ。このデータセットでは、平均的な新興企業は約三年以内に倒産している。リンディの予測（曲線）に沿っているのが印象的で、特に最初の数年間はぴったりと重なっている。演劇と同様、データの点は右に行くにつれて線より少しだけ下になる。長期間存続する企業は少ないものの、その影響は演劇よりも顕著ではない。

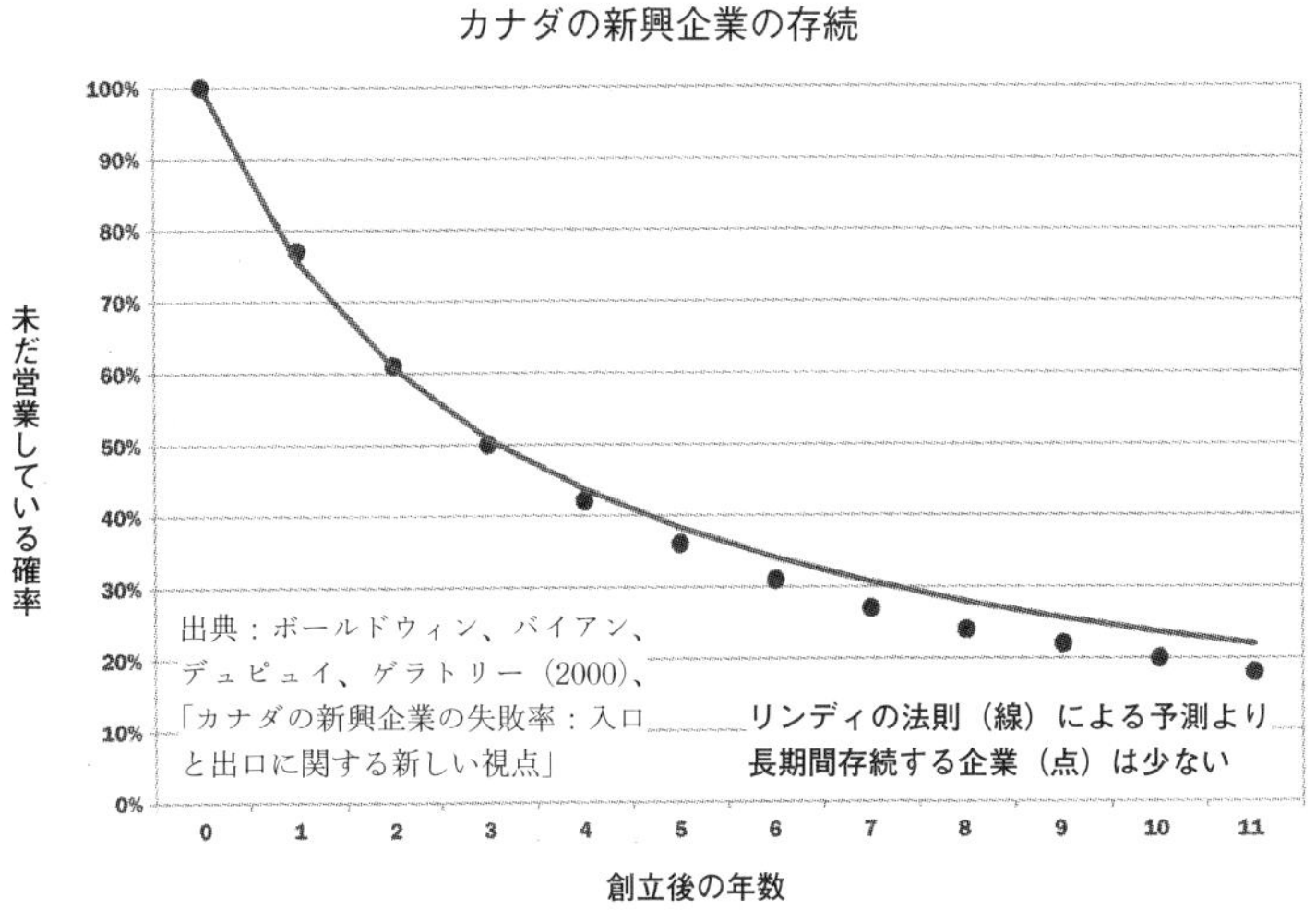

企業は演劇よりも、自己改革する機会や動機に恵まれていると言えるかもしれない。しかし、製品や市場は実際に時代遅れとなり、企業が消費者の好みや経済体制の画期的変化のなかで生き残ることは難しい。ウェルズは、陳腐化がなければ、リンディ効果は古代から続くいくつかの企業の存続を予測しただろうと指摘する。そんな企業はひとつたりとも存続していない一方で、中世からしっかりと根を張っている主要な製造会社が、少なくとも一社は存在する。スウェーデンのストーラ・コッパルベリは、一二八八年までに営業を開始していたと記録されている。もともとは鉱業会社だったが、木材と紙に移行した。一九九六年の合併後はストラ・エンソと改名し、いまも営業を続けている。

株式市場におけるリンディ

ジョン・バー・ウィリアムズは、一九二九年の株価大暴落を理解しようとしたハーバード大学の経済学者だった。株はそれまで、「狂騒の二〇年代」の投資家らが考えているほど価値あるものではなかった。『投資価値理論』（一九三八年）のなかで、ウィリアムズは、いかなる資産価値も現在価値に割り引いた未来の収益の流れのなかにある、と主張した。これは、ディスカウント・キャッシュフロー（ＤＣＦ）モデルとして知られている。

ウィリアムズによれば、有配株は、適切に調整された未来の全配当金支払総額に匹敵する価値があるという。たとえば、コカコーラが一株当たり一・五九ドルの配当金を支払うとして、この同じ金額の配当金をその後一〇〇年間、年に一度支払うとする。支払総額は一五九ドルとなる。これらの配当金は、貨幣の時間的価値を反映するよう調整しなければならない。現在一・五九ドルの配当金は、いまから百年後に支払われる一・五九ドルの配当金よりも価値がある。その相違はインフレやリスク、機会費用を考慮に入れた割引率で表現される。コカコーラの一株当たりの株価は、一五九ドルよりもかなり少なくなるはずだということがわかるだろう。

株から配当金が支払われないとしたらどうだろうか？　答えはふたつある。投資家が長期間その株をもちつづける意思があり、将来的にそこから配当金が支払われることを期待するか、もしくは（もっと可能性があることには）投資家が利益を上乗せしてその株を売るか、どちらかだ。これをウィリアムズの枠組みに当てはめると、未来のいかなる資本利得も、高額で最終的な「配当金」になると考えることができる。

ウィリアムズのモデルは、株価を評価するための、この上なく合理的な方法だ。それは注目に値するスタートアップのことで頭がいっぱいになっている世界では、風変わりでおもしろく、場合によっては不適切にさえ見える。ところが、ほとんどだれも、ウィリアムズの基本的考えに異議を唱える者はいない。あなたは株や不動産を買って金を儲けようとする。そして儲かれば儲かるほど、手に入れるのが早ければ早いほど良いのだ。

これは物議をかもすような結論に至る。金融ライターのなかには、コペルニクス的方法が卓越した投資収益の達成法を提供すると信じる人もいる。リンディの法則と同様、それはウォーレン・バフェットのような価値志向の投資家の成功に功績がある。

ここでの前提は、ある投資家が株やその他の金融資産を、その存在のランダムな時点で購入することだ。その資産の予想される未来の存続期間は過去に比例する。これはおそらく、企業の寿命のみならず、投資家にとってより直接的な利害の属性、たとえば収入、収益、配当支払金などにも当てはまるだろう。

コカコーラは一九二〇年以来ずっと配当金を支払っており、過去五五年間、毎年この配当金を増額してきた。リンディの法則は、コカコーラは数十年先も配当金を支払いつづけ、それを増額しつづける可能性が高いとしている。その可能性は、配当支払額の実績をもたない企業よりも高い。(8)

そんなことは常識だと思うかもしれない。しかし、株価の評価方法の長きにわたる謎について考えてみた場合、これはもっと興味深いものになる。ＤＣＦを、不正確な経験則としてでも良いからとにかく受け入れれば、何か驚くべきことを発見するだろう。企業の未来の存続期間が株式評価において重要となり、しかもきわめて重要なものとなるはずだ。

ウォーレン・バフェットの投資を、リンディ効果の文脈から検証してきたベン・レイノルズは、こんな例を示した。(9) ある株式が現在、年間一ドルの配当金を支払っていて、この配当金は会社が突然倒産したり、その株式が無価値になったりするまで、年間六パーセントずつ増えると仮定しよう。いま、七パーセントの割引率がある。つまり、七パーセントを、どこか他で、リスクフリーのリターンとして受け取ることができるということだ。DCFを利用した場合、この株が現在あなたにとってどれほどの価値があるかを以下に示す。

- この株が倒産前に、あと一〇年間存続した場合、九・四七ドル
- この株があと二〇年間存続した場合、一八・〇三ドル
- この株が五〇年間存続した場合、三九・一〇ドル
- この株が一〇〇年間存続した場合、六二・七六ドル
- この株が永遠に存続した場合、一〇〇ドル

レイノルズの例では、配当金は貨幣の時間的価値を埋め合わせるのにじゅうぶんな速度で増額している。したがって、倒産前に一〇年間配当金を支払った株の価値は、一〇ドルにわずかに届かないくらいだ。

企業の存続期間が長くなればなるほど、現在価値は未来の配当金総額に徐々に満たなくなっていく。一〇〇年間支払いつづけた未来の配当金の現在価値は、一〇〇ドルではなく六二・七六ドルだ。現在の投資家にとって、一〇〇ドルの価値をもつためには、無限の未来の配当金が必要となるだろう。

次の四半期の配当性向すら予測できないのだから、今後一〇年のことなどだれも予測できない。そのとおりだ。リンディの法則は、企業の存続期間のほぼ完全な予測不可能性を想定している。この予測不

可能性が、一集団としての古い会社は一集団としての新しい会社より未来が長いという予測につながるのだ。これまで見てきたように、この予測はデータによって支持されている。したがって、DCFにより、コカコーラのように長期間存続している企業の評価は、最新のスタートアップやIPO（新規公開株）の評価の数倍にもなるはずだろう。

ところがそうではないのだ！　最高価値が付けられた会社はたいてい、現金を燃焼する新しい会社である。これらの会社は収益がなく、配当金を支払わず、実績もそれほどない。投資家は、こうした新しい会社は未来を象徴し、無限に上昇する傾向があると考える。創立年度が古い会社は、時代遅れというリスクがあると考えられている。リンディの法則は正反対の提案をしているのだ。

市場において、才能と運を区別することは容易なことではない。ウォーレン・バフェットはそれにもかかわらず、推定に基づいて優良株を選択するスキルをもつ人物として、最もよく引き合いに出される。一九六五年から二〇一三年まで、バフェットが所有する会社、バークシャー・ハサウェイは、その株式保有について、平均一九・七パーセントの年複利収益率があり、これは同時期のS&P500のそれ（九・八パーセント）の二倍である。[10]

次に示すのは、二〇一八年に報告された、バークシャー・ハサウェイが保有する株数が最も多い一〇の企業で、通常とは異なる測定法――各企業がどれくらいの期間、営業を続けているか――でランク付けされている。[11]

1. バンク・オブ・ニューヨーク・メロン（二二三四年）
2. アメリカン・エキスプレス（一六八年）
3. ウェルズ・ファーゴ（一六六年）
4. クラフト・ハインツ（一四九年）
5. コカコーラ（一三二年）
6. バンク・オブ・アメリカ（一一三年）
7. ムーディーズ（一〇九年）
8. フィリップス66（一〇〇年）
9. USバンコープ（四九年）
10. アップル（四二年）

バフェットは古い会社を買う。彼のポートフォリオを映画に喩えれば、最後のひとりの老人の強盗役のために、往年のスターらを再び呼び戻すような作りになるだろう。バフェットのトップ10企業の存続年数の中央値は、一世紀をゆうに超える。これと比較して、S&P500のトップ10企業の存続年数の中央値は、わずか四四年だ。（二〇一五年に、一八六九年創業のハインツが一九〇三年創業のクラフトを合併した。バフェットは株主に対して、このケチャップとピクルスのメーカーは「今後一世紀の間、繁栄しつづけるだろう」と話した。[12] バンク・オブ・ニューヨーク・メロンは二〇〇七年の合併によって誕生したが、どちらの前任者も由緒ある会社だ。オリジナルのバンク・オブ・ニューヨークは、一七八四年にアレクサンダー・ハミルトンとアーロン・バーによって設立された）。
バフェットの的を射た格言の数々は、投資への長期的アプローチを強調している。「時間とは、優れた企業の友人であり、平凡な企業の敵である」[13]。「一〇年間、進んで株式を保有していたいと思わないのなら、一〇分間でさえ保有しようと思うなかれ」。「われわれが好む株式保有期間は永遠だ」。「バークシャー［・ハサウェイ］は、実証されていない膨大な企業のなかから現れる数少ない勝者を選ぶつもりはない。そうするほどわれわれは賢くはないし、それをじゅうぶん心得ている。その代わり、二六〇〇年続くイソップの方程式を、灌木のなかに何羽の鳥がいて、それらがいつ現れるかに関して、われわれが合理的自信をもつことができるような機会に適用する」[14]。

イソップの「方程式」とはもちろん、「掌中の一羽は叢中の二羽に値する［多くの不確かなものよりも、たとえ少なくても確実に手にしているほうが良い、という意味］」というものだ。ほとんどの場合、バフェットの掌中の鳥は――リンディの法則とバフェットの調査によれば――長い未来がありそうな老舗の企業である。

コペルニクス的見解は由緒ある投資規則のいくつかに挑戦する。ひとつは、長い目で見て、株式は債券を凌ぐというものだ。この規則には但し書きを付けるべきだと、アリゾナ州立大学W・P・キャリー・スクール・オブ・ビジネスのヘンリック・ベッセムバインダーは言っている。歴史的に見ても、ほとんどの株式は米国財務省短期国債（TB）よりパフォーマンスが悪い[15]。これは配当金の再投資やキャピタルゲイン、株式分割など、すべてを考慮しての話だ。

なぜこんなことがありうるのか？　ベッセムバインダーは、一九二六年から二〇一五年までのＮＹＳＥ、ＡＭＥＸ、そしてＮＡＳＤＡＱ証券取引所のすべての株式収益率を検証した。そして、株式市場のパフォーマンスは主に、大当たりして成功を維持しているごく少数の株式に起因していることを発見した。平均的な株式はもっとパフォーマンスが悪い。これら三つの証券取引所の一株当たりの存続期間の中央値は、七年そこそこだ。最も一般的な収益率は全損に近かった。[16]

これが信じがたいと言うのなら、それはＳ＆Ｐ５００やダウ・ジョーンズなどの指数が典型的な株式について多くを語っていないからである。これらは、大きな魚だけをすくうエディントンの網のようなものだ。こうした指数に含まれるすべての株式は、すでに勝者なのだ。この指数は、勝てなくなった企業を排除し、その代わりに新しい勝者を入れる。

ベッセムバインダーのデータは、個人投資のよく知られた規則を正当化する。すなわち、インデックスファンド（ミューチュアルファンドまたは上場投資信託（ＥＴＦ）のことで、Ｓ＆Ｐ５００などの市場指数を複製するポートフォリオをもつもの）を買え、ということだ。多くの投資家は、指数のリターンを単なる「平均」だとして見下している。こうした見方がまちがっていることは、たいてい、小口投資家が自分で株式を選ぼうとする際に明らかになる。ランダムに選ばれたいくつかの株式は、「平均」よりもずっと運用成績が悪い可能性が高いのだ。

株式相場表にダーツを投げるチンパンジーのことは、どこかで耳にしたことがあるだろう。このチンパンジーは通常、専門知識の価値を一笑に付すものとして引き合いに出される。プロの証券コンサルタントのほとんどは、インデックスファンドを「ランダムに」選択するのと同じ程度のことしかしていない。ところがこのチンパンジーは、実はインデックスファンドを象徴するものではないのだ。別の実験を考えてみよう。チンパンジーが『ウォール・ストリート・ジャーナル』の第一面にダーツを投げる。そして、社説で言及されている株式ならどんなものでも、そこにダーツが当たったものを買う。これはおそらく、平均的な株式といったものではないだろう。多くの投資家、従業員、顧客を抱える大型株をもつ企業に偏る可能性が高い。『ウォール・ストリート・ジャーナル』の編集方針は、当然のことながら、経済的に存在感のある企業に偏っているからだ。第一面を飾るような企業のほとんどは、平均的な株式を発行する企業の存続期間を、すでにゆうに超えている。

また別の実験は、すべての株式――それともいっそのこと、株式市場に投資されるすべてのドルと言ったほうが良い――のリストにチンパンジーがダーツを投げ、その株式またはドルが示す企業を選ぶというものだ。これは、たとえばS&P500を追跡するファンドのような、時価総額加重インデックスファンドの好例だ。このランダムな選択形式もまた、ある側面ではそれほど平均的ではない大型株に偏るだろう。

ベッセムバインダーの発見は、株式はくじ券に似ているということを暗示している。投資家が少数の勝者を正確に狙うには――そして私たちが指数と関連付ける「平均的な」リターンに見合うものにするには――それらを大量に買う必要がある。ベンチャーキャピタリストにも似たような主義、すなわちn分の一の規則というものがある。ブノワ・マンデルブロが提案しているように、n分の一の規則では、ある企業の資本を多くの株式に分割し、ひとつではなく多くのスタートアップに投資するほうが良いとされている。ほとんどのスタートアップが失敗する。ベンチャーキャピタリストのリターンのほとんどは、稀なひと握りの成功によるものなのだ。それらは、ある理由で「ユニコーン」と呼ばれている。

スタートアップ企業の従業員は、しばしば自らの会社の株式を大量に所有することになる。投資顧問はこれに警鐘を鳴らしているが、その理由をベッセムバインダーのデータが示している。ある企業が典型的だと仮定すると、その株式のリターンは国債より少なくなる可能性が高い。分別のある若い投資家であれば、だれも国債で老後の蓄えをすることなど夢見ないだろうが、多くの人がこの蓄えを雇用者の株式でおこなっているのだ。

バフェットの話が示しているように、優秀なリターンは、長期の収益実績をもつ企業を買うことでしか実現できない。こうした企業は平均的に未来が長く（リンディの法則が言っているように）、合理的な経済的観点からすれば、より価値が高い（DCFが示しているように）。それほど合理的ではない市場はしばしば、こうした企業を過小評価している。

ところが、ほとんどの投資家は、ほぼ不可能なことをしようと試みる。つまり、次なる大成功を事前に見極めるということだ。彼らは、次のアマゾンとなる可能性が高い企業のほとんどが、数年以内に倒産してしまうという事実を無視している。新しいアプリが明日リリースされて、それが今日ヒットしているアプリを時代遅れのものにしたり、少なくともすでに魅力のないものにしてしまったりする可能性もある。明日「より良い」ソフトドリンクを発明しようとしている人には、これと同じリスクはない。何千種類ものソフトドリンクが前世紀に考案されてきたが、理由はともかく、コカコーラを権威の座から引きずりおろすことができたものはいまだかつてない。たとえ、あの茶色い泡の立つ砂糖水の魅力がどうしても理解できないとしても、このことは注目に値する。投資家であり哲学者でもあるナシーム・タレブは、リンディの法則について次のように述べている。「文化のなかですでに長い間実行されている何か――たとえば、あなたの理解できない慣習や宗教など――があるとしたら、それを「不合理なもの」と呼んではならない。そして、その慣習が途絶えることを期待してもならない[17]」。

盗まれたハリー・ポッター

企業や演劇に見られる存続曲線は、私たちの世界に深く根付いている。ウェルズはサンディエゴの公共図書館にあるハリー・ポッターの本の冊数に、同じような下落傾向があることを報告している[18]。あまりに熱狂的な読者は、本を返却するのを忘れてしまう。これといった有効期限がないものに関しても、同じような統計が当てはまる。

これは終末について、(もしあるとすれば)何を私たちに教えてくれるだろうか? 少なくとも、スケール不変性が企業の存続期間や言語の使用頻度、赤ちゃんの名前や爆弾片、盗まれたハリー・ポッターの本、グーグル検索などを左右しているという事実が、私たちをためらわせるはずだ。私たちは普遍的な真実を垣間見ているのかもしれない。そうした普遍的事実は、デルタt論法、コペルニクス的方法、ジップの法則、リンディの法則、ジェフリーズの事前分布、終末論法など、多くの側面をもち、さまざまな名称で呼ばれてきた。

私たちは、演劇や企業に関するデータをそのまま受け入れる必要はない[19]。ホモ・サピエンスに絶滅政策を売ろうともくろむ銀河系の保険数理士がもっと関心を抱いていたのは、私たちの種族の歴史だったのかもしれない。ホモと、それに関連する属のなかには、絶滅してしまったものが十数種いる。彼らの時代に、彼らは地球という惑星を闊歩する最も賢い生きものだった。彼らのだれも、種として特別に長生きしたものはいない。そしてゴットが指摘するように、ヒト科動物の歴史はコペルニクス的予測と完全に合致しているのだ。

これらの数を寸分の狂いもなく知ることはできないという警告付きで、幸運にも化石探索から次のようなことがわかる。私たちの種は、これまで約二〇万年存続してきた。他の一二のヒト科の種も二〇万年の水準に到達した。それらはアルディピテクス・ラミドゥス（合計二五万年以上続いた）から、ホモ・エレクトス（一四〇万年以上）までが含まれる。

コペルニクス的方法は、二〇万年生きた種の未来の存続期間の中央値は、さらに二〇万年だと予測する。一二の種のうち六種はそれよりも短く、残りの六種はそれを超える。これはほぼまちがいない。二〇万年生きた種は、九五パーセントの信頼水準で、あと二〇万年の三九分の一から三九倍生きることになる。つまり、五一〇〇年から七八〇〇万年の範囲だ。すべての絶滅種がこの範囲内に含まれる。ゴットは、すべてのヒト科動物の約六八パーセントが、すでに二〇万年以上存続してきた種だと自分でわかっていると見積もった（そうしたことを自分で決めることができたとすればの話だが）。私たちの種族はまだ若いほうだ。私たちはこの確率を打ち負かす運命にあるのかもしれないが、これまでのところは平均的に見える。それを否定するということは、ホモ・サピエンスの最も極端な種類の例外主義を主張することになる。（「私はヘルメットをかぶる必要はない。他の自転車乗りとはちがうのだから」

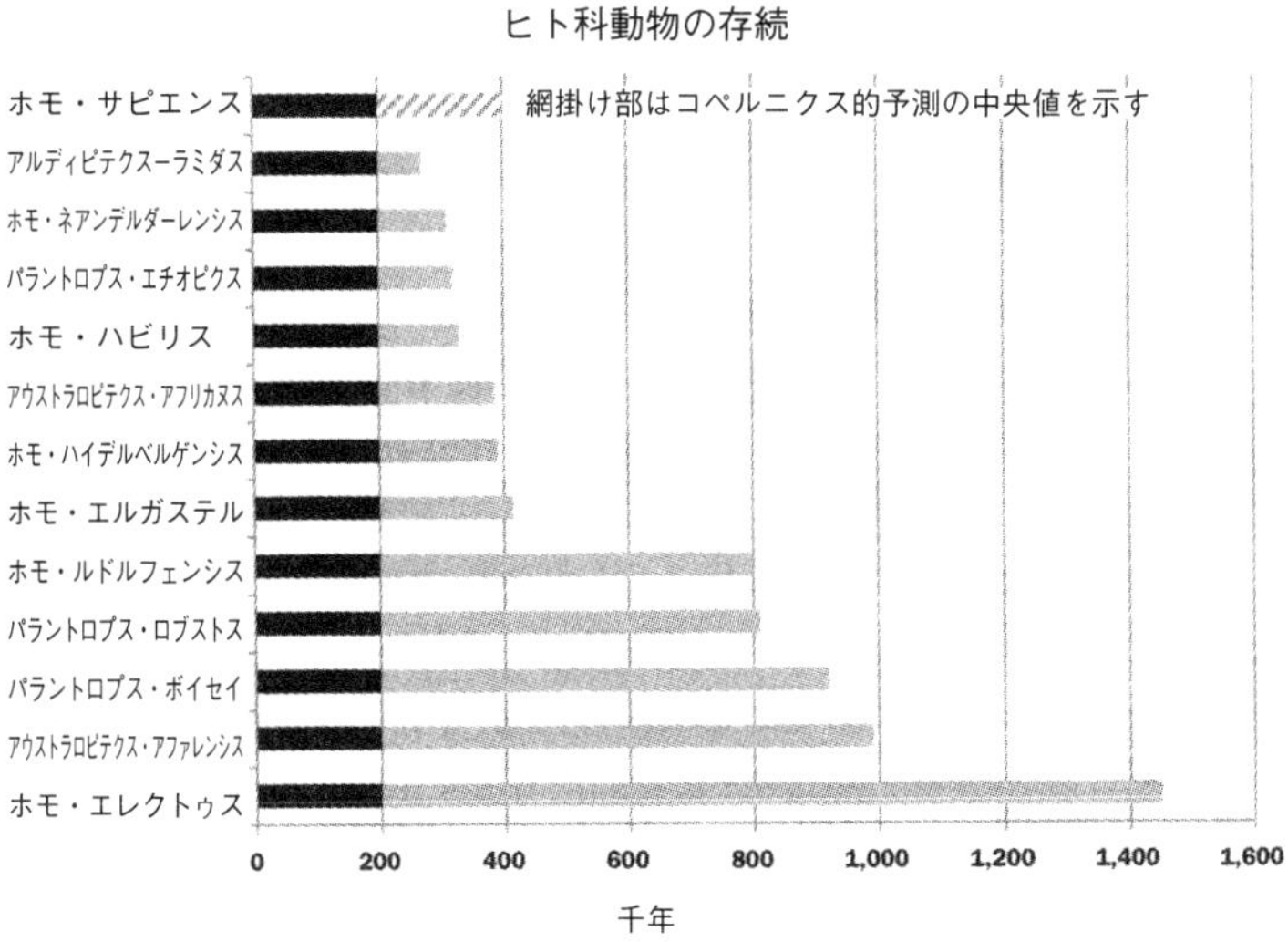

と言っているようなものだ)。

ホモ・サピエンスには、もはや競争相手がいないことは真実だ。初期のヒト科の種のなかには、ダーウィン的な選抜競争のなかで互いに競い合ったものもいたが、最終的にホモ・サピエンスが勝者となった。今後もずっと順風満帆にちがいない……だれもそう信じなくならない限りは。最後のネアンデルタール人の死がこの闘いに終止符を打つことはなかった。それは単に、私たちが少しだけ異なる戦線を張り、これまでにないほどエスカレートした大量殺戮のテクノロジーを備えつつ、国家として、種として、そして宗教やイデオロギーとして闘ったということを意味しただけである。未来には、非人間的な競争が存在する可能性がある。私たちは、手に負えないAIや、ことによれば地球外生命体（ET）のような存在と競い合うことになるかもしれない。

要するに、人類の滅亡以外の問題にも、コペルニクス的方法の予測を支持するような、控えめながらも幅広い証拠が存在するということだ。ときに、ひとつの図が千もの思考実験の価値をもつこともある。コペルニクス的方法は、時間尺度がわからないような現象に適用される。それに対する批判の多くは、ゴットや、マスコミによるゴットの報道が、この要件を明確に示したかどうかを厳しく咎め立てているだけだ。

私たちはコペルニクスの終末予測をテストすることはできない（当分ないことを私たちは望んでいる）。その確実性は類似性に基づいている。最も強い類似性をもつのは、私たちに最も密接に関係する種の絶滅だ。このデータセットは小規模ではあるが、予想通り、コペルニクス的モデルに適合している。とはいえ、これら他のヒト科動物は私たちとまったく同じわけではない。パラントロプスは生存本能をもっていたが、絶滅という概念を理解することはできなかった。私たちのほうがずっと賢く、自分たちの集団的存在を脅かすものなら何に対しても戦う能力を結集することができる。ウェルズは、演劇と企業のデータは、私たちが考える以上に関連性があるかもしれないという興味深い主張をしている。企業と演劇作品は小宇宙なのだ。「この世はすべて舞台」なのである。これらは、自分たちの種を終わらせたり、それを星まで連れて行ったりするような、過ちを犯しやすい人間と同じ種類の人間で構成されている。こうした個々の存在は、自らの、またその集団の利害を、内外のさまざまな脅威に対抗して永続させようとする強い本能をもっている。この集団の時間の地平線は、たとえ死すべき運命にある、絶えず変化する出演者で構成されていようとも、潜在的には無限なのだ。これら死すべき運命の人々には、入ってくる人もいれば、出て行く人もいる——金の腕時計を身につけたり、ゴールデン・パラシュート（高額退職金）を受け取ったり、Netflixオリジナルの仕事をしながら。彼らのなかには、スターもいればチームプレイヤーもいるし、端役を演じる人もいれば人工雨を降らせる裏方もいる。そして、初めてのチャンスで仲間を裏切ろうとする人々もいる。カンパニー（レパートリーを上演する劇団であれ有限会社であれ）は、外からのさまざまな課題と向き合っている。高い賃料や高額な税金、悪評や破壊的な競争相手、そして、かつての関係性を徐々に奪うような文化時計の遅い針の動きなどといったものだ。狂人の爆弾や軌道交差する小惑星が、最も利益が出る演劇の上演を終わらせた可能性もある。もう少しだけ大きい爆弾や小惑星だったら、そのすべてを終わらせていただろう。私たちの種の未来はまぐれであり、社内的処世術にいっそう輪をかけたようなものである。すなわち、「真険に努力せずにこの宇宙で生き残るにはどうすれば良いか」。

「眠り姫」問題

あなたはちょっと変わった実験にボランティアとして参加することになった。日曜日、心地良い眠りへとあなたを誘う睡眠薬を一錠飲む。薬は三日後に効果が切れる。あなたが眠りに落ちた後、表と裏が等しい確率で出るコインを調査員が投げる。

表が出たら、あなたは月曜日に起こされ、インタビューを受ける。その後は薬が切れるまで、再び眠りにつくことが許される。

裏が出たら、月曜日と火曜日に起こされ、両日ともインタビューを受ける。

この睡眠薬は一時的な記憶喪失を誘発する。インタビューでは、あなたは自分がそれ以前に起こされて、インタビューを受けたかどうかを思い出すことができない。ところが、薬を飲む前のことは、実験の準備も含めてすべて覚えている。そして、推論するという通常の能力もすべてもち合わせている。

この実験のインタビューでは、こんな質問がなされる。「コインが表だった確率はどれくらいですか?」

これは「眠り姫」問題と呼ばれる、一九九九年にインターネット上で有名になった難問だ。終末論法、特にベイズとカーター＝レスリー形式における終末論法には不可欠の部分となっている。「眠り姫」問題と終末は「構造的に同じである」と、デニス・ディークスは記し、「一方の分析が他方の分析にも当てはまると考えられる」と述べている。[1]

「眠り姫」問題の物語は、「目覚ましゲーム（Awakeming Game）」に端を発する。ユニバーシティ・カレッジ・ロンドンの哲学者、アーノルド・ズボフが、早くも一九八三年に発案した思考実験だ。[2]一九九〇年の論文に、ズボフは「驚くほど大きなホテルで行われる……ゲーム」について書いている。[3]コインを投げて、睡眠薬を飲んだ被験者の起こし方を決定するゲームだ。ロバート・ストルネイカーがズボフの研究のことを知り、これに「眠り姫」という、もっと覚えやすい名前を付けた。この謎はボストン地区の哲学者の社会的ネットワークを通じて広がり、睡眠者ひとりに対して一回または二回起こすという方法に集約された。ＭＩＴの大学院生、アダム・エルガはストルネイカーから「眠り姫」問題のことを学び、これをブラウン大学のプレゼンテーションで発表した。後にブラウン大学の大学院生となったサラ・ライトがその講義を聞き、この謎を同大学の哲学者、ジェイムズ・ドライアーに伝えた。ドライアーはこれを、一九九九年三月一五日に rec.puzzles というインターネットグループに投稿した。エルガは二〇〇〇年に、初めて哲学関連の学術誌（『アナリシス』）に「眠り姫」問題を発表した。この謎については現在、相当数の文献がある。これは、自己サンプリングの中心的問題を内包している。

表の出る確率は、二分の一か三分の一かで意見が分かれる。まずは二分の一説と呼ばれるケースから始めよう。ここで投げられるのはフェアなコインであり、そのことをあなたは知っている。したがって問題は、実験過程のなかで、あなたは表が出る確率が五〇パーセントであるという最初の思い込みを調整する原因となるような何かを知るかどうか、ということだ。

答えはノーである。あなたが知っているのは、約束どおりインタビューのために起こされるということだけだ。これは、コインが表だろうと裏だろうと起こる。あなたは、自分が二回目に起こされるかどうかを知ることはできない。なぜなら、それ以前のインタビューのことを何ひとつ思い出すことができないからだ。

「フェアなコイン」のどの部分が、あなたには理解できないのだろうか？

三分の一説は、どれがどれだか区別することのできない三回の目覚めのシナリオがあることに注目することから始まる。今日が月曜日でコインの表が出た（ただしあなたはそれを知らない）か、今日が月曜日でコインの裏が出た（同右）か、もしくは今日が火曜日でコインの裏が出た（同右）か、いずれかだ。あなたは起こされたとき、これら三つの可能性のいずれかを支持する理由はひとつもない。したがって、無差別の原理が適用される。この三つすべてのケースの確からしさは等しい。だが、三つのうちひとつだけ、コインの表が出る。表の出る確率はしたがって三分の一となる。

三分の一説はそのとおりだと言えるだろう。あなたの部屋の壁には、こんなことが書かれた紙が貼ってある。

賭け

署名者（「賭けをする人」）は、コインの裏が出たら二〇ドルを獲得し、表が出たら三〇ドル負ける。

（この賭けを受け入れる場合は、下線上に署名すること）

三分の一説派にとっては、これは良い取引だ。平均して、この人は裏が出る（二〇ドルの儲け）確率を三分の二と予想する。表が出る（三〇ドルの損）確率は三分の一だ。つまり三・三三ドルの儲けが期待できる。この実験と賭けを何回も繰り返した場合、三分の一説派は、一回の賭けにつき平均三・三三ドルを得ることになる。

二分の一説派は、この同じ賭けを拒否するだろう。この人は五分五分の確率で二〇ドルを儲け、五分五分の確率で三〇ドルを失い、したがってコインを一回投げるごとに失う総額は五ドルだと予測する。

どちらが正しいのか？

この点については意見の一致がある。仮にこの実験が何回も繰り返され、被験者が目を覚ますたびに賭け金が提供されるとすれば、賭けを受け入れた人（三分の一説）は、長い目で見れば儲かる。賭けを拒否した人（二分の一説）は、テーブルの上に儲けを置いていくことになる。

二分の一説派は自衛する

三分の一説派は二分の一説派よりも数の点では上回る。これはMITの大学院生、謎解きファン、そして査読付き論文の著者すべてに当てはまる。二分の一説を支持する少数派は、多数派が自らを理解する以上に多数派のことを理解している。二分の一説派は、三分の一説派のことが「わかる」のだ。多くの三分の一説派はその恩に報いない。彼らは、だれがどのように二分の一説派になる可能性があるかに気づくことができない。なぜ話し合うべきことがあるのかがわからないのだ。

では、二分の一説派がなぜそれほど不合理だとは言えないかを示すために、少し彼らに特別な目を向けてみたい。繰り返しという発想から始めよう。三分の一説派は、すべての目覚めの三分の一はコインの表だと言う。これは真である(長い目で見て、数多くの実験を繰り返しおこなったと仮定した場合)。ところが二分の一説派は、実験を繰り返すことで、コインが五〇パーセントの確率で表になることが証明されると主張するのだ。これも、もちろん真である。

オックスフォード大学のスチュアート・アームストロングは、「眠り姫」問題と終末問題にとって、「確率は使用に適さない手段だ」と考えている。(4) ベイズ確率では、だれもがあらゆる命題に関して一貫した信頼度をもっていると信じている。アームストロングは行動経済学者寄りのアプローチ法をとる。私たちは、人が何を信じていると言うかよりも、どのように行動するかに焦点を当てるべきなのだ。

私は起こされ、コインが表だった確率について質問される。

「二分の一だ」と私は言う。

「あなたは小さなサイドベット[カジノゲーム本来の進行とは別におこなわれる余興の賭けのこと]に興味があるのかもしれませんね」とインタビュアーは言いながら、財布を取り出す。

「とんでもない! あなたは私の記憶喪失を利用して、二回とも賭けに負けるように私をだまそうとしているのです」。

「この重要な、そして真剣な実験が、ある種の詐欺だと言うのなら、不愉快ですね!」(彼のひとりごと——「大学院生がちょっとした小遣いを稼ぐことの何が悪いんだ?」)

要するに、私は表が出る確率が二分の一であると信じることができ、さらにこの実験が私に対していかに不正に仕組まれているかも理解できるということだ。私が常に五分五分の確率で表が出るほうに賭けるとしよう。表が出る確率は五〇パーセントで、その場合、私は勝てる賭けを提供され、それを受け入れることになる。裏が出る確率も五〇パーセントで、その場合、負ける賭けを二度――月曜日と火曜日――も提供され、それを受け入れることになる。こうしてインタビュアーは、完璧に筋が通っている二分の一説派をだましているのだ。（あくまでも二分の一説派の視点からということだが。インタビュアーは、この賭けは「そういうもの」であり、二分の一説派はまちがっていると感じているかもしれない）。

用心深い二分の一説派には、いくつか救済策がある。ひとつは、あたかも表が出る確率が三分の一であるかのように賭けることだ。これに偽善行為は必要ない。ただ、その状況に固有の特徴を受け入れるだけだ。この実験の選択効果は、フェアなコインが三分の一の確率で表が出ると私に見せかける。

もうひとつの救済策は、この賭けの法的条件を強く主張し、コインを投げるごとに賭け金が一回だけ与えられることを要求することだ。同一のコイン投げで賭けを追加したら、その賭けはいかなるものも法的効力はなく、無効となる。これによって二分の一説派の確率が正しいものとなり、二分の一説派が最適な賭けをすることが可能になる。

アームストロングは、二分の一説派対三分の一説派の論争はさらに、個人のアイデンティティのあいまいさを有効にするということも指摘している。私たちはそれぞれ、二度足を踏み入れることのできない川なのだ。個人のアイデンティティというのは便利な虚構であり、進化によって磨きがかけられ、私たちを愚かさから遠ざける。無謀なことをする前に、断崖絶壁の下で死んで横たわる人は、そこから飛び降りることができるほど正気を失った、断崖のてっぺんにいた人物と同一視されることになるということを、よくよく考えるべきなのだ。

だが、私たちの遺伝子プールは、記憶喪失の薬と見分けのつかないアイデンティティという試練を受ける必要は決してなかった。そこでは、直観は役に立たないのかもしれない。(5) アームストロングはこう記している。「「私は見ると思っている」ということと、「私は、自分とまったく同一のだれかが見ると思っている」ということを区別するとき、そこには微妙な問題が存在する。それは、信頼の度合いをあいまいにする可能性がある」(6)。

たとえば、私は「眠り姫」の実験で目が覚める。日曜日のコイン投げは公正だったことを知っているため、表が出る確率を二分の一とする。この考え方は、いまの目覚めと区別することのできない、「私」の他の目覚めが存在するかもしれないという知識によって複雑なものになる。これらの目覚めの三分の一にだけ、コインの表が出るのだ。

このことがきわめて重大になるのは、金銭が関わるときだ。通常、月曜日の私は火曜日の私と連携していると仮定される。このふたりの私は、同じ名前とDNAだけでなく、同じ財布とクレジットカードも共有している。私は賭け金の合計獲得額を私の時間的分身全員によって最大にすることを望むだろう。というのも、これらすべての賞金が財布のなかに入り、それを未来の私が水曜日に家にもち帰ることになるからだ。これは、三分の一説派の考え方につながる。

一方で、私は今日――明日でも昨日でもなく――のために生きることを選ぶかもしれない。(7) カルペ・ディエム［「その日をつかめ」の意］は、記憶喪失症の人にとっては、それほど悪い考え方ではない。もっと要点を明確にするため、私の賭けの賞金が、その日の深夜の鐘とともに有効期限が切れるギフトカードという形で、即座に支払われるとしよう。私はその賞金を、映画のレンタルや料理のテイクアウトの支払いに使用することができる。すべてをその同じ日のうちに消費しなければならず、明日のためにとっておくことはできない。これは二分の一説につながる。これもまた、それが最大限にすると主張する、まさにそのものを最大限にする。私が自分をこの目覚めだけと同定するならば、この「私」がひとつ以上の賭けを提供されることは決してできないということになる。明日、不当な賭けを提供されるかもしれない人物は私ではなく、その人が金をだまし取られているかどうかは、私には関係がない。それは私にとって、痛くもかゆくもないのだ。

船乗りの子ども

「眠り姫」問題のテーマのバリエーションには、個人のアイデンティティの役割を弄んでいるものがある。ラドフォード・ニールが考案した「船乗りの子ども」は、「眠り姫」問題の記憶喪失を、もうひとつのソープオペラ的な比喩、つまり長い間生き別れになっている兄弟に置き換えたものだ[8]。

あなたの父親は古風な船乗りで、港ごとに女がいる。ある夜、彼は居酒屋でコインを投げて、ひとりの子どもの父親になるか、ふたりの子どもの父親になるかを決めようとしていた。ふたりであれば、その子どもたちは、異なる港の異なる女性の子だ。

あなたは彼の子どもでマルセイユに住んでいる。背景は知っているが、コイン投げでどちらが出たかは知らない。遠く離れた港であなたが兄弟姉妹を得た確率はどれほどか？

あなたは確かに、これまで会ったことのない、異なる文化のなかで育った、もしかしたら存在するかもしれない腹ちがいの兄弟とは異なる個人だ。もし賭けをしようとするならば、あなたはおそらく自分自身の利益を「自己中心的に」最大のものにしたいと考えるだろう。自分の賞金を兄弟（もしいるとしたら）と分け合うつもりも、そのお金を「確率的家族計画の子どもたちのための船員基金」に寄付するつもりもない可能性が高い。

三分の一説派のニールは、「眠り姫」問題の記憶喪失が私たちに好ましくない出来事をもたらすと信じている。私たちは、被験者が実験過程で何かを学び、自らの考えを更新するべきだと考えるよう推奨される。ところが、記憶喪失状態で何かを学ぶことは不可能だ。「眠り姫」問題、より明確には「船乗りの子ども」において人が知っているのは、その設定だけなのである。

アヒルかウサギか？

「眠り姫」問題の実験で起こっていることに不思議なことは何ひとつない。フェアなコインは、何度も実験をすれば二分の一の確率で表が出るということに、だれもが合意している。この実験は、三分の一の目覚めにだけコインの表が先に出るように、被験者に選択効果を課しているということにも、だれもが合意している。二分の一説派と三分の一説派の論争は、実際のところは、打ってつけの要約をめぐる争いなのだ。「表が出る確率は？」とテレビのレポーターが尋ねる。（そして答えは手短に！）

思慮深い二分の一説派の考えでは、この挑戦は実験の目隠しを見透かすことだ。選択効果を考慮に入れると、表が出る真の客観的な確率はどれくらいだろうか？　公正なコインなら、表が出る確率は五〇

Welche Thiere gleichen einander am meisten?
Kaninchen und Ente.

パーセントだ。記憶喪失の薬がこれを変えることはない。

三分の一説派はこの質問を、状況の目新しさを受け入れる誘因と見ている。この目新しさは選択効果にあるため、三分の一説派は、私、そして私とまったく同じ目覚めが観測するものを反映するような答えを出す。

唯一の正しい答えはない。私たちは、上の絵が「本当は」アヒルなのかウサギなのかと問われる。

これは、一八九二年版のドイツの風刺雑誌『フリーゲンデ・ブラッター』に掲載された、アヒルかウサギかを問うイメージとして最初に登場したものだ。これを描いた画家は、どちらなのかはっきりとは言わなかった。ドイツ語のキャプションにはこう書かれている。「最も互いに似通っているのは、どの動物か？」この絵は通常、「だまし絵」と呼ばれているが、この「だまし絵」という言葉は、この絵が巧みに覆している独特のリアリティを想定している。「眠り姫」問題でも同じことが言える。

おせっかいな哲学者

ニクラス・ボストロムは一九七三年、スウェーデンのヘルシングボリで生まれた。そのキャリアのほとんどを英語圏で過ごした彼は、ニクラス（Niklas）を英語読みしてニックとし、ボストロム（Boström）のウムラウト記号（¨）を省略した。ボストロムの偉大なる目覚めは一六歳のときに訪れた。彼はドイツ哲学に関する本を図書館で借り、北欧の森の奥深くに入ってこれを読んだ。森の伐採地で、彼はニーチェとショーペンハウアーの思想に出会った。

この経験がボストロムを「超人」（Übermensch）の概念へと導いた。ニーチェの『ツァラトゥストラかく語りき』で述べられているように、「超人」とは来世と神の裁きに重きを置くキリスト教の考え方を超越する、世俗の「スーパーマン（超人）」だ。「超人」は可能な限りベストな自分自身と世界を創造する。

ニーチェの時代以来、「超人」はロールシャッハのインクのしみとなった「アメリカン・コミックの最高傑作とされる『ウォッチメン』に登場する架空のスーパーヒーローの名がロールシャッハであり、いわゆるロールシャッハテストに用いられるインクのしみを模した仮面を被っている」。ナチスはニーチェを自らの目的に利用した。それは当時のアメリカ系ユダヤ人も同じだった。彼らはスーパーヒーローのシリーズものをつくり、これはヒトラーの千年帝国の時代が終わっても存続している。「超人」はジョージ・バーナード・ショー（『人と超人』）、ジェイムズ・ジョイス（『ユリシーズ』）、アルフレッド・ヒッチコック（『ロープ』）といったモダニズムの代表作とも関わりがある。シリコンバレーで最も成功をおさめたライドシェアリング企業、Uberテクノロジーズは、ビジネス上の理由からウムラウト記号を省いている。

インターネットとともに成人したボストロムは、トランスヒューマニズム運動に関わるようになった。グローバルウェブによって結びつく最初のサブカルチャーとして、トランスヒューマニストらは、ニーチェ、投機的テクノロジー、サイエンスフィクションを、未来のビジョンと融合させる。こうしたビジョンのひとつが不死だ。トランスヒューマニストは、未来の人間は自らの神経連絡をコンピューターにアップロードし、デジタル的存在として永遠に生きることができると提案している。そうなると当然、不死が可能になる地点まで生きつづけることが重要になってくる。多くのトランスヒューマニストは、未来のテクノロジーによって、死ぬときに自分の身体を蘇生のために凍結する計画を立てている。（「自分の子どもをクライオニクス（人体冷凍保存）に登録しない親は最低の親だ」と、トランスヒューマニストのエリエゼル・ユドカウスキーは言っている）[1]。ボストロムは、アリゾナ州にあるクライオニクス施設の連絡先が記されたバンドを足首につけている。哲学者のダニエル・ヒルは、ボストロムについてこう語っている。「彼の科学への関心は、基本的に、永遠に生きたいという当然とも言える欲求が自然に発展したものだった[2]」。

トランスヒューマニストのもうひとつの信条は、シンギュラリティだ。この用語が最初に使用されたのは、一九五八年、数学者のスタニスワフ・レムがジョン・フォン・ノイマン（一九五七年に死去）との会話を振り返って語ったときだった。数学では、ゼロ徐算がシンギュラリティ――関数が定義されない点――を生みだす。ウラムとフォン・ノイマンはこの専門用語を隠喩的に用いて、こう語った。「人間の生活モードにおけるテクノロジーの加速的進歩と変化が、私たちの種の歴史におけるなんらかの不可欠なシンギュラリティに到達していると見せかけ、それを超えたところでは、私たちが知っている人間の物事が継続することはできない[3]」。

ボストロムは、そうしためまいを起こさせるような可能性が、従来の哲学を時代遅れのものにしていると結論した。ニーチェと出会うまでは平凡な学生だった彼は、物理学、心理学、コンピューター・サイエンスの研究コース計画を綿密に立て、哲学書を読み漁った。ロンドン・スクール・オブ・エコノミクスの博士号の初年度候補生だったボストロムは、博士論文のテーマを決めなければならなかった。ある日彼は、ある会議で陳列されていた本を目にした。そのタイトルが彼の目に留まった――『世界の終焉』。

ジョン・レスリーの本だった。この本がきっかけとなって、ボストロムは終末論法にのめり込んでいった。この考えは「興味深く、重要であり、おそらくはまちがっているように思えた」と彼は振り返る[4]。「なぜそれがまちがっているかを解明したかった。もしまちがっていないとしたら、それは本当に重要だと思ったからだ」。

ボストロムの相談相手だったコリン・ホウソンとクレイグ・カレンダーは、「これを正気ではないトピックだと思っていた[5]。相談相手がふたりいたことで、互いに相手のほうが私［ボストロム］により注意を払っていて、より多くのアドバイスを与えていると想定していたと思う」とボストラムは言う。そのおかげで、彼は型破りなテーマを追求する自由が与えられたのだ。

世界の終焉についてて研究することにそのキャリアのほとんどを費やしてきた人にとって、ボストロムは奇妙な存在だ。大学院生だった彼は、ロンドンのコメディクラブのオープンマイクで演説をした。そのウィットと幅広い関心が、彼の博士論文「人間の偏見——科学と哲学における観測選択効果」の内容を物語っている。これは、選択効果が存在するときの自己サンプリングの使用法について展開した内容だ。ハーバード大学のロバート・ノージックは二〇〇二年、この博士論文を書籍として出版する支援をした。以来、これは現代科学哲学の重要な文献となっている。

象が書いたもの

前述のように、自己サンプリングの公理は自己サンプリング仮説、すなわちSSAである。ボストロムはSSAをこう定義している。「人は、その準拠集団におけるすべての観測者から選ばれた、ランダムなサンプルであるかのように推論すべきである(6)」。

この「かのように」というところに着目してほしい。私は文字どおり、過去、現在、未来のすべての人間から引かれたくじである必要はない。結論を導くために、そうであるかのように推論することはできる。

私たちにいま必要なのは、観測者とは何であり、準拠集団とは何であるかを決定することだ。前者はいたってシンプルだが、後者についてはそれほど簡単ではない。

象である私は、こう書いた。

――プリニウスの言うようにある象が砂の上に書いたこと[7]

観測者とは、第一人称を使用する存在である。紀元一世紀のプリニウスの『博物誌』には、鼻でギリシャの文字と単語を書く訓練をされた象について書かれている。プリニウスの象はもちろん、自分の鼻先を砂の上にすべらせることによって暗示される自己準拠を理解してはいなかった。では、象は観測者なのだろうか？

象は社会的な動物で、鏡に映る自分を認識し、どうやら死を悲しんでいるようにも見える。だが、観測者というのはそれ以上の存在だ。観測者は、AIの研究者に言わせれば「ベイジアンエージェント」であり、観測結果を理解することができる。これにははっきりとした閾値はない。だが、大まかに一般化すると、人間は観測者であり、象は観測者ではない。岩や木は断じて観測者ではない。コンピューターは観測者になりうる、またはいまでは広くそう思われている。知能のあるETも観測者と言えるだろう。

準拠集団は、特定の観測者が属する集団だ。もっと正確に言えば、観測者をその集団からランダムに引かれたくじだと考えることが理にかなうようにする集団ということだ。ややこしい定義に惑わされてはならない。くじで考えれば、準拠集団は非常にはっきりする。つまり、くじ券をもっている人々の集団ということだ。私はその集団の単なるランダムな人間に過ぎない。

ところが「眠り姫」問題においてさえ、準拠集団に関する考え方は徹底的に異なる可能性がある。私の準拠集団は、単に、この目覚めだけなのか、それとも「私の」目覚めすべてなのか、またはたとえ他人のものでも、実験におけるすべての目覚めなのか？　第一の推論は二分の一説に至る。第二の推論は解釈が自由だ。そして第三の推論には三分の一説の答えが暗示されている。

終末論法では、準拠集団は過去、現在、未来のすべての人間の集団と言われる。これは見かけほどわかりやすくはない。魔女はマクベスに、女性から生まれたいかなる男性もあなたを傷つけることはできないと教えた。マクベスは帝王切開で生まれたマクダフに殺害された。「D' oh!（なんてこった！）」「アメリカのテレビアニメ『ザ・シンプソンズ』の主人公ホーマーのキャッチフレーズで、物事が思い通りにいかなかったり、自分がばかな行為をしてしまったりしたときの苛立ちや失望を表す感嘆詞。」

こんにちのトランスヒューマニストやその他の神秘家は、人間性を、安定したものとしても永遠のものとしても捉えていない。彼らは、遺伝子的またはデジタル的に高められた人間――アップロードされた精神と純粋に人工的な知能が、アンドロイドの身体やバーチャル世界に格納されている――の未来を熟考しているのだ。未来には、私たちがいま現在、想像することもできないような、他のさまざまなタイプの観測者がいるかもしれない。人間であるということは、流動的であるということなのだ。

仮に、いまが二五世紀で、意識をアップロードすることが人気のトレンドになっているとしよう。新しく完成されたテクノロジーが、脳のあらゆる神経回路をスキャンすることができ、ソフトウェアのなかの人間の意識をバーチャルなＡＩ的存在として認識することができる。最初は多くの人が、アップロードされた存在が本当に「生きている」のかどうか、精神的なソフトウェアには不具合があるのではないかと疑問に思う。だが、このアップロードされた存在は人間を演じる。不死が大きなセールスポイントとなるのだ。

裕福な有名人は、アップロードされることに不当なまでのお金を払う。このテクノロジーが完成するにつれて、価格は下がり、だれもがアップロードされることを望むようになる。二六世紀の終わり頃には、ほぼすべての人がバーチャルになる――または死んでいる。「女性から生まれた」最後の人間は、二〇〇〇億付近の誕生順である。その後間もなくして、ホモ・サピエンスがドードーと同じように絶滅する。

終末論法は正しかったのだろうか？　こんにちの観点からすると、生物学的な絶滅は大きな問題だ。だがそれは、世界の終わりではないのかもしれない。後世の人々は、アップロードの採用を、青銅鋳造や防腐剤、携帯電話の導入と同じように、避けることのできない文化的トレンドだと見なす可能性がある。アップロードされた心は、それ自体と、その生物学的先行者との間の完全な連続性を見るかもしれない。

漢王朝にも、獅子心王リチャード一世の治世にも、そして大不況にも、終わりがあった。人類も同じように、明確で、認識できるような方法で終わるかどうかはまだわからない。終末は、最前列にいる人々にとってさえ、主観的判断となる可能性があるのだ。

準拠集団の生物学的人間だけしか計算に入れないとすれば、終末の日が近いという予測はそれほど悪いものではないかもしれない。それは、人間の意識がまもなく、新しく改良された形になるということを意味するだけかもしれないからだ。

ところが、私たちの準拠集団の生物学的人間と、アップロードされた人間（およびその観測者―瞬間）のすべてを一緒にするとすれば、終末の予測は、すべての生きた人間とバーチャルな人間の終わり、人間の意識と似たあらゆるものの終焉として、必然的に、より悲観的観点から解釈せざるを得なくなるだろう。[8]

このあいまいさは、終末論法とその準拠集団にまつわるひとつの問題だ。ボストロムは、また別の、もっと根本的な問題があることに気づいていた。

椅子取りゲーム

自己呈示仮説、すなわちSIAは、あるひとつの理由、つまり終末論法を解決するために、すこぶる賢い人たちが生みだした思想体系だ。「印象主義」と同様、SIAとは、シンパシーのない批判者、この場合はボストロムの造語だ。「終末論の何が本当にまちがっているかを考えはじめたとき、最初に頭に浮かんだのが［SIA］だった」と彼は思い起こす。[9] このことについてジョン・レスリーに手紙を書くと、「彼はそれについて私と話がしたいと言ってきた」。

ボストロムの言葉を借りると、SIAとはこういうことだ。「あなたが存在するという事実を仮定すると、あなたは（そして等しく存在するその他のものは）、少数の観測者を存在の拠り所とする仮説よりも、多くの観測者を拠り所とする仮説を支持するべきである」。[10]

ここで、ボストロムはおそらく、SIAを控えめに売り込んでいる。なぜ私たちはひそかに自分の有利になるように、より多くの観測者がいる仮説のほうを独断的に支持するべきなのだろうか？

SIAの支持者は、そうした仮説は観測者にとって、より多くの「穴」や「開口部」があると言う。私が存在するという事実は、少数ではなく多数の観測者を信じる根拠となるのだ。

SIAは椅子取りゲームのようなものだ。いくつかの椅子（観測者にとっての穴）がある。音楽が止まると、それぞれのプレイヤー候補がランダムな椅子に座ろうとする。だが、プレイヤーの数は椅子の数より多い。ゲームで生き残るには運が必要だ。そして、実際に椅子を取った人がそこにいくつ椅子があるか定かでない場合、すでに椅子に座っているという事実は、より多くの椅子があったと信じる理由となる。

物理学者でありチェスプレイヤーでもあるデニス・ディークスは、一九九二年にこの基本的な考え方をはっきりと説明した。これについては、アダム・エルガ、経済学者のロビン・ハンソン、宇宙論者のケン・オルムなど多数の人によって討議されてきた。

私たちはすでにＳＳＡ対ＳＩＡの好例を見てきた。「眠り姫」問題だ。ＳＳＡは二分の一説へ、ＳＩＡは三分の一説へつながる。

思い出してほしい。「眠り姫」問題にはふたつの仮説——コインの表と裏——がある。可能性のあるそれぞれの目覚めは観測者と考えられる。二分の一説派（ＳＳＡ）は、観測者がひとり（月曜日）またはふたり（月曜日と火曜日）のどちらかだと言う。三人ということはありえない。私はこの目覚めを、実際に実現されたひとつまたはふたつの目覚めのランダムなサンプルと見なす。起こされるという私の証拠は、どちらにしても等しく一致している。確率を調整する根拠は何もない。表が出る確率は依然、実験前と同じく二分の一だ。[11]

三分の一説派（ＳＩＡ）は、裏が出ることで、私が起こされて意識を取り戻す確率が二倍になると言う。これが裏を支持する理由だ。可能性のある三回の目覚めのうちたった一回だけが表になるため、表が出る確率は三分の一だ。

これを終末論法に適用してみよう。たとえば私が、過去―現在―未来の人類は最終的に、二〇〇〇億人か二〇〇兆人のいずれかになると信じているとしよう。私は早い時期の自分の誕生順をランダムなものとして捉えているため（ＳＳＡを想起）、二〇〇兆人より二〇〇〇億人の方が、可能性が一〇〇〇倍高いと結論する。そのほとんどあらゆる合理的な事前確率を仮定するならば、これが、終末が近いことを支持する根拠だ。

ところがＳＩＡは、二〇〇兆人のほうが二〇〇〇億人よりも可能性が一〇〇〇倍高いと言う――なぜなら、大きい数は、私が存在する確率を一〇〇〇倍にするからだ。ＳＩＡは等しい正反対の確率シフトを生みだし、これが終末論法の確率シフトをまさしく相殺している。

「ベイズ推論の応用として、［終末］論法は非の打ちどころがない」とディークスは記している。[12] 終末の計算（ＳＳＡ）が過去のすべての試みを反論でもって拒絶するのは、それが正しいからなのだ。それは単に完全ではないだけである。ＳＩＡを受け入れれば、終末の日は悪夢以外の何ものでもなかった。最後の審判の日は明日来るかもしれないし、一〇億年後に来るかもしれないが、その確率は、私たちが厄介な終末論法の話を耳にする前にそうだろうと思っていた確率とまったく同じなのだ。

サギノー出身の叔母

ＳＩＡは……もしそれが有効であれば、すばらしいニュースだ。私たちはなぜＳＩＡを信じるべきなのだろうか？　ＳＩＡは実生活でも役に立つのだろうか？

ある日、ミシガン州サギノー出身の私の叔母が、予期せぬタイミングで街にやってきた。演劇が観たいという叔母は、割引チケット売り場へ行って、私を含めたふたり分のチケットを買って戻ってくる。叔母の好みはわからない。事実上、私はランダムな演劇を見ることになるのだ！　座席についてちらしに目を通すと、これが一九回目の上演だということがわかる。そのことから、この演劇の今後の上演期間について、なんらかの結論を引き出すことができるだろうか？

ディークスの線に沿って考える人であれば、ノーと言うだろう。ロングランの演劇は、失敗作よりも多くのチケットを売る、または将来売ることになる。したがって私は、ヒット作のチケットを買ったり、もらったり、見つけたり、あるいは盗んだりする確率がより高いということになる。これが、私がヒット作を観る可能性が高いと信じる理由だ。（そしてどのヒット作にも一九回目の上演が含まれているため、これだけでは何もわからない）。

さらによく考えると、ほとんどすべては、私の叔母がどのようにチケットを手に入れたかに左右される。もしかしたらチケット売り場で手に入れることのできる演劇は、これしかなかったのかもしれない。または上演終了に追い込まれるほどの失敗作で、演出家が泣く泣くチケットを割引販売したのかもしれない。それとも、ふたつの演劇が上演されていて、叔母はコインを投げてどちらかに決めたのかもしれない。いずれにしても詳細が重要なのだ。

その確率は、劇場興行の全体的な統計にも左右される。ヒット作は失敗作よりも多く上演されるが、すべてのヒット作の陰には失敗作が多数ある。ランダムに買ったチケットがロングランのヒット作になる可能性があるという数学的必然性はない。問題がある家族の自伝的な劇場作品に、だれもが融資するような都市で上演されたものではないかもしれない。そうしたショーは数があまりにも多い可能性があるため、聴衆全体の数が、少数の商業的ヒット作の聴衆の数を超えているかもしれない。

私たちはすでに、ゴットのコペルニクス的方法に経験的証拠があることを見てきた。それは、演劇の上演を、SIA型の調整のようなことをせずに、合理的にうまく予測する。

このことは、ここではそれほど決定的ではない。ゴットとウェルズはニューヨークまたはロンドンのランダムな夜を選び、その後、そうしたランダムな夜に上演されているすべての演劇を追跡した。これには、実際にどんな比率であろうと、ヒット作もあれば失敗作も含まれていた。これはデータを解析するための合理的な方法だが、考えられる唯一の方法ではない。それらが実際、世界中の使用済みチケットの半券を大きな壺に入れて、そこからランダムに引かれたものだとすると、このくじ引きは、チケットがたくさん売れて、長期間上演されたようなヒット作に偏っていただろう。これは、観測された確率シフトを軽減または無効にしたかもしれない。ここでも詳細が重要なのだ。

ランダムな観測者が長生きする種である傾向があるかどうかは、宇宙の知的生命体の統計に左右される。これは、この惑星上のだれも知らないことだ。私たちは、ほぼすべてのテクノロジー社会が、オープニングの夜に終了してしまう空虚なプロジェクトに過ぎないような、一夜限りの銀河に生きているのだろうか？

万物の理論

こうしたナイジェリアからのEメールによる勧誘は、本物である可能性があまりに低いので、それが少なくとも五〇〇〇万ドルを提供するものでない限り、わざわざ返信するようなことは決してしない。

――スティーヴン・E・ランズバーグ(13)

数が大きいということは力が強いということだ。だが、数が大きいからといって、それを内包するあらゆるストーリーを私たちに信じるよう強要すべきではない。さもなければ、どんな詐欺師も、ゼロを数個つけ加えて大げさに熱弁するだけで済んでしまう。

「もう少し考えて、そしてこう思った。さては、このSIAには大きな問題があるのではないか」とボストロムは言う。(14) 彼はある話をつくりあげて、その何がまちがっているように思うかを示そうとした。つまり「おせっかいな哲学者」と呼ばれる実験だ。

万物の究極の理論を追求する物理学者は、それをふたつの競合する推測に絞り込んできたと仮定しよう。理論#1は、宇宙には一兆の一兆倍の観測者がいると言う。理論#2は、宇宙はそれよりもずっと大きく、一兆の一兆倍の一兆倍の観測者がいると言う。ふたつの理論のどちらかが正しくなければならない。新しいスーパーコライダー(超衝突型粒子加速機)の実験だったら、その答えを出してくれるだろう。

「この実験は金の無駄だ!」と、「おせっかいな哲学者」は安楽椅子から叫ぶ。なぜ無駄かと言えば、彼はすでに答えを知っているからだ。理論#2のほうが、一兆倍確率が高い。というのも、理論#1の一兆倍の観測者を仮定しているからである。つまり、「おせっかいな」彼自身が存在する可能性は、一兆倍高いということだ。理論#2が正しくなければならない。それは、ベイズの定理とSIAの単純な応用である。（証明終わり）。

ボストロムの論点は言うまでもなく、彼の「哲学者」が正気を失っているということだ。科学的論争はそれほど簡単には決着がつかない。「おせっかいな哲学者」は漫画的だが、そこには差し迫った科学的疑問が存在し、SIAがこれを、同程度に受け入れがたい結論へと導く。宇宙論者は、私たちが見ることのできる宇宙よりはるかに大きい多元宇宙を理論化する。多元宇宙には、目に見える宇宙だけよりも、ずっと多くの銀河や星、惑星——そして観測者の生活形態——があるだろう。ボストロムの話にあるように、SIAは「自動的に」多元宇宙論を支持しているのだ。

SIAに対する最も揺るぎない主張は無限である。多くの人は多元宇宙を、無限数の観測者を有する文字どおりの無限と考えている。おせっかいな哲学的思索によって、私たちの世界は無限でなければならない。というのも、ベイズの確率比は無限対一だからである！ ところが、この議論は筋が通っていると思う人はだれもいないばかりか、信頼するべきではないのだ。

ボストロムの意図は、「おせっかいな哲学者」の主張があまりにばかげているために、だれもが同じ行動を取り、SIAは拒絶しなければならないということに同意している、ということを示すことだった。この点で、ボストロムはまちがっていた。

「おせっかいなのは、ときにボストロム自身だ」とオックスフォード大学の同僚、オースティン・ゲーリッグは非難した。[15]「未知の人間の存在を仮定する理論を分析するときは、きわめて慎重にならなければならない」。

タフツ大学の宇宙論者、ケン・D・オルムは、「おせっかいな哲学者」は、他のすべてが等しければ、理論#2を支持するのも当然だろうと信じている。オルムは、とてつもなく多数の目に見えない観測者がいるうわべだけの反対例は見かけだおしの可能性があると主張し、これを修正している。このような場合、私たちはSIAとともに、オッカムの剃刀も考慮に入れるべきだろう。[16]

オッカム（Ockham）のウィリアム（一二八五―一三四七）は、トーマス・ベイズと同様、イギリスの神学者兼哲学者で、現代合理主義者にとってのカルト的ヒーローである。「オッカム（Occam）の剃刀」（代わりに町の名前のつづりを取って付けられた名称）というのは、私たちは有力な証拠なしに、風変わりな、または複雑な説明を信じるべきではないという信条だ。この格言は、「存在は必然性なしに増加されてはならない」という一七世紀のフレーズを通じて、後世まで知られている。[17] 観測者は「実在するもの」と見なすことができ、オッカムの剃刀は、目に見えない大きな集団としての観測者の主張には懐疑的になれ、ということを教えてくれる。

オルムは、SIAとオッカムの剃刀は、いずれも有益な経験則だと信じている。「おせっかいな哲学者」のような厄介なケースでは、オッカムの剃刀はSIAの効果を軽視するか、またはその逆へと人々を導く可能性がある。

それでも、オッカムの剃刀（またはSIA）をどう適用すれば良いかについては、常にはっきりしているわけではない。証拠にじゅうぶん根ざした比較的単純な理論が、無限数の観測者を予測するとしたら？　それはこんにちの宇宙論者にとって、仮説上の疑問ではないのだ。

ターザン、ジェーンと出会う

「確率論は、最も深い意味では微積分学へと還元される一般常識に過ぎない」と、一八一四年にピエール＝シモン・ラプラスは書いている。[1] この歴史的な記録は、あまりはっきりとした実態を表していない。確率論は、なんら確固たる基盤のない泥沼と言えるかもしれない。それは、これまでこの世に生を受けた最も賢い人々の多くを罠にかけてきた。

ゴットフリート・ライプニッツは万能の天才で、ニュートンとは無関係に微積分学を発明し、ヴォルテールが描く『カンディード』のパングロス博士に影響を与えた。ライプニッツは、二個のサイコロで11を出す確率は12を出す確率とちょうど同じだと信じていた（11が出る確率は二倍である。これはいまや高校の数学で教わる）。

フェアなコインを二回投げると、少なくともひとつが表になる確率はどれくらいか？　数学者であり物理学者でもあるジャン・ル・ロン・ダランベールは、その答えは三分の二だと考えた。（実際は四分の三である）。ダランベールのまちがいは、彼が共同編集をおこなったフランス啓蒙思想の『百科全書』に記されている。[2]

こうした悪名高いまちがいは、複雑な数学を必要とはしなかった。それらは、サイコロやコインを何回か投げることで明るみに出すことができた。こうしたまちがいは、前提として認識されない（したがってテストされない）ような、誤解を招きやすい前提の結果として起こった――つまり、これらの問題について話したり考えたりする明確な方法が発明されなかった結果だった。

運がよければ、自己サンプリングをめぐるこんにちの論争は、未来の高校生にとっては取るに足らないものになるだろう。それまでは、ある程度の注意――そして謙虚さ――があってしかるべきだ。

二〇〇七年、SIAの名付け親、デニス・ディークスは、この論争において最も普通でないことをした。彼は納得したのだ。「未来に関する推測――終末と美」と題する論文で、彼は「おせっかいな哲学者」に関してニック・ボストロムの側についた。[3] 彼は、一般原則として、より多くの観測者を予測する理論は、より少ない観測者を予測する理論より正しい可能性が高いという主張はまちがっているということに合意した。

ディークスは、終末論法は誤謬だと言って、断固として譲らなかった。一九九二年には早くも、終末論者は同じ証拠を二回数えているとして反論した。

あなたはある日、自転車で仕事場へ向かっていて、公園に巨大な壺が設置されているのを目にする。ストリートフェアか何かにちがいない。その壺には「一〇〇個のボール」というラベルが付けられていた。さっさと通り過ぎようとしたとき、壺に一個の赤いボールを入れようとしている作業員が見えた。それがあなたの見た唯一のボールだ。

「ふむ」とあなたは考えながらペダルをこぐ。「あの壺には赤いボールがいっぱい入っているのか。それとも赤いボールはひとつだけで、その他のボールはちがう色なのか」。

すべてのボールが赤だとすれば、あのとき赤いボールを見る確率は一〇〇パーセントだ。いろいろな色のボールが混ざっているとすれば、赤いボールを見る確率はぐっと低くなる。ベイズの定理は、すべてのボールは赤いという仮説を支持するよう教える。これは証拠を特別なものにはしない。

ここに問題があるのがおわかりだろうか？「すべてのボールは赤い」という推測は、あなたが赤いボールをひとつ見たことから引き出されている。もし緑のボールを見ていたら、すべてのボールが赤いという理論で時間を無駄にすることはなかっただろう。さまざまな色のボールが入っているという理論より、すべてのボールが緑色だという理論に重点を置くだろう。赤いボールを見たことが、すべてのボールが赤いという理論にすでに織り込まれているのだ。ディークスはこう書いている。「ある証拠がすでに仮説に組み込まれている場合、言うまでもなく、その証拠を、仮説の信憑性に影響を与える独立した情報として扱うことは許されない[4]」。

ディークスは、私たちは知らず知らずのうちに、人類の歴史における自らの場所の知識を、終末思想のなかにもち込んでいるのだと考えている。仮に、私が次のふたつの仮説を識別しようとしているとしよう。

1. 人類の滅亡は紀元二五〇〇年までに起こるだろう。
2. 人類は紀元二五〇〇年を超えて生き延びるだろう。

この言い回しは中立的かつ客観的に見える。時間における私の位置について、主観的なことは何ひとつ言っていない。だが、私は「人類の滅亡は紀元一七〇〇年までに起こるだろう」というような仮説で頭を悩ますことはないだろう。なぜならそれがまちがっていることを、私はすでに知っているからだ。私は、私のいまと比較した未来における分割点を選んでいる。時間における自分の位置に関する知識は、そうした婉曲的な方法で、私が考える仮説を制限するのだ。ディークスは、これが私に、現在の時間または私の誕生順を真新しい証拠として扱うことを抑制していると言う。終末論法を適切に利用するために、私は自分の頭のなかを空っぽにして、時間と歴史における自分の場所について知っているすべてを忘れ去ることが必要となるだろう。

世紀を忘れる

これにふたつの反応を与えよう。ひとつは、私たちが望むすべてが事実に汚されていない陪審員だとしたら、彼らの到来はそれほど困難ではない、というものだ。道ですれちがう最初の一二人にこう尋ねてみる。人類の生命はどれくらい昔に始まったか？　人類のこれまでの累積人口はどれくらいか？もちろん、彼らは現在の西暦を言うだろう――つまり、キリスト誕生後の年数だ――が、私たちが知りたいのはアダム以降に誕生した数なのだ。これについては、道ですれちがう人は知らされていない。もうひとつの反応は、公平でいることはそれほど簡単ではないということだ。数えきれないほどの心理学的研究が証明しているのは、明らかに善意の人間が、それとは気づかずに性差別や人種差別をしているということだ。終末論者も、年代的な偏見のないようにと努力するとき、同じような課題に直面する。時間における自分の場所を知らないということは、「奇妙な状況、私たちの実際の状況とはきわめて異なる状況だ」とディークスは言う。[5] 彼はこんなことを立証している。あなたは催眠術をかけられ、自分が何者か、いつの時代を生きているかを忘れるよう指示される。あなたは中世の教皇かもしれないし、未来的な路上生活者かもしれない。化石時代の「ルーシー」かもしれないし、シットコムの「ルーシー」かもしれない。ところが、あなたは自分の個人的アイデンティティとは関係のないすべての事実を覚えていて、そこから推論することができる。あなたはなんとかして、二一世紀の人間は未来に関してある種の懸念を抱きつづけてきた／つづけている／またはつづけるだろうということに気づく。あなたはこうした懸念を、二一世紀に生きる人間の観点から、終末の数値確率で表現することができる。

通常の終末の事前確率は、歴史における自分の位置をあなたが知らない限り、あなたが到達したであろう事前確率と同じであるというのが終末論法の暗黙の前提だ。これにディークスは反論する。なぜかを考えるために、西暦二五〇〇年におこなわれるフェアなコイン投げが人類の運命を決定するといった、超単純化したケースを想像してみよう。表が出れば、世界は爆発とともにその瞬間終わる。裏が出れば、多くの惑星で途方もない数の人口が存在する長い未来を生きつづける。裏の場合の人口は、表の場合の人口の一〇〇〇倍だ。

これを理解する人、そして自分が運命のコイン投げより以前に生きていることを知っている人は、もちろん表が出る確率を五〇パーセントとするはずだ。だが、催眠術をかけられているあなたは、自分がいつの時代に生きているかまったく知らないため、二五〇〇年という決定的な年がすでに過去のものだという可能性もある。もしそうだとすれば、表が出る可能性は除外される。これは、あなたのなかの催眠術をかけられていない自己の概算と比較して、表が出る可能性を低める理由となる。具体的にはこうだ。裏の場合に一〇〇〇倍の人間が存在すると仮定すると、あなたが表の世界よりも裏の世界にいる可能性は一〇〇〇倍となる。催眠術をかけられているあなたは、きわめて大きな確信をもって、コイン投げは裏だった、または裏になる、と言うことができる。これは単なる一致の問題だとディークスは言う。

催眠術師が指を鳴らす。あなたは突然、いまが何世紀かを思い出す。コイン投げはまだおこなわれていないことを知る。これは表が出る可能性が一〇〇〇倍ということだ[6]。だが、ベイズの定理を使って確率を調整したい場合、時間における自分の位置を知らない純粋な確率を使わなければならない。あなたが催眠術をかけられたときに一〇〇〇倍の確率で減っていった表の出る確率が、今度は一〇〇〇倍の確率で増加しなければならないのだ。これは、SIAとまったく同様に、終末論の確率シフトを相殺するが、あの厄介な前提はない。最終的には、催眠術をかけられる前にあなたがもっていた事前確率と同じ結果になるのだ（この場合は五〇パーセント）。

ジャングルのなかのベイズ

ターザンはジャングルの究極の孤独のなかで過ごしている。彼の唯一の仲間である類人猿は、世界のニュースから遮断されている。ターザンはいまが西暦何年なのかも、自分が人類史のどこに位置しているかも知らない。本当に！

ターザンは人間の存在には三つの理論があると考えている。小さい、中くらい、大きい、だ。小さい理論では、ターザンはこれまで生きていて、これからも生きていく唯一の人間である。中くらいの理論では、ジャングルの外に、過去、現在、未来の二〇〇〇億人の人々がいる広大な人類の世界が存在する。

大きい世界では、累積人口が二〇〇兆人だ。これら三つの理論はすべて等しく確からしいと、ターザンは信じている。

ある日、ターザンはジェーンと出会う。外の世界から来た女性だ。ジェーンはターザンに歴史を教える。そして、いまは二〇世紀で、ターザンが生まれる前に約五〇〇億人の人間が生まれたことを伝える。

これは（そして言うまでもなくジェーン自身も）、小さい理論を除外している。ということは、ジェーンのニュースは中くらいの理論か大きい理論のどちらかと一致している。ターザンはいま、自分が最初に小さい理論に割り当てた三分の一の確率を、依然実現可能性のあるもうふたつの理論に再配分しなければならない。

ところが、これは等しく割り当てるべきではない。約五〇〇億番目の誕生順をもっているというターザンの自己位置付けの証拠は、大きい理論の一〇〇〇倍の確率で、中くらいの理論に基づいている。これは、大きい理論より中くらいの理論のほうを大いに支持するような確率シフトを生みだす。

ターザンはディークスの批判の影響を受けていないように見える。彼はいかなる歴史的知識をも、自らの元々の思考に取り入れなかった。というのも、彼には歴史的知識が何ひとつなかったからだ。ターザンは実際にジェーンから何かを学び、これが彼に、小さい理論を除外させた。そしてこのことが、今度は可能性の再配分をさせたのだ。

私たちの実生活の状況は、教育されたターザンのそれと非常に似通っている。私たちは自分たちの祖先――または若かった頃の自分――が知らなかった、人類史に関する物事を学んできた。これがまちがいなく、私たちがいま信じるべきことに影響を与えているのだ。

ターザンのストーリーには、明らかにありそうもない要素が含まれている（ゴリラと闘う野生化したイギリスの子爵はさておき）。ターザンは完璧なベイジアンなのだ。

彼は、当然の前提として受け止めなければならない純粋な事前確率から始める。歴史における自らの位置を知った瞬間、彼はこれらの確率をベイズ規則に従って調整する。ターザンの一貫性はおそらく、たとえばディークスの催眠術実験などによって実証することができるだろう。だが、現実の人間は完璧なベイジアンでもなければ、自分が信じていることに完全に一貫性があるわけでもない。

普通の人々は、世界の終わりについて自分が信じるものを象徴する数字（ましてや確率分布など）を頭のなかに思い浮かべながら過ごすことはない。この問題に関する意見はどんなものも、必要に応じて生まれるのだ。世論調査員に尋ねられたら、私たちのほとんどが数秒間以上、その質問についてじっくりと考え、不安定な世界の指導者、核兵器のボタン、バイオハッカー、溶けだす大浮氷群などについて聞いたことがあることを繰り返し言うだろう。それから、現在のセロトニンレベルを上下に調整しながら、自分が最近遭遇したさまざまな意見の中央値を辿るような意見を述べるだろう。たとえベイズの計算とは何かを知っているわずかな少数派の人であっても、その計算をしようとする者はほとんどだれもいないだろう。

実際のところ、「事前確率」はあいまいで一貫性のない、あまりに人間的な信念を表しているのだ。私たちは証拠をダブルカウントするべきではないと言っている点で、ディークスは正しい――だが、どんな証拠がカウントされているかを見分けるのは難しいのかもしれない。

「私は二年半を、完全な苦痛のなかで過ごした」[1]。これは、ジョン・レスリーが終末論法に取り憑かれていたときのことを語った言葉だ。パートナーとロッククライミングをしている最中も、彼は着想を得ようとしていた。そしてアイデアが浮かぶと、岩肌の途中で止まり、そのアイデアを書き留めたほどだった。

「夜中に目覚めて明け方まで仕事をするという生活のなかで、実際に肉体的な病気になったことが二回あった。三、四時間頭をひねっても、このパラドックスから抜けだす方法が見つからなかったのだ」。レスリーは、この分野の最近の刊行物についてはあまりよく知らないと言って、私に詫びた。彼は健康のために、終末論法について考えることをやめていたのだ――「精神病院に入りかけていたからね」[2]。

終末論法に集中的に関わっていた頃、レスリーは哲学者のデイヴィッド・ルイスと連絡を取り合っていた。ルイスもまた、夜中に目を覚ましては終末の謎について考えていたのだ。「プリンストン大学に彼の教え子の大学院生グループがいて、彼らはこれについて、一年中、ビールを飲みながら語り合っていた。ところが、結局まともな反論を思いつくことはなかった」[3]。

ルイスのアイデアに応えて、レスリーは「射撃室」という名の記憶に残る思考実験を考案した。これは、終末を風刺漫画的に捉えたものであり、指数関数的に人の数が増えて、結局はバッドエンドに終わるという話である。ルイスはこの射撃室を「すぐれた難解なパラドックス」だと断言した[4]。この思考実験はレスリーの一九九六年の著書、『世界の終焉』に発表されて以来、終末論争の一部をなしている。これは「眠り姫」問題よりも、終末論法とより密接な関わりがある――つまり、なぜ人は、終末になかなか合意する気になれないのかということの決定的実証として存在しているのだ。

すべての希望を捨てよ

新しいゲームの始まりだ。ひとり目の囚人が射撃室に呼ばれる。入口にはこんな詩が掲げられている。

この部屋に入る者はみな、すべての希望を捨てよ！
いや、すべてというわけではない――それはなぜか
あなたが死ぬ確率は三六分の一
だが、この部屋に入った者の九〇パーセントが死ぬのだ[5]！

「これはまずいな」と囚人は考える。（ちなみに、詩はポール・バーサとクリストファー・ヒッチコックの厚意により転載したもの）。

これを読んだことを司令官がすばやく確認すると、囚人に、一歩下がって壁の方を向けと命じる。射撃隊が障害なく発射できるようにするためだ。準備万端！　それから情け深い司令官がふたつのサイコロを振る。六のぞろ目が出たら、司令官は射撃隊に発射を命じる。そうでなければ、囚人はすぐさま釈

放され、無傷のまま部屋を出ることができる。

サイコロの目は二と五だ。司令官が手で合図して出口のほうへ促すと、囚人はすぐさまこれに従う。最初の囚人が部屋を出た瞬間、射撃室の壁が一メートルほど外側に広がる。ドアが開き、新たな九人の囚人が少し広くなった部屋に入ってきて、所定の位置に付く。再度、司令官がサイコロを振る。六のぞろ目が出たら、九人全員に向かって発射せよと命じる。そうでなければ、九人は釈放され、部屋は再び大きくなり、今度は九〇人を収容できるほどになる。

六のぞろ目が出るまで、一人から九人、その後は九〇人、九〇〇人、九〇〇〇人、九万人……というように、人数が一〇倍ずつ増えていく。壁は必要に応じて外に広がり、全世界を収容できるまでになる。ところが最終的に、司令官は六のぞろ目を出し、すべての人が死ぬことになる。そこでゲームは終了だ。

自分が射撃隊の目の前にいることを想像してみてほしい。死ぬ確率はどれくらいだと言えるだろうか？

フェアなふたつのサイコロで、六のぞろ目が出る確率は三六分の一である。あなたの生存はサイコロだけにかかっており、それ以外の何ものでもない。何人の囚人が自分の前にいて、何人が後に続くかは関係ない。明らかな答えは、あなたが撃たれる確率は三六分の一、すなわち二・七八パーセントということだ。

それよりも明らかとは言えない答えはこうだ。あなたはこの愚かなゲームのランダムな観測者である。ひとり目の囚人以降の任意の段階で射撃隊の前に立っている人の数は、それまでそこに立ったすべての人の累計の九〇パーセントだ。発射の指令が出されるとき、そしてそのときはいずれ訪れるのだが、それまで射撃室に入ったすべての人の九〇パーセントが死ぬことになる。

（取るに足らない例外としては、司令官が最初にサイコロを振ったときに、たまたま六のぞろ目が出た場合だ。すると、ひとり目の囚人だけが死に、死ぬ確率は一〇〇パーセントになる）。

ランダムな参加者として、あなたが撃たれる確率は九〇パーセントだとするのが妥当のように見える。これは三六分の一よりずっと大きいし、その差はかなり重要だ。どちらの確率が正しいのだろうか？

ほとんどの人は三六分の一が正しいと感じる。囚人が、自分は無傷のまま部屋を出られるだろうと信じるのも、もっともなことだ。だが、囚人に生命保険を売っている保険会社が、この三六分の一の確率を受け入れていたら破産するだろう。保険会社は、射撃室に入るすべての人の九〇パーセントが死ぬことを前提に、料金基準を設定しなければならないのだ。

このことは、囚人ジョージと、その母親のトレイシーについて考えると、もっと奇妙なことになる。(6)ジョージが射撃室に呼ばれる。彼はトレイシーに、そんなに心配することはないというメッセージを送る。彼にはわかっていたのだ。自分が生き残る確率は三六分の三五だ。トレイシーはその後、地下鉄の線路に携帯電話を落としてしまい、それ以上メッセージを受け取ることができなくなる。家に着いて、ケーブルテレビのニュースをつける。テロップにはこう書かれている。「またもや射撃室で大量殺戮」。トレイシーは最悪の事態、つまり、ジョージは九〇パーセントの確率で、運命の最終ラウンドにいたにちがいないと信じることしかできない。

私たちの未来は、結果を予測することができない、存続に関わる一連の危機だ。一日一日、一世紀一世紀を生き残る確率は悪くはない。だがある日、運は尽きる。一方で、人口は時とともに指数関数的に増加する傾向にある。レスリーの射撃室は、私たちの希望と恐怖の簡潔明瞭な喩えなのだ。

さらに深入りする前に、「部屋（射撃室）にいる象」［「触れてはいけないタブー」の意］について言及しておかなければならない。この思考実験に出てくる数字は「現実的」ではない。平均して、ふたつのサイコロを三六回振れば、司令官は六のぞろ目を出すことが期待できる。ところが三六回目に振るときには、九×一〇の三四乗という数の生きた四人集団が必要となる。これは、現在の世界人口の一〇の一兆倍のさらに一兆倍の数をゆうに超える。司令官は、たったの一一回目にして、世界人口よりも多い四人が必要になるということだ。

あまりに文字どおりに捉えすぎているだろうか？　そうかもしれない。射撃室は、トマス・マルサスとゴードン・ムーアがしたのと同じ理由で、指数関数的増加を引き起こす。さしあたり、それが私たちが生きるこの現実なのだ。これまで生きてきたすべての人々のかなりの割合が、たったいま――サイコロを振る最後のラウンド？――も生きている。

数に関する疑念はひとまず保留にしておこう。群衆管理の問題は別にしても、射撃室に関しては魔法もなければミステリーもない。起こっていることはすべて、サイコロを振ることによって厳密に決定されている。サイコロの任意の目が出る確率については、何世紀も前から知られている。射撃室の確率に関する論争があるとしたら、どんなものがありうるだろうか？

＊＊＊

「眠り姫」問題で有名なアーノルド・ズボフは、起こりそうもないことと危険なことを比較する。(7) どちらも見解の問題である。私たちは、トラは危険だと言う。つまり、トラは危険な可能性があるということだ。動物園にいたり、地球の反対側にいたりすれば、トラは私にとって危険ではない。

射撃室は、身を置くには確かに危険な場所だ。だがそれは、その危険性をひとつの数字でもって測定して、死ぬ確率を表すことができるという意味ではない。確率は偶発的であり、既知知識と、その知識がどのように使われているかに基づいている。人それぞれ、知っている（注意を向ける）事柄は異なるのだ。

トレイシーは射撃室をブラックボックスと見なしている。彼女は、部屋に入った人の九〇パーセントは生きて部屋を出ることはないということを知っている。この事実を確率の言明に置き換えているのである。

ジョージはサイコロのほうに焦点を当てている。彼は、司令官が次に振るサイコロに自らの運命がかかっていることを知っている。サイコロがどう作用するかを考えて、ジョージは三六分の三五の確率で生き残ると結論付ける。

最終的には、ジョージの答えのほうが有意なものとなる。ジョージのほうが多くの情報を利用しているからだ。彼は九〇パーセントという統計を認識してはいるが、サイコロを振ることのほうが、自分が生き残る確率を、より直接的かつ正確に計算する方法を与えると断定したのだ。

トレイシーはサイコロゲームのルールに気づいていないか、またはそれを無視することを選んでいるか、どちらかだ。もし本当に射撃室の内部の機能を理解していないとすれば、彼女が出した九〇パーセントという数字は正当化できる――彼女の不完全な既知知識のなかのだれかに関しては。しかし、ジョージがより良い答えをもっているとしても、なんら驚くことではない。

公正を期して言うならば、トレイシーに限らず私たちはみな情報を無視し、即座の、簡単な答えで妥協しがちである。これが常に問題だということではない。もっと典型的な状況では、トレイシーのランダムなサンプリングは、詳細に基づくジョージの推論と同じ答え、またはそれに近い答えへと導かれる。だがレスリーは、このふたつのアプローチが著しく異なるようなストーリーを巧妙につくりあげたのだ。

メビウスの輪

ひとつの面が、どのようにたったひとつの側面とたったひとつの境界線をもちうるかを理解したいと思ったら、メビウスの輪をつくってみると良い。数学の授業に出てくる、あの小さなペーパーモデルは、パラドックスのように見えるものが実はそうではないということを示している。これは、あなたが手でもつことのできる、実在するものなのだ。

射撃室は「同じ」事象がふたつの確率をもちうること――そしてなぜそれがパラドックスではないかということ――を示している。レスリーは終末論争の根底にある主要な認知的困難を、人間の運命と未来という感情面での重荷を生じさせることなく、サイコロを振ることだけを含むストーリーに変えた。

射撃室を終末のモデルとして説明する方法はいくつかある。これから説明するのがそのひとつだ。ジョージは人類の滅亡の根底にある原因のすべてを理解し、それらに正確な確率を与えることができる人間に相当する。トレイシーは、終末論法――特にゴットの誕生時計バージョンに当てはまるような人間だ。彼女は根底にある原因を無視するか、またはそこへアクセスしない。彼女の判断はもっぱら、指数関数的に増加する集団からのランダムなサンプリングに基づいている。

ジョージの推論は、トレイシーのそれよりずっと好ましい。というのも、射撃室にいるジョージは、サイコロゲームがどのように作用するか、実際に知っているからだ。私たちがジョージの立場で、第一原理計算［実験データや経験パラメーターを用いずに理論計算をする方法］から人類滅亡の確率を分析することができるとすれば、終末論法の必要性はなくなるだろう。私たちはすでに、終末の日付に関して知ることのできるすべてを知っていることになるからだ。

しかし、終末のリスクをだれもがじゅうぶん理解しているかどうかは疑わしい。そうしたリスクは評価するのが難しいだけでなく、人間がこれまでになく機知に富んでいるからでもある。私たちは世界戦争や気象災害、ロボットの反乱など、この先に待ち構えているものを避ける方法を見いだすことができるかもしれない。これもまた、考慮しなければならないことだ。

こうした見方を受け入れれば、意味のある事前確率を終末に設定することは、実現の可能性が低いかもしれない。私たちは、射撃室の内部の機能は知らないが、統計から推論することはできるトレイシーのようになるだろう。コペルニクス的な終末論法は、私たちの限られた既知知識のなかで利用できる、最良推定値を提供することができるのではないか。

カーター＝レスリーの終末論法はどこに当てはまるだろうか？　それはジョージとトレイシーの中間

のどこかに収まる。カーター＝レスリー論が前提としているのは、終末に関する私たちの信念は、意味のあるものになるにはじゅうぶん強いけれど、私たちが自分たちの「早い」誕生順から得ることのできる統計的手がかりを無意味なものにするほど強くはないということだ。さらに、誕生順が提供する情報もまた、終末に関する私たちの信念に未だ組み込まれていない情報であることが必要となる。

レスリーは、射撃室についてまったく別の評価を与える。つまり決定論に関するものだ。(8) テレビのニュースを見たとき、トレイシーはジョージの運命が決まったことを知る。その瞬間、原則としては、このゲームの生存者と犠牲者の完全リストが存在していた可能性がある。トレイシーはこのリストをもっていないが、ジョージをそこから引かれたランダムなくじだと見なす理由はある。

射撃室の内部にいるジョージにとっては、自分の運命はやはり未決定のままだ。すべてを決定するサイコロ振りは予測がつかず（とにかくジョージにとっては）、まだ起こってもいない。その瞬間、射撃室を占有する過去と未来のすべての人の完全リストを作成することのできる人間はだれもいなくなる。ジョージは自分を、リストから引かれたランダムなくじだと考える理由をほとんどもたないため、彼がサイコロに集中するのはもっともなことなのだ。

終末論法は、過去、現在、未来のすべての人間のリストからくじを引くことを想像するよう、私たちに求める。レスリーの見解では、このリストはいま現在、原則として存在するかもしれない——ただし、未来が事前に決定されていればの話だ。終末論法は、世界が決定論的であり、未来の事象が過去によって完全に決定されている場合に説得力をもつ。さもなければ、レスリーが言うように、非決定論的な世界においては、終末を支持するような主張はもっと弱いものになる。

「決定論の問題は人の目をくらます」とウィリアム・エックハートは反論する。「統計的推論は……決定論の真実性によって決まるわけではない。だからこそ、決定論的な疑問は、たとえば保険会社などにとっては差し迫った問題ではないのだ」。

保険業者も物理学者も、未来が運命付けられているかどうかはわからない。これが決定論を、あらゆる哲学的論争のなかで最も長期にわたるもののひとつにしている。量子的不確定性とカオス理論は、任意の事象を予測するわれわれの能力を制限する。この制限が根本的なものなのか、物理学に関する私たちの不完全な知識に根ざす単なる見せかけなのかは、だれにもわからない。エックハートは次のように記している。「未来が開かれているか、決められているか、または未来が現在において完全に暗黙のものであるかどうかによって終末論法の妥当性が左右される限り、われわれがその妥当性に関する問題を解決することはないのだから安心だ[9]」。

ガムボールマシンの形而上学

「すぐれたシステムは、人間の正常な性向を侵害しがちである」[1]。これは哲学に通じた商品トレーダー、ウィリアム・エックハートの考え方だ。

エックハートは、シカゴ大学数学論理学の博士課程をほぼ終えて大学を去り、商品取引フロアで働く高校時代の友人、リチャード・デニスに合流した。デニスはすでに、約五〇〇〇ドルを一億ドルに変えた商品トレーダーとして活躍していた。[2] エックハートはそれから数年以内に、自らの財産を蓄えた。先物取引をしたのだ。つまり、銀やココア、無鉛ガソリン、日本円など、モノの未来の価格に賭けたのである。実際の商品は、商品取引において最も重要性が低い。大事なのは価格の浮き沈みだけだ。成功する取引は行動経済学、すなわち、仲間のトレーダーがいかに確率を正確に推測しそこねたかを予測する行為なのである。

エックハートとデニスはしばしば、自分たちの富が何に由来するかについて話し合った。頭脳なのか、運なのか、それとも何か他のものなのか。デニスは、富はアルゴリズムから来ると信じていた。彼らのシステムは、いくつかの規則に要約できる。金を儲ける秘訣を考えだすのに、かつては創造力と努力が必要だったが、その秘訣が存在したが最後、街中のだれでもそれを実行することができる。

エックハートは、取引にはもっと何かが必要だと感じていた。それは知能ではなく、むしろ訓練だった。彼らのシステムは、あまり合理的ではない市場から利益を得ていた。システムを利用するには、金とリスクに関する力強い、生まれながらの本能にまさる神経が必要だった。正しい感情構造をもたない人間は、このシステムを使っても取引を成功させることはできないだろう。

デニスとエックハートは、ある実験によってこの問題を解決しようとした。彼らは『ニューヨーク・タイムズ』と『ウォール・ストリート・ジャーナル』に、「取引を学びたい人、求む」という広告を出した。一〇〇〇件を超える応募があった。そのうちの一三人が採用された。彼らは「タートルズ」として知られる集団となった。[3]（シンガポールへの旅の途中で、デニスはカメの養殖場を見た。そのとき、トレーダーもこれと同じ方法で育成しようと決めたのだ、と彼は言う）。

この集団は一九八三年一二月、ほんの二週間のトレーニングコースを受けるため、シカゴに集結した。タートルズは、一月には実際の金を使って取引を開始した。二月になると、ほとんどの人が運用資金として、五〇万ドルから二〇〇万ドルをデニスから割り当てられた。

タートルシステム（現在、かなりの詳細が明らかにされている）の意図は、トレンドを早期に見きわめ、このトレンドに乗って上昇・下降し、利益が出た時点で手放すことだった。タートルズは五年間で、一億七五〇〇万ドル以上を儲けたと言われている。[4]この実験の成功は、デニスとエックハートの両者の見解を立証した。タートルズのなかには数百万ドルを稼ぐ人もいれば、それほど稼げない人も数名いた。規則に従わなかった人も、従うことができなかった人もいる。タートルシステムの取引の大多数は損失に終わった。利益は、数少ない大きな勝利から得たものだ。ところがこれらの勝利は、単にトレーダーにひょっこりと転がり込んできたものではなかった。これには、価値が大きく変動しているときに、そのポジションをずっと持ちつづけることが必要だった。トレーダーは「人間の正常な性向」に打ち勝ち、景気がきわめて悪いときに売って小さな利益で妥協し、損失のリスクを被ることを避けなければならなかった。成功できないタートルは早期に退場し、このシステムを機能させる数少ない大きな勝利を手に入れる機会を失った。

一九九一年、エックハートは独立し、エックハート・トレーディング・カンパニーを設立した。この商品および代替投資の会社は現在、一〇億ドル以上を運用している。頭を丸め、下あごにやぎひげを生やしているエックハートは、流行のトランプ手品師のような、メフィストフェレス風の雰囲気を醸しだしている。彼はいまでも、確率論の学術文献や科学の哲学に関心を寄せている。彼がジョン・レスリーの終末論法に関する初期の刊行物に出会ったのも、こうした文献のなかだった。レスリーは完全にまちがっていると、エックハートは確信していた。

学問的資格はないものの、エックハートは終末と射撃室に関する有力な論文を『マインド』(一九九三年)と『ジャーナル・オブ・フィロソフィー』(一九九七年)に発表している。エックハートにとって、確率のパラドックスというものは存在しない。そこには確率の誤謬しかないのだ。[5] カーター=レスリーの終末論法は、まさにこのカテゴリーに属すると彼は考えている。

壺vs.コインディスペンサー

エックハートは、レスリーの壺のアナロジーに異議を唱える。誕生順はランダムなくじ引きではない。それらは番号順に割り当てられた数字なのだ。ジョージ・F・ソワーズ・ジュニアは、このことを次のように説明している。あなたは上司から、大きな壺のなかに入っているボールの数を数えるように言われる。[6] 壺には一〇個か一〇〇〇個のボールが入っていることはわかっている。あなたは数え始める。一……二……三……七まで数えたとき、過干渉の上司が、あなたのいる小部屋に戻ってくる。「さあ、答えはいくつだ?」と彼は尋ねる。

あなたは、答えが出るまで数え終わっていません、としか言えない。まだ七までしか数えていないということは、壺に一〇個しかボールが入っていない可能性が高いことを意味するのではないのだ。

エックハートは、この壺をやめて、代わりに数字を付けたコインが出てくるディスペンサーと置き換えようと提案する。[7] 不透明なガラスの蓋がついたガムボールマシンのようなものを想像してほしい。一分に一回、マシンはガムボールを出す。このときに、ボールにシリアルナンバーが印字される(もちろんランダムな数字ではなく、厳密に番号順に印字される)。このマシンから7番のボールが出てくるのをあなたは見る。このことは、マシンに全部でいくつのボールが入っているかについて、何を教えてくれるだろうか?

これは、繁殖力のあるわれわれの種と、時間におけるその存在のより良いモデルだとエックハートは言う。私の生命は、いつか必ず終わりがくる、長期にわたる数多くの誕生のひとつだった。だが、私の誕生順は単なるシリアルナンバーにすぎず、過去から未来のすべての誕生順からランダムに引いたくじではない。したがって、自分の誕生順を知ったところで、自分の後に何人の人間が存在するかについては何もわからないのだ。

ポール・フランチェスキは、二〇〇九年の論文のなかでこの考えを発展させている。[8] 番号が付けられたコインディスペンサーは、二種類のモデルを想定することができる、とフランチェスキは言う。ひとつは終末論法と互換性があり、もうひとつは互換性がない。

1. カーター＝レスリーのモデル。マシンの内部のどこかで機械じかけの手がコインを投げ、一〇個または一〇〇〇個のどちらのガムボールを出すかを決める。最初のボールが吐き出される前に、ボールのすべての割り当て分が、見えない場所にある防音タンクから落ちてくる。その後、マシンはその内容物を、すべて空っぽになるまで一分に一個ずつ出していく。

くじの壺とは異なり、このマシンではランダムに引くことはない。ランダム性は、マシンが作動している間のある任意の時点での、私と機械の出会いにある。（ゴットのベルリンの壁とのランダムな出会いと比較してほしい）。マシンが出したボールの数字が7であることは、そのなかにボールが一〇個しか入っていないと考える強力な理由を与える。このマシンは、カーター＝レスリーの終末論法を具体化している。

2. エックハートのモデル。このマシンは段階的にいっぱいになる。最初は一〇個のボールで満たされる。そして、10番のボールを出した後、マシン内部のコイン投げが、さらに九九〇個のボールを追加するかどうかを決定する。これらが防音タンクから落ちてきて、マシンはリズムを崩すことなくボールを出しつづける。この動作は、中身が空っぽになるまで続く。

カーター＝レスリーとエックハートのマシンは、外から見ればまったく同じことをしている。このふたつのモデルを外側から区別することはできない。だが、内部の働きは異なる。カーター＝レスリーのマシンでは、最終的なボールの数は、最初のボールが出される前に「事前決定されている」。ランダムなように見える私の選択は、ボール全体からの選択だ。そのなかに一〇個しかボールがなければ、7番のボールを私が見る確率はかなり高い。

エックハートのモデルでは、最終的なボールの数は未来の事象に左右される可能性がある。7のような小さい数字を見るということは、すべてを決定するコインがまだ投げられていないことを示している。これを条件とすると、私の疑似ランダムなくじ引きは、最初の割り当てのなかの一〇個のボールから引いたものとなる。7番のボールを引く確率は、マシンに全部で一〇個のボールしかなかろうと一〇〇〇個あろうと、同じである。いかなる推論も不可能なのだ。

どちらのマシンでも、私は691のような大きい数字を見ていたかもしれない。このことは、マシンに一〇〇〇個のボールが入っていたことの証明となる。だが、7のような小さい数字を見た場合、ボールが一〇個なのか一〇〇〇個なのか、いずれかを除外することはできない。確率を計算するマシンがどんな種類のものなのかを知る必要があるのだ。

さて、やるべきことはただひとつ、どちらのマシンがより現実と一致しているかを決めることだ。だれかわかる人はいるだろうか？

時間における人間の存在と世界の終わりは、番号付きのボールでは決定できない。これらは密接に関連する、継続的な、数え切れないほどの偶然の事象の結果なのだ。氷河期のアルゼンチンの蝶の羽ばたきが、私の誕生の瞬間を決定したのかもしれない。一九六七年にボルチモアで起きた通勤列車の脱線が、紀元三〇二四年のロボットの黙示録を運命付けることもありうる。

私たちはカオスの世界に生きている。多くの場合、決定論的予測を可能にするほどじゅうぶんには詳細が知られていないような世界だ。これが数多くの事象をランダムだと見なす理由である。自己サンプリングは、そうした事象に関する迅速でシンプルな推論方法を提供する。

そのきわめて重要な前提は、私は自分を、集団全体からランダムに引かれたくじだと考えることができるということだ。これがうまく当てはまる状況もあれば、当てはまらない状況もある。エックハートのコインディスペンサーには、この前提を無効にする偽装爆弾が含まれている。小さい数字が出れば、私が推測しようとしているコイン投げがまだ起こってもいないことがわかる――だから、ボールに記された数字からなんらかの手がかりを得ること自体、忘れることができるのだ。

これらの隠喩から推論するには、想像されたランダムなサンプリングの詳細について合意しなければならない。終末論者や暴露論者は、自らの学術論文のなかで、さまざまなサンプリング手順を思い描いてきた。必ずしもはっきりと示されていたわけではなかったが、それは彼らの言葉や数字のなかに暗示されている。一見したところ取るに足らない詳細が、大きなちがいを生みだすこともあるのだ。

「終末の射撃室的見解」

カーター＝レスリーとエックハートの両モデルはいずれも、一回限りの、きわめて重要なコイン投げを想定している点で現実からかけ離れている。実際、私たちの運命は、偶然の事象のエンドレスな連続によって決定されるのだ。このことは、射撃室で捉えるとわかりやすい。一九九七年の論文「終末の射撃室的見解」のなかで、エックハートはレスリーの思考実験が終末論法の理解への合鍵になることを発見した。(9)

エックハートは、レスリーの話の非暴力的なバージョン、すなわち、彼が「賭けをする群衆」と呼ぶものを好む。(10)あるカジノは、サイコロを一回振るごとに、同額の賭け金一〇〇ドルを与える。サイコロで六のぞろ目以外のものが出れば、ベッター（賭けをする人）の賭け金は二倍になる。

こんなおいしい話を逃す手はない！　ツアーバスがあちこちからやってくる。ベッターが建物の周りを取り囲み、一人、九人、九〇人、九〇〇人、九〇〇〇人、九万人……と増えていくグループに入れてもらえるのを待つ。列を前に進ませるため、各グループは同じサイコロ振りに賭ける。サイコロ振りが終われば、そこを離れ、他の人にチャンスを与えなければならない。

エックハートのカジノは普通では考えられないが、これはラスベガスやモンテ・カルロ、マカオにあるカジノにも共通して見られる特徴である。つまり、店側が常に勝つという仕組みだ。最終的に六のぞろ目が出ると、そのときにカジノにいた全員が負ける。この入場システムを考慮すれば、カジノに入ったすべての人の九〇パーセントが負けるということになる。つまり、すべての賭けの九〇パーセントが負けるのだ。(11)一般のカジノでは、この種の保証利益を主張することはできない。

どうすればある賭けが、ベッターと店側の両方にとって信じられないほど有利になることがあるのかという疑問が残る。エックハートによれば、このカジノは、ギャンブルの歴史で最も古い手である「マーチンゲール法」を使ってだましているというのがその答えだ。これは危険なまでに非効果的なギャンブル方法で、負けているプレイヤーが賭け金を二倍にし、勝つまで倍賭けしつづけるというものだ。たとえば、一ドル賭けて負ける。二ドル賭けて負ける。四ドル賭けて負ける。八ドル賭けてやっと勝つ！　という具合だ。

私は一ドル＋二ドル＋四ドルで、合計七ドル負けたことになる。ところが、最終的には八ドル勝ったので、純利益として一ドルを手にするのだ。マーチンゲール法では、何度連続して負けても、最終的に一回勝つことで、最初の賭け金単位が利益として約束される。

このシステムは、ほとんどの場合でうまくいく。だが、その致命的な欠陥は、真剣にギャンブルをしているだれもが知るところのものだ。長期にわたって負けつづけると、ベッターは自分の持ち金以上を賭けなければならなくなる確率がわずかにある。彼には、痛烈な大損とともにゲームから手を引くしか選択肢がなくなるだろう。破産する確率がわずかながらもあるというところが、取るに足らない利益を得る可能性とのバランスを保っているのである。

エックハートのカジノは、マーチンゲールの戦略を利用して客（および投資する人）をだますことで形勢を逆転させる。そのリスクとは、カジノは客のために長期にわたる勝利のサイコロ振りの支払いをカバーできるほど金をもっていないこと、および／または、必要とされるだけの多くのベッターを集めることができないということだ。これを試そうとするどんなカジノ経営者も破産裁判所行きとなり、客の九〇パーセントがその勝ちに対して、二束三文しか受け取れないという結果になる。

レスリーのストーリーのときと同様、こうした不信についてはひとまず保留にしておこう。仮にこのカジノには無限に金があり、熱心なベッターが無限にいるとしよう。ベッターとして唯一重要なのは、サイコロの確率だ。あなたはこのカジノの賭けを受け入れる。チームは列に並び、賭けをしなければならない。するとおそらく、典型的なベッターのチームは、一〇〇ドルの賭けに三五回勝ち、負けるのはたった一回だけだろう。彼らは三四〇〇ドルの利益を出している。このカジノは、「九〇パーセントの賭けが負けます」と金色の文字で書かれた大きな看板を店の外に掲げることができる。これは本当のことだ！　それでもかまわない。金を賭けない手はない。

エックハートが言うとおり、ベッターはこう自分に言い聞かせるべきだ。「すべてのプレイヤーの九〇パーセントが負けるだろう。でも、自分がその大多数の負け組に属する確率は三パーセントに満たない」。この言葉には「矛盾しているような感じ」が漂っているが、こうした状況は、実はそれほど理解に苦しむことでもないのだ[12]。

同じ推論がカーター＝レスリーの終末論法にも当てはまる。未来の人口に関する一般的な仮説を受け入れれば、ほとんどの人が終末の直前まで生きるだろう。これはシンプルな人口統計学的事実だ。不当な手順というのは、これをあなたや私に適用しなければならない確率の言明に置き換えることだ。ほとんどの人々にとっての真実が、私たちの真実ではないということもある。あらゆる数字を無視することができるくらい、私たちは自分だけに特有の状況をよく理解しているのかもしれない。

前提になっているのは、私たちは、カーター＝レスリーの終末論法をゴットのコペルニクス的方法と区別するような、終末に関する意味のある賭けをすることができるということだ。したがって、この「終末の日は近いという事前確率」がどんなものなのかを正確に考える必要がある。ひとつ例を挙げよう。二〇〇三年、マーティン・リースは、文明が二一世紀を生き残る確率をわずか五〇パーセントと見積もったことで、センセーションを巻き起こした。[13] 彼は世界戦争、核や生物学、ナノテクノロジーによるテロリズムのリスクを（終末論法を考慮に入れずに）彼なりに評価して、この概算を出した。リースの推論がまちがっていることを願いたい。だが、これこそが、カーター＝レスリー論法が思い描いているる事前確率の類——すなわち、入手可能なすべてのデータに基づいた、私たちの前に立ちはだかるリスクの周到な総合体なのだ。

それならば私たちは、時間におけるわれわれの位置を利用してリースの概算を調整し、終末をむしろもっと近づけるべきなのだろうか？　それはちがう。リースの悲観主義には、まちがいなく日付が刻印されている。彼は、一八世紀に私たちが生き残る確率は五〇パーセントしかないとは言っていなかった。もっぱら、二一世紀のリスク——人類史上類を見ない、テクノロジーと人口に結びついたリスクのみについて言及していたのだ。

これはリースに限った信念ではない。このことについて考えるだれもが、存続に関わるリスクは時間によって変化するものではないということに同意するにちがいない。カリグラ［ローマ帝国第三代皇帝で、「暴君とされる」とて、ボタンひとつで地球上のすべての人間を殺すことはできなかっただろう。学者やシンクタンクが存続に関わるリスクを見積もるとき、彼らは言うまでもなく時間におけるわれわれの瞬間を考慮に入れている。

したがって、私は自分の時代に適用できるような事前確率を選ぶことはできず、その事前確率を時間における私の位置に転回させ、調整することはできないということになる。これは二重計算している証拠だろう。存続に関わるリスクのどれほど広い見識のある評価も、時間におけるわれわれの位置をすでに組み込んでいるのだ。それは終末の推論から、学ぶべきものをほとんど、いや何ひとつとして残さない。

「人類が終末を迎えると推定する理由は、非常に多く存在する可能性がある」とエックハートは書いている。[14]「だが、全人口におけるわれわれ自身の誕生順を、そうした理由のひとつとして合理的に数えることはできない」。

「終末論法は、ささいな理由で失敗に終わることはない」とボストロムは記している。[15]それが異常なまでの議論を呼んできたのは、それこそ、まさに哲学者たちが求めていることだからだ。論争は公表されるが、ささいな合意事項は消滅するのだ。

終末は教訓的である。それは、窮地がどこに存在するかを自己サンプラーに示す。競合する仮説がまったく異なる数の観測者を予測するとき、ひとつの問題が生じる。これは、いまだ議論の余地を残しているＳＩＡをめぐる論争につながる可能性がある。また別の、もっと一般的な問題が起こるのは、サンプリングの手順があいまい、または特定されないままである場合――特に、適切な準拠集団に関する合意がないときだ。

幸いにも、自己サンプリングの適用のすべてがそうした困難を引き起こしているわけではない。ボストロムは次のような試金石を提案している。

逆説的な適用は、より科学的な適用と区別される。前者がどちらかといえば特別な準拠集団（人がおそらく拒絶するもの）だけに有効である一方で、後者はもっとずっと幅広い準拠集団（おそらく、あらゆる合理的人間に違反しないことが要求される）に対して成り立つという事実があるからだ……私は、準拠集団の選択に対する無感覚（限度内で）こそが、その適用を……科学的に尊重すべきものにしているのだと言いたい。そうした頑健性こそ、科学的客観性のひとつの顕著な特徴なのである。[16]

ボストロムは、これをさらに推し進めようとした。博士課程の研究のなかで、彼は準拠集団を選択するための規則を明らかにし、これを見解の相違に留めるのを避けた。きわめて狭い、または過度に幅広い準拠集団は不合理を招くおそれがあり、拒絶すべきであるということを示しつづけたのだ。しかしボストロムは、こうしたガイドラインは「非常に脆弱だ」と認めている。[17]

それから約二〇年経ったいま、彼は、準拠集団の問題は未解決のままだと感じている。「博士論文の最後の段階は、少し焦って仕上げた」と言う。[18]「というのも、私はイギリス学士院の博士研究員に応募し、最終選考に残っていた。これに応じるには、ある日付までに博士論文を終えていなければならなかったからだ」。こうして彼の研究は突然終わった。論文は、こんな物思いに耽ったような言葉で締めくくられている。「準拠集団の問題は……深い謎［を秘めている］ように思う……だれかが自分よりもっと明確にこれを理解し、この魅力的な思考の地をさらに突き進んでくれることを願う[19]」。

第二部　生命、心、宇宙

自己サンプリングは、存続に関わる大きな疑問に適用できる。以下の章では、われわれの世界はデジタルなシミュレーションなのか、なぜわれわれには地球外生命体の知性の証拠が発見できないのか、地球上の生命の起源は起こりそうもない偶然の出来事だったのか、私たちの宇宙は多元宇宙の一部なのか、などを問う。そして、人類に早い終末をもたらす可能性のある原因を検討し、なぜこれほど多くの人が人工知能のことを気にかけているかを示す。最終章では、著者自身が、終末とその他の問題に関する意見を述べる。

シミュレーション仮説

一九二〇年代初頭、全米一のある大富豪が、数百万ドルをかけて、歴史を偽造する極秘プロジェクトを始めた。彼の名はジョン・D・ロックフェラー・ジュニア、石油業界の立役者の息子で、全米で最も気前の良い慈善家だった。「ジュニア」が意図していたのは、バージニア州ウィリアムズバーグを生きた歴史博物館として開発することだった。この土地の所有者がロックフェラーという名を聞いて、価格が吊りあがったりすることがないように、彼は匿名でこの街を買いあげた。そして、生き残った植民地時代の建築物を改装し、それらが、一八世紀にどのように見えていたかをシミュレートした。取り壊されて久しい建物が再建された。必要に応じて、真新しい「コロニアル式」[「植民地風」の意もある]の建物が生みだされ、機能している植民地の街という幻想をつくりあげた。

ロックフェラーは、アメリカの過去への実地検証の旅を思い描いていた。非難する歴史家もなかにはいたが、この構想は現在に至るまで、永続的な人気を博す観光アトラクションとなっている。ほとんどの訪問客は車や観光バスでそこを訪れる。車は駐車場に停めなければならず、この街の趣ある通りに乗り入れてはならない。コロニアル・ウィリアムズバーグで働く人々は一八世紀の衣装を身にまとい、一八世紀に使われていた語彙や文法、発声法で話す。目立とうが目立たなかろうが、自由の身だろうが囚われの身だろうが、植民地時代に生きていた特定の住民の役を演じている人もいる。彼らは観光客が携帯電話をチェックしたり、ジェット機が空を横切ったりするのに気づかないふりをする。

コロニアル・ウィリアムズバーグは「精密にできているように」見えると、ある行政官は認めた。(1) そこでは、私たちの心を捉える歴史上の重要な出来事だけでなく、瑣末な日常も垣間見ることができる――たとえ、つくりものが含まれているにしても。ルネッサンス時代の祭り、南北戦争の再現、テレビや映画の時代劇、そして歴史をテーマにしたビデオゲームなどにも、過去と再びつながりをもつためのさまざまな工夫が凝らされている。人間の本質が根本的に変わらない限り、過去に興味を抱く人がだれもいない未来を思い描くのは難しい。

このことは、私たちをシミュレーション仮説へと導く。つまり、われわれが経験している世界は人工的なデジタルシミュレーションであり、テクノロジーの進んだ社会がつくりあげた没入型の「ビデオゲーム」である、という主張だ。それはサイエンスフィクションにはおなじみの修辞法だが、最近では情報通の人々がこれを非常に深刻に捉えている。

二〇一六年、科学界の著名人らのパネルがこの問題について話し合うため、アメリカ自然史博物館に集結した。司会のニール・ドグラース・タイソンは、シミュレーション仮説が真である確率は五分五分だとした。未来の人間と比較して、「われわれはよだれを垂らした、あきれるほどの愚か者かもしれない」とタイソンは言った。(2)「だとすると、われわれの人生のすべてが、人間以外の他の実体が娯楽のためにつくった創造物に過ぎないことは容易に想像できる」。

「自分がコンピューターゲームのキャラクターだとしたら」と、MITの物理学者、マックス・テグマークは口を開く。(3)「結局は、そのルールがまったくもって厳密かつ数学的に見えることがわかるだろう」。彼はこれを物理学の数学的性質に結びつけた。

ハーバード大学の物理学者、リサ・ランドールは異議を唱える。私たちがシミュレーションであるという確率を、「事実上ゼロ」だとしたのだ。[4] 彼女にとって真の疑問は、「なぜこれほど多くの人が、これを興味深い問題だとするのか」ということだった。

シミュレーションを真剣に捉えているのが、起業家のイーロン・マスクだ。彼はニック・ボストロムの研究に資金を提供している。「われわれがシミュレーションであるということに関する最強の議論はこういうことだ」と、マスクは二〇一六年のレコードカンファレンスで語った。[5]「四〇年前に『ポン』と呼ばれる、小さなふたつの長方形とひとつの点で遊ぶ卓球ゲームがあった。あれから四〇年経ったいまでは、まるで写真のようにリアルな3Dシミュレーションがあって、何百万人もの人間が同時にプレイできる。なんらかの改善率があると想定すれば、こうしたゲームは現実と区別がつかないものに発展していくだろう。結果的に、私たちが基底現実にいる確率は何百万分の一となる」。

二〇一六年、『ニューヨーカー』が掲載したベンチャーキャピタリストのサム・アルトマンの紹介記事には、ついでにこんなことが書かれていた。「ふたりのテックビリオネアが、ついに秘密裏に科学者を雇い、われわれをシミュレーションの世界から抜けださせようとしている」。[6] すぐさま、そのビリオネアのひとりはマスクだという憶測が拡がった。[7] 他の人々は、シミュレートされている存在が自らのシミュレーションから抜けだすことは、そもそも不可能ではないかと考えた。ジャーナリストのサム・クリスは、「テック業界は、かつてはオカルトのために封印されていた領域に入り込もうとしている」と訴えた。[8]『ニューヨーク・タイムズ』のサイエンスライター、ジョン・マーコフは、シミュレーション仮説を「基本的には、バレーにおける宗教的信仰システム」と呼んだ。[9] この「バレー」がシリコンバレーを指すことは言うまでもない。

オムファロスのシナリオ

シミュレーション仮説は、そうした知的世界にどのように受け入れられてきたのだろうか？ 少しでも真剣に捉えてもらうことにメリットはあるのだろうか？ 答えは、自己サンプリング仮説（ＳＳＡ）と、現代文化に深く根付いたさまざまな信念に関係がある。

世界は幻想だという可能性があるという考え方は、哲学と同じくらい古い。プラトンの洞窟もそのひとつだ。とはいえ、プラトンのイデアを次の段階に進めたのは、ヴィクトリア朝時代の著名人、フィリップ・ヘンリー・ゴス（一八一〇―一八八八）である。ゴスはアクアリウム（水族館）を発明した自然学者で、蘭の花についてダーウィンと書簡を交わしていた。[10] 一八五七年の著書、『オムファロス――地質学の結び目を解く試み』では、アダムとイヴにはへそがあったか？ という謎が考察されている（「オムファロス」はギリシャ語で「へそ」の意）。へそは、臍帯がとれた傷跡である。聖書には、アダムは女性から生まれたのではないこと、そしてイヴはアダムの肋骨からつくられたと、はっきりと書かれてある。

ゴスは、この最初の夫婦には確かにへそがあったと主張する。神は、調和のとれた創造物を目ざして、決して存在しなかった過去の幻想を与えた。もしそうだとすれば、エデンの園の木には年輪があったはずだ。

ゴスはさらに、神は化石をつくったが、そこに表象される生き物は存在しなかったと信じている。しかも、糞石も神が創造したものだと主張する。その形からもわかるように、糞石は最も一般的なタイプの哺乳動物の化石だ。糞石は「真の先在のありふれた勝利の証以上のものと考えられている」と認めるゴスは、この糞石もまた、神の創造物の緻密な舞台装置的幻想のひとつだと主張したのだ。「少しばかげていると思われるかもしれないが、真実は真実だ」とゴスは言う。

信心深い人は、これを真実だとは決して思わなかった。ダーウィンの登場で混乱した科学界で、『オムファロス』はむしろ影を潜めていった。だが、このまったく見当はずれに見えるゴスの書物は、あまりにばかげていたために完全に忘れ去られることはなく、長年にわたって反響を呼んできた。二〇世紀に入ると、バートランド・ラッセルがオムファロスのシナリオをこんな哲学的な謎へと集約した――世界が五分前につくられたと仮定しよう。そうでないことを、どうやって知ることができるだろうか？

反射的な答えはこうだ。私たちはみな、五分より前の記憶がある。その記憶を裏付ける文献がある、と。すべてはイ、ン、チ、キ、だ！とラッセルは言う。あなたとあなたの記憶は五分前に生じたものかもしれない。それはストーンヘンジやTレックスの化石にも言える。ベルリンの壁もツインタワーも、はじめから存在していなかった――みな、われわれの頭のなかに植えつけられた記憶に過ぎないのだ。

ゴスと異なり、ラッセルはこれが真実だと言おうとしているわけではなかった。私たちには、確信をもって知ることができないものもあるということを指摘しようとしていただけだ。

現代のシミュレーション仮説は一般に、コンピューター・サイエンティスト兼起業家のスティーヴン・ウルフラムとその二〇〇二年の著書、『新しい種類の科学』まで遡る。ウルフラムは、私たちの世界は文字どおり、デジタル・シミュレーションである可能性があると主張する。彼はこの考えを検証可能な仮説として提示する。素粒子物理学に「ピクセリゼーション」の証拠を探し求めることは可能かもしれない。だが、ウルフラムの本のかなり多くの批評家は、彼を自制心を失った天才だと見なした。

ボストロムのトリレンマ

二〇〇三年、ニック・ボストロムがこのテーマを取り上げた。自己サンプリングの適用と言われたボストロムの取り組みこそ、本気の人も、半ば本気の人も含め、非常に多くの転向者を得た。

ボストロムは、私たちはシミュレーションであるとは言っていない。「私たちが知っていることのすべてに」当てはまる可能性があることについて、単に哲学的な指摘をしているわけでもない。彼は、シミュレーション仮説は、最初の見た目より数段も奇抜ではないと主張しているのだ。それは、確率を割り当てることが難しいということなのだ。

ボストロムの考えの核にあるのは、祖先シミュレーションである。先進社会は、あらゆるものを含む過去の包括的なデジタル・シミュレーションをつくりだすことができ、また実際にそうしようとしている。それらは、こんにちのテーマパークやバーチャル・リアリティの、それなりに説得力のある模倣ではなく、むしろまったく途切れのない、現実と見分けがつかないようなものになる。忠実な歴史的再建を生みだすことが重要なので、シミュレートされた人のほとんどは、自分がシミュレーションだと知ることが許されない。そうした知識は彼らの行動を変え、第四の壁を壊すことになりかねないからだ。したがって、シミュレートされた世界が、「免責事項――これは単なるシミュレーションです」という看板をもつことは考えにくい。

そこで、SSAを適用してみよう。定義上は、たったひとつの現実世界しか存在しない。シミュレートされた世界がかなりたくさん存在する可能性もある（なぜそう信じる人がいるかについては後述する）。もしそうであれば、シミュレートされた観測者は、現実の観測者の数を超える。自分がどちらの種類の観測者なのかは知ることはできない――なぜなら、シミュレーションは現実世界と区別することができないからだ。そこで、ランダムな観測者として、私がシミュレーションであるという確率が有利になる。

常識的に考えれば、シミュレーション技術はまだ発明されてもいないという反論が出るだろう。そう、これも私たちは知らない。ボストロムの考えにほんのわずかでも信頼性を与えるとしたら、私たちの現在は、未来の社会によるその過去のシミュレーションである可能性があるということだ。私たちがいまを二一世紀だと思う、のは、カレンダーと電話がそう言っているからであり、歴史の本が二一世紀で終わっているからであり、「ヒストリーチャンネル」で三二世紀の惑星間戦争のドキュメンタリーが放映されていないからである。おそらく、それもすべてシミュレーションの一部だろう――つまり、遠い昔である二一世紀への、未来の社会からのオマージュだ。

ボストロムは、これが必ずしも真実だとは言っていない。彼はただ、そのための条件が自己サンプリングの妥当な結果だと言っているだけだ。ボストロムは、以下にリストアップするものの少なくともひとつが真でなければならないと主張する。

1．祖先シミュレーションをつくることができるテクノロジーは、決して存在しないだろう。

2．祖先シミュレーションをつくりたいと思う人はだれもいないだろう（たとえその能力があっても）。

3．われわれはおそらく、いま現在、シミュレーションのなかに生きている。

これらはボストロムのトリレンマ（三つの選択肢）として知られている。その結論が驚きであるのと同じくらい、その論理はいたってシンプルだ。1か2のいずれかが偽でなければならない。さもなければ、3が真ということになる。サイエンスフィクションの常套的展開、つまり、自分がアンドロイドだと知らないアンドロイドは私たちかもしれないということだ。

シミュレーションは、そもそも可能なのか？

私たちはもしかしたら、自分自身のはるか先を行っているのかもしれない。なぜ私たちは、現実と区別がつかないシームレスな世界シミュレーションが可能だと信じるべきなのだろうか？ハイテク好きならだれもが、視聴覚用の機器はますますとんでもないものになっていくと主張するイーロン・マスクに同調するだろう。バーチャルリアリティは紛れもなく、こんにちの本物らしくない肌感やステレオタイプ的な顔の表情、船酔いを引き起こすほどのレスポンスの遅れを取り除き、パーフェクトな視聴覚的忠実度を達成するだろう。これはボストロムの考えを受け入れる上で、最も簡単な部分かもしれない。

このシステムは他のすべての感覚をカバーする必要があるだろうが、とはいえ実行可能のようには思える。

人々の全世界シミュレーションは、やはりこれとは別のものである。必要となる計算能力はとてつもないものになるだろう。ボストロムは簡単な計算を提示して、世界シミュレーションはおそらく不可能だということを示す。だが、それには惑星規模のコンピューターが必要になるかもしれない。

祖先シミュレーションはきわめて詳細なビデオゲームというだけではないだろう。その世界ゲームを経験しているバーチャルな人々も含むのだ。それはあらゆる細部に至るまで人間の心をシミュレートしなければならず、じゅうぶんに成熟した人工知能が必要となる。

人間の脳の神経発火は、毎秒一〇の一六乗から一〇の一七乗ほどの処理操作と同等である。いま現在、毎秒一〇の一七乗の処理操作をするスーパーコンピューターが存在する。脳がどのように機能するかさえ知っていれば、準備は万端だ。私たちはリアルタイムで、ひとつの脳をシミュレートすることができる。

ところが、祖先シミュレーションはシミュレートされる時間における、ある時点に生きているすべての人々の意識の流れを包含する。現在の世界人口では、毎秒一〇の三三乗から一〇の三六乗ほどの処理能力が必要となるだろう。

包括的なシミュレーションはさらに、建物や都市、道路や森林、砂漠、海洋、天気、空なども含む必要がある。これには圧倒されてしまうかもしれない。実際はおそらく、心のシミュレーションよりは難しくはない。すべての原子、葉緑体、あるいはブヨをシミュレートしてもあまり意味はない。シミュレーションの細部は非常に選択的であり、人々が気づいているような環境の部分を好む。地球の溶融炉心は、人間に関する事柄において直接的な役割は果たさない。したがって、シミュレーションのゾーンは、土のなかのほんの一メートルほどの範囲かもしれないのだ。（ものすごく深い穴を掘れば、シミュレーションはショベルの下に土壌をつくりだすだろう）。

私たちは洪水、暴風雪、ハリケーン、地震、火山の爆発などによって、ますます多くの被害を受けている。カオス理論は、こうした現象は予測に反すると言っている。チャールズとダイアナの結婚式では雨が降っただろうか？（いや、降らなかった。雲がまばらにある晴れた日だった）。シミュレーションは天気予報やニュースの報告を当てにして、歴史的に正確な天気や大惨事の情報を提供するのだ。

シミュレーションの太陽、星、惑星は、実際、プラネタリウムの投影である可能性もある。さらなる細部は、必要なときだけしか生成されないのかもしれない。アポロの月面着陸では、月面の数エーカーだけをシミュレートすればよかったのかもしれない。シミュレートされた生化学者がゲノムの配列を決定したり、シミュレーションである物理学者が加速器実験を実行したりするときはどんなときも、そのコードが、ともすれば欠けている詳細さの度合いを考えだしていたかもしれないのだ。

ボストロムの概算では、たとえば二一世紀の人口を抱える地球の、ブルートフォース［アルゴリズムを使わず、考えられるすべてのパターンを試す方法］による世界シミュレーションは、毎秒一〇の三三乗から一〇の三六乗の処理操作を必要とするとされる。[11] これと比較して、惑星サイズのコンピューターは、毎秒一〇の四二乗の処理操作が可能であると見積もっている。

惑星サイズのコンピューター？　フリーマン・ダイソンなどのトランスヒューマニストは総じて、人間が惑星や星、または恒星系の質量とエネルギーの多くを操作することができる未来について熟考している。そうした大それた観点からすれば、祖先シミュレーションは実行可能なのかもしれない。

ボストロムは、もちろんこれを無視してはいない。彼は次のように計算する。「［惑星規模の］コンピューターは、一秒あたりの処理能力の一〇〇万分の一も使わずに……人類の全精神史をシミュレートすることができる。ポストヒューマンの文明は、最終的に天文学的数のそうしたコンピューターを構築するかもしれない[12]」。

コロニアル・ウィリアムズバーグには、エディス・クンボを演じる役者がいる[13]。私たちはクンボの名前を知っているし、彼女が自由の身の黒人女性であること、一七三五年頃に生まれたこと、ウィリアムズバーグで世帯をもっていたことも知っている。だれも知らないのは、彼女の職業、彼女がどんな顔をしていたか、いつこの世を去ったか、ということだ。クンボの名前はさまざまな法的文書に記されているが、そのいずれも、彼女の経歴を具体的なものにはしていない。一七七八年六月一五日、クンボはアダム・ホワイトという人物を不法侵入、暴行、脅迫の容疑で訴えた。

未来は、私たちが祖先について知るよりも、私たちに関するずっと多くのことを知るだろう。二一世紀初頭から、一般の人々がソーシャルメディアに自分たちの生活を記録するようになった。フェイスブックやインスタグラムのフィードは、シミュレーターの役に立つだろう。私たちがソーシャルメディア時代にいることは、単なる偶然なのだろうか？

DNAテストは、ますます安価で一般的なものになっている。このテストを提供する企業は、結果は内密にすると誓う。ところがデータというのは、ひとたび存在すれば、明るみに出たり、思わぬ使い道に晒されたりする可能性があるのだ。一九二九年に発見された、ウィリアムズバーグを描写した一八世紀の版画、「ボドリアン・プレート」は、ロックフェラーによるこの街の再建に影響を及ぼした。[14]

世界シミュレーションというボストロムの構想は、頑健なチューリングテストに合格し、心理学的に説得力のある人間として行動することのできる人工知能の開発を想定している。そのコードをアバターのなかに送れば、バーチャルな人間ができあがる。第二次世界大戦のシミュレーションには、チャーチル、ヒトラー、ルーズベルトなどの像や描写が盛り込まれていて、こうした人々について知られているすべてのことが具体化されていたのかもしれない。それだけではない。シミュレーションには戦闘、戦時公債運動、ファシスト集会、そして名前、階級、軍事記録からとったシリアルナンバーが与えられた、だれもが心理学的に実現されたシミュレーションであるUSOキャンプショー［米国慰問協会のライブパフォーマンス］や、生き残ったその他のあらゆる情報が含まれていた可能性もある。情報が不足していれば、それをでっち上げて、クローンの一団の代わりに、現実的に多種多様な群衆を生みだしていたかもしれないのだ。

ひとつの反応としては、これはとてつもないリソースの浪費になるということだ。こんにちの基準からすれば、そうだろう。だが、テクノロジーが迅速、簡単、かつ安価になれば、それに対する新しい使用法を私たちは見いだしていく。そうした使用法は無駄が多く、抑制が効かない（古い世代はそう言う)。ポケットのなかのスマホは、ニール・アームストロングを月へ送ったコンピューターよりも、ずっとパワフルだ。私はほとんどの時間、これをまったくどうでも良いことのために使っている。

祖先シミュレーションにはまじめな利用法があるのではないだろうか。歴史家は、シミュレートされた過去を調査に使うべきなのかもしれない。トルーマンが日本に原爆を落としていなかったらどうなっていたか？　初期条件を大幅に、また小規模に変更することが、いかに異なる結果につながるかということを、何千というシミュレーションが明らかにする可能性はある。歴史から学ぼうとするリーダーが少しでもいたならば、計り知れないほどの恩恵を得ることができただろう。

シミュレーションはあまりに安価でお決まりのものになっているせいか、子どもたちも歴史の授業でシミュレーション実験の課題が出される。それは旅行にも影響を与えることがある。あなたは、多くの美術館がある近代的なトスカーナで休暇を過ごしたいか、それともルネサンス時代のトスカーナで、バーチャルなレオナルド・ダ・ヴィンチやメディチ家、マキャベリと出会いたいだろうか？

観光客、ゲーマー、系譜学ファン、歴史上の人物のコスプレーヤー、実験的歴史家……祖先シミュレーションの需要はあり、そのシミュレーションは、ひとつしかない現実の数を上回る。ウィリアムズバーグの人口動態がこれを立証している。この街とそれを取り巻く郡には、勢力がピークを迎えた一八世紀には約五〇〇〇人が住んでいた。こんにちのコロニアル・ウィリアムズバーグには、年間四八万人の観光客が訪れる。[15]ウィリアムズバーグを経験した人の大多数は、一八世紀の入植者としてではなく、未来からの観光客としてこの街を経験しているのだ。

シミュレーションの倫理学

世界シミュレーションには、特定のアバターに宿り、気づかれることなく群衆に紛れ込んでいる未来からの観光客が少なからず含まれているかもしれない。こうした群衆は主に、自立した、人工知能をもつバーチャルな存在だろう。彼らは普通の人間のように話し、行動し、反応する。これは、シミュレートされた人間は意識を経験することができるか、という重要な問題を提起する。

シミュレーション仮説が真であるためには、その答えが「イエス」でなければならない。さもなければ、あなたがいま意識を経験しているという事実（「私はあなたが〜だと思う」）は、あなたがシミュレーションではないことの証となる。シミュレーションが心をもたないゾンビなら、それはレタス一玉がそうでないのと同じく、あなたの準拠集団に存在することはできない。

こんにちのAI研究者や、テックコミュニティ全般にいるほとんどの人は、人間のように行動し、人間のように話し、人間のように考えるもの――かなり微妙な程度まで――は、哲学者ジョン・サールの言葉を借りれば「人間が心をもっているのとまったく同じ感覚で心をもっている」と信じている。[16] この見方は「強いAI」として知られている。

サールは、これについて確信をもてないとする反対派の哲学者の党派、および一般大衆のひとりだ。現代のほとんどすべての哲学者は、プログラムコードはチューリングテストに合格し、私的な気分と感情をもつようにすることが可能で、どんな人間とも同じくらい自信をもって意識の流れを物語ることができるということに、原則上は同意している。だが、これはすべて表面的なことかもしれない。内面的には、ＡＩボットは中身が空っぽで、哲学者が言うところのゾンビなのかもしれないのだ。それは魂をもたず、主観性もなく、私たちを私たちであらしめるどんな内的ひらめきも、もち合わせていないのかもしれない。

　ボストロムのトリレンマは、強いＡＩを当然の前提として受け入れる。おそらくそれは、この強いＡＩをスツールの四本目の足としてもつクァドリレンマ（四つの選択肢）と呼ぶべきなのだ。いずれにせよ、ボストロムの主張に従うほとんどの人にとって、強いＡＩは当然のことと見なされている。

　シミュレートされた人々が真の感情をもっているとしたら、シミュレーションは倫理的問題を孕んだ企てとなる。[17] 世界の歴史のシミュレーションは、飢餓、疫病、自然災害、殺人、戦争、奴隷制度、大量殺戮を再度生みだすだろう。これは、苦痛と絶望を味わうバーチャルな存在の、何十億ものバーチャルな死を要求する。それはシミュレーターらを、あらゆる歴史上の悪役をひとつにまとめたと同じくらい極悪のものにするだろう。

　そこで「ロコのバジリスク」なるものが存在する。[18] トランスヒューマニストのコミュニティに広まる都市伝説だ。バジリスクとは、人間を脅迫してその命令を実行するような、道徳的に欠陥のある未来のＡＩのことである。バジリスクが望むようにすれば、だれも傷つくことはない。さもなければ、それは非常に不快な世界で、あなたそっくりの数多くのコピーをシミュレートする。バジリスクがすでに存在しているかもしれないということに注意してほしい。バジリスクの「未来」は私たちの「現在」なのだから。あなたはバジリスクについて知り、それについて考えなければならない。それは、あなたを超えるあらゆる力をもつ脅威を孕んでいる。少し言いすぎたかもしれない。この段落を読んだことは、きれいさっぱり忘れてほしい。

シミュレーションが感情をもつということは、ボストロムの第二の主張に関係する。祖先シミュレーションを可能にする社会は、倫理的な理由でそれを禁止するかもしれない。あるいは、シミュレーションを、良いことしか起こらないような代替現実に制限するだろう。私たちはそうした類のシミュレーションのなかに生きているのではない。

もしかしたら、意識があるかないかに関わらず、要求どおりに、機能的にシミュレートされた存在を生みだすことは可能なのかもしれない。倫理的なシミュレーターがゾンビのシミュレーションを生みだすのは、その祖先シミュレーションを住まわせるだけのためであり、シミュレーション論法を適用する必要はないのだ——真の意識を経験している人に関しては。

もうひとつは、アウトローシミュレーションという考え方、つまりアウトロー（無法者）だけがシミュレーションをもつというものだ。この考え方は、私たちがマッドサイエンティストやサイコパスやバジリスクのシミュレーションのなかに生きている確率を高める。

私が実在であるかもしれない理由

シミュレーション仮説は、信頼のおける「釣り記事」になっている。メディアはしばしば、ボストロムの微妙なトリレンマと、「私たちはマトリックスのなかに生きていると科学者は言う」という表現を混同している。ボストロムの寄与は、私たちはシミュレーションのなかに生きている可能性が高いと結論付けるために、あなたが信じなければならないことを提示することにある。テックカルチャーにいるほとんどの人にとって、計算能力が無限に発展し、考えつくすべてのキラーアプリが利用されるようになる（機械化反対論者がそれを好まないとしても）ということを受け入れるのは、息をするのと同じくらい自然なことだ。シリコンバレーのバブルの外側にいる人々にとっては、こうした主張は説得力に欠けるかもしれない。シミュレーション仮説は、テック業界の人々がどれほど異なる考え方をしているかということの実証例となる。

とはいえ、テクノロジー的に大胆な前提を受け入れ、それらを利用して、おそらくはシミュレーションにならないということをベイズ的に論証することも可能である。まずは準拠集団から始めよう。実在する私の意識が、シミュレーションの私の意識と本当に見分けがつかないとしたら、どちらの私も同じ準拠集団に存在しなければならない。これは、準拠集団に関するボストロムの「非常に弱い」制限のひとつで、一般に受け入れられている。[19]

扱いにくいのは、ある人の自己位置情報を特定する場合だ。シミュレーション仮説が真である可能性があることを認めれば、私は二一世紀の地球の基底現実に生きているという明らかな状況から判断することがもはやできなくなる。私は、紀元三万五〇〇〇年にベテルギウスの周りをまわる惑星サイズのコンピューターのなかのプログラムコードかもしれない。

私にわかるのはこういうことだ。つまり――物事を額面で捉えるとすれば――私は、シミュレーション技術が未だ発明されていない世界に生きているということ。それこそが、私が取り組まなければならないことであり、この限定的な言明にさえ、ベイズ的意味合いが含まれているのだ。

・シミュレーション技術が現在にも未来にも存在しないとすれば、私は一〇〇パーセントの確信をもって、自分がシミュレーション技術のない世界にいると言える。
・だが、シミュレーション技術が存在する、または存在することになっているとすれば、明らかにシミュレーション技術のない世界に自分がいるという確率は一〇〇パーセントより低くなる。なぜ低くなるかと言えば、シミュレーションを生みだした実在する人間の集団が存在しなければならず、それは、シミュレーション技術がありふれた事実として受け入れられるような世界でなければならないからだ。私はそうしたグループまたは世界には存在していない。

私の個人的状況は、第一の仮説である可能性が高い。どれほどかということは定かではない。実在する人間が、シミュレーションと比較してほんのわずかな少数集団だとすれば、第二の仮説さえ、明白なシミュレーション技術のない世界にいるという確率を高くする結果となる。どちらの可能性にも、支持できるほどのベイズ的影響はない。

どうやら、シミュレーションには宇宙規模のエンジニアリングが必要らしい。一緒にプレイする惑星がたくさん存在しなければ、そのなかのひとつの惑星をゲームのコンソールに変えることはない。世界シミュレーションをつくることのできる社会であれば、宇宙旅行をすでに習得していただろう。それが、何千年もの歳月をかけて他の惑星や恒星系に普及し、とてつもない累積人口に達していただろう。シミュレーション技術の発明後に生きる人々の数は、「現在の」人口よりもはるかに多い可能性がある。シミュレーション技術は、テレビやインターネットと同様、社会を変えるほど斬新なものになるだろう。シミュレーション技術を所有し、そこから恩恵を得る社会に生きる実在する人々は、そのことにじゅうぶん気づいている。そして、そのテクノロジーが長い間存在しているとすれば、より多くの祖先シミュレーションが、シミュレーション技術の発見後のすばらしい時代を再考するだろう。シミュレーション技術がいたるところにある社会に、自分たちが生きていることを知っている人々のシミュレーションが存在するだろう。シミュレーションのシミュレーションが存在するだろう。

シミュレーションがつくりあげる社会は、シミュレーション仮説を紛れもない事実として受け入れる、という結論から逃れるのは難しい。子どもたちはABCを習うのと同時に、ボストロムのトリレンマを学ぶ。四歳児はみな、自分がシミュレーションであるかもしれないこと、おそらくはシミュレーションであることを知っている。父「何も心配することはないさ」。母「いたって普通のことよ」。

以下の図は、人間のような意識を四つのカテゴリーに分割したものである。シミュレーション技術の発見前に生きる実在する人々、発見後に生きる実在する人々、発見前に生きる人々のシミュレーション、発見後に生きる人々のシミュレーション、だ。四つの長方形の各エリアは、頭数または観測者—瞬間で測定した相対的な人口を図式的に示している。シミュレーション技術の発見後に生きる人々のシミュレーションは、他のどれよりも大きな部分を占める。人間が他の多くの惑星に拡散したと仮定したためだ。

私はシミュレーション技術があるようには見えない社会に生きているため、この図の影の部分にいなければならない。私は、自分が実在する人間（濃い影の部分）なのか、シミュレーション技術の発見前に生きていただれかのシミュレーション（薄い影の部分）なのかわからない。いずれにせよ、私はシミュレーション技術の年表のきわめて早期にいる。このことは、もしシミュレーションが存在する、または今後存在するとしたら、きわめて可能性が低い。シミュレーションが存在しない、または今後存在しないとしたら、それは確実だ。これが、シミュレーションは今後存在しない——そして私はシミュレーションではない——ということを信じるベイズ的理由である。

この分析は、終末論法を模している。終末と同様、私たちは自己サンプリングがこの作業に最適な手段かどうかを問うべきである。私は、シミュレーションであるという確率、おそらくは時間における私の正確な瞬間に合わせせられたシミュレーションであるという確率を設定することができるか？　これは自己サンプリングが提供する概算よりも、はるかに妥当であるかもしれない。だが、それらが捏造であるかどうかについて、情報に基づく確固たる意見をどのようにもつことができるかを見極めるのは難しい。しかも、シミュレーション仮説によれば、時間における私の瞬間とは何かということを、私は知ることさえできないのだ。ここでは、自己サンプリングが実行可能なアプローチのように思われる。

シミュレーション仮説をテストする

データがないのなら、そこから出て、より多くのデータを手に入れるべきだ、とエリオット・ソーバーは言った[20]。シミュレーション仮説をテストするという提案は、科学関連の専門誌に時折登場する。ウルフラムが述べているとおり、われわれは「ジャギー」、つまり、物理学におけるピクセリゼーションの明らかな特徴を探しだすべきなのだ。

二〇一二年、サイラス・ビーンは同僚とともに、ある潜在的な特徴を特定した[21]。そして、高エネルギーの宇宙線のスペクトルは、計算された格子構造の兆候を物理学に示すのではないかと結論した。現在の観測の精度では区別するには不十分だが、そうであるという概算見積りのなかには含まれている。シミュレーション仮説のテストは、近い将来に可能となるかもしれない。

ところが、この考え方に付随する他のすべてと同じように、それは検証不可能な前提のネットワークに依存する。その前提のひとつは、想定されたシミュレーションはボクセル（三次元空間におけるピクセル相当のもの）を使って空間を表す、というものだ。これは映画のデジタル効果やバーチャルリアリティの実行で使われる方法である。ポストヒューマンの世界のシミュレーターがそのような設計を使うのか、とだれもが思うだろう。彼らのほうがもっと良いものをもっているかもしれない。

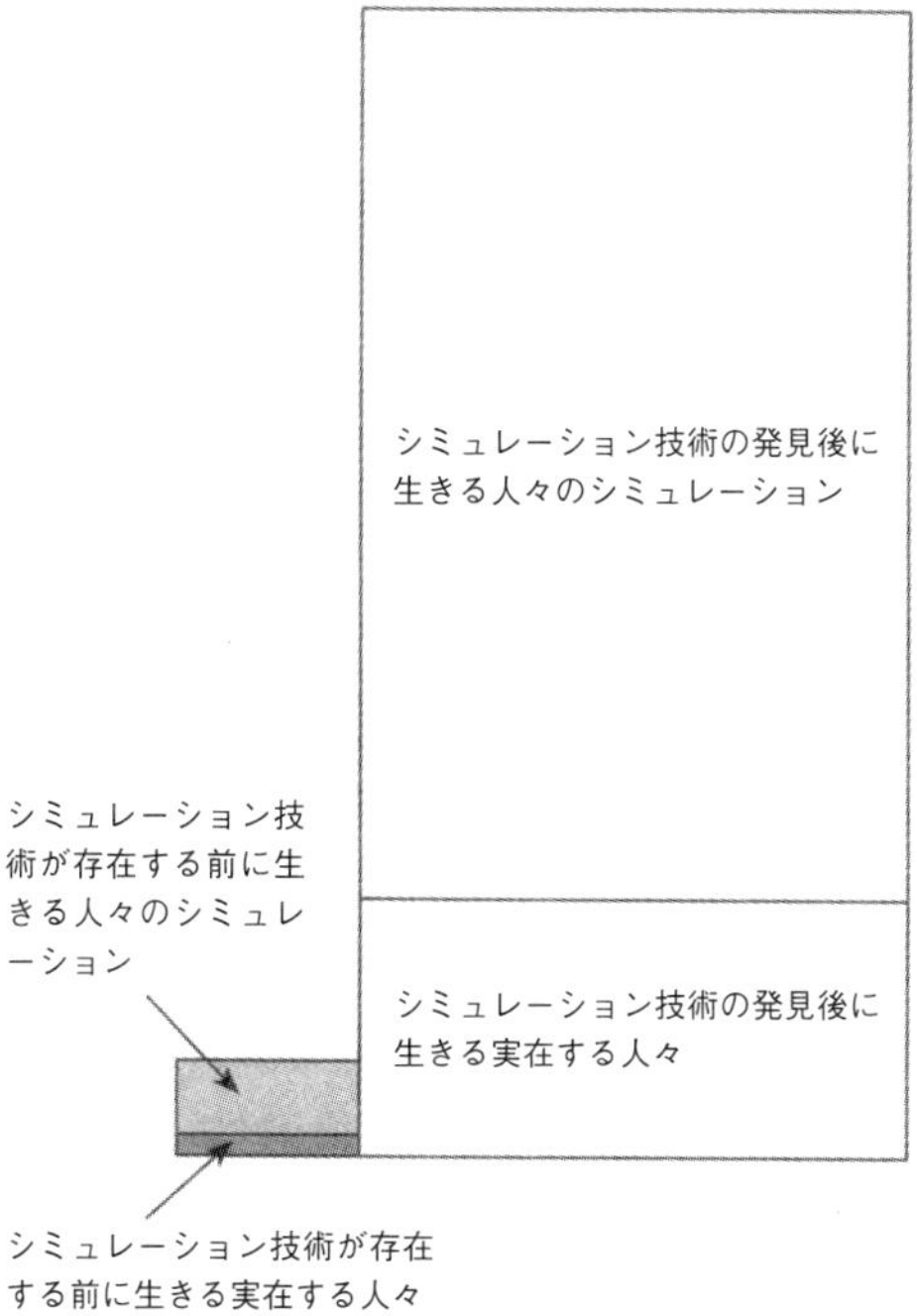

　もうひとつの前提は、シミュレーターはそれほど懸命になって、私たちに

真実を知られないようにはしていないというもの。シミュレーション・ソフトウェアは、そのシミュレートされた心が考え、実行していることを常に管理している可能性がある、とボストロムは言っている。シミュレーションがシミュレーションであることを暴露するようなことを試みるたびに、対抗措置が取られるというわけだ。ボストロムが正しいとすれば、われわれのシミュレーションの監督者は、すでにビーンの宇宙線テストに気づいている。それが実行されれば、シミュレーションはより高解像度の細部を生成し、探していた特徴を無効にする可能性がある。ボストロムはこんなことを記している。「エラーが起こったら、監督者はシミュレーションを台無しにする前に、特異な存在に気づいた脳の状態を簡単に編集することができる。あるいは、問題を回避するような方法で、シミュレーションを数秒手前まで戻し、もう一度それを実行することができる」[22]。

『マトリックス』を好きになる

シミュレーション仮説と終末論法は、互いに排他的になる傾向がある。私たちがシミュレーションの世界に生きているとすれば、人類は、いま私たちを悩ませているすべての危機を生き延びたということになる。私たちは自爆しなかった。二酸化炭素はこの惑星をもうひとつの金星にしなかった。ロボットは私たちに敵対しなかった。

一方で、終末が近いとしたら、私たちは決して、そうした世界シミュレーションをつくることはないだろう。私たちの現実は、ここにあるすべてであり、それが私たちをカタストロフィに向かってまっしぐらに進ませる。

あなたは成功した種の単なるシミュレーションでいたいか、それとも滅亡が運命付けられた種の血の通った一員でありたいか？　こういう問題の立て方をすると、おそらくは心配するのをやめて、『マトリックス』を好きになれば良いのかもしれない。シミュレーションであれば、夕食に何を食べるかとか、昇進するかしないかとか、来年の冬の休暇にどこへいくか、などということはどうでも良い。だれかがその前にプラグを抜かない限りは。ロビン・ハンソンが言っているように、「老後のためにお金を貯めるとか、エチオピアの難民を助けたいなどといったモチベーションは、シミュレーションの世界では退職もなければエチオピアも存在しないと知ることで、消えてしまうかもしれない」のだ。[23]

不安になるのは、私たちのシミュレーションが、ラッセルのへそのシナリオのようなものになる可能性があるということだ。未来の歴史学者はおそらく、ドナルド・トランプ大統領に興味をもつだろう。というのも、彼は今後に続く世界の歴史に、いくつかの重大な影響を与えるからだ。トランプ時代の力学を理解するために、歴史学者はそのうちの五分間のセグメントを、少しだけ異なる初期条件で何度も演じる必要がある。私たちの世界は、そうした五分間のループのひとつであり、未来の歴史学者の博士論文にふさわしい、『恋はデジャ・ヴ』［一九九三年のアメリカ映画。原題は *Groundhog Day*。超常現象によって時間のループのなかに閉じ込められた男が、自己中心的性格を改めて恋を成就するまでの日々を描いた作品］的瞬間なのだ。

フェルミの問い

「みんな、どこにいるのか？」(1)

物理学者のエンリコ・フェルミがこの問いを発すると、大きな笑いが起こった。ニューメキシコ州ロスアラモスのある晴れた夏の日のことだった。彼は地球外生命体のことを言っていたのだ。なぜ他の惑星の知的生物は、宇宙船に乗って地球に来ようとしないのか？

一九五〇年、フェルミはロスアラモス国立研究所のフラー・ロッジ［かつてマンハッタン計画の司令部が置かれていた場所］で昼食をとっていた。『ニューヨーカー』に掲載されていた「空飛ぶ円盤」のニュースを引き合いに出した漫画について、冗談半分に言ったのだ。だが半分は本気だった。フェルミは計算していた。われわれの銀河系には数十億もの恒星がある。その多くは地球に似た惑星系をもつにちがいない。そうした惑星のなかには、地球より先に知的生命体が出現していて、人類をはるかに超えるテクノロジーを所有しているものもあるはずだ。フェルミは、進化した文明には光より速く移動する方法があるのではないかと考えた。

「今後一〇年以内に、光より速く移動する物質の明確な証拠を得る確率はどれくらいか？」と彼は尋ねた。

この質問は物理学者のエドワード・テラーに向けられた。テラーの答えは一〇〇万分の一だった。

「それではあまりに低すぎる」とフェルミは言った。「確率はだいたい一〇パーセントくらいだ」と。（メディアはフェルミを「原爆の発案者」、テラーを「水爆の父」と名付けた。フェルミは一九四二年、シカゴ大学のスカッシュコートで初の核連鎖反応実験をおこなった。この場所は現在、テニスコートになっている。フェルミは貪欲で攻撃的なテニスプレイヤーでもあった）。

フェルミは次第に、光より速い移動は、すでに地球外生命体によって発見されていると信じるようになった。無数の種が、地球を含む全銀河系を探検してきたにちがいない。それゆえにフェルミは質問したのだ。それは楽しい昼休みにはそぐわない話題だった。居合わせたある人はこう振り返る。「会話の途中で、フェルミはこの思いも寄らない質問をもちだした。[2]「みんな、どこにいるのか？」……結果は……ごく普通の笑いだった。というのも、フェルミの質問は思いがけないものではあったけれど、テーブルを囲んでいた人はみな、彼が地球外生命体のことを話しているのをすぐに察したように思えたからだ」。

フェルミの問い――みんな、どこにいるのか？――は修辞的である。それは、パラドックスとも称されてきた。というのも、明らかな答え――知的生命体はわれわれが思うよりずっと稀な存在だ――は、多くの人が受け入れ難いと思っている答えだからだ。核分裂と核融合爆弾の創始者という役者が揃うロスアラモスという設定が、ひとつの説明を導きだした。テクノロジーをもつ種族が稀であるのはおそらく、彼らが長生きしないからだ。彼らは銀河系の探検に乗りだす前に、世界戦争で自らを絶滅させてしまう。

「われわれが心から望んでいるのは」と、かつてフェルミは言った。[3]「人間はまもなくして、じゅうぶんに成熟し、自然より大きな力を得て、それをうまく利用するようになるだろう、ということだ」。フェルミは、個人的には、核兵器が戦争につながると考えていた。マンハッタン計画の仲間であり、数学者であるジョン・フォン・ノイマンは、歯に衣を着せずこう言った。「絶対的に確実なのは、（1）核戦争が起こるということ、そして（2）すべての人間が死ぬということだ[4]」。

ドレイクの方程式

生物学者と映画脚本家の一致した意見は、われわれ人類は宇宙に生きる唯一の存在ではないということだ。これは特に新しい考えではない。コペルニクスの支持者で、ドミニコ会修道士のジョルダーノ・ブルーノは、恒星は太陽であり、知的生物を宿す惑星がその周りをまわっていると主張した。ローマ教皇クレメント八世は、一六〇〇年にブルーノを火刑に処した。教父らに、その教義があまりに異端的だと見なされたブルーノは、処刑前に最後の言葉を発することも許されなかった。彼の舌は鉄の釘でもって、口内に打ち付けられたのだ。

二〇世紀初頭には、火星に知的生命体がいるという可能性を多くの人が受け入れた。グリエルモ・マルコーニは、無線機の新しい技術が火星人との接触を可能にすることを願った。自身のヨット、「エレクトラ」で地中海を航行中、マルコーニは一九一九年、この赤い惑星からの信号をキャッチした。いや、キャッチしたと思った[5]。一九二二年、火星が地球に接近した。世界の無線局は礼儀正しく沈黙を守り、いや、マルコーニやその他の者が信号を受け取る支援をした。確かなものを聞いた人はだれもいなかった。

一九六〇年の春、アメリカ人の電波天文学者、フランク・ドレイクが、地球外知的生命体からの信号を検知する別の試みをおこなった[6]。はるかに洗練された技術をもっていたドレイクは、火星の生命体について何の幻想も抱いていなかった。彼はウェストバージニア州にある直径二六メートルほどのグリーンバンク望遠鏡を、太陽に似たふたつの近接する星、くじら座タウ星とエリダヌス座イプシロン星へ向けた。結果は否定的だったが、メディアが取り上げたこの試みは一般市民の心を捉えた。

翌年、ドレイクはグリーンバンクで、関心のある科学者を集めて会議を開いた。そして、私たち人類の銀河系にはどれくらいの知的な種が存在するかについて訪問者らに考えさせた。ドレイクが言うには、その数は以下の七つの未知数の積になる。

(1) 年間いくつの恒星が、われわれの銀河系に誕生しているか
(2) それらの恒星のいくつに惑星があるか
(3) 典型的な恒星系にはいくつの惑星が存在するか
(4) そのような惑星のいくつに生命体が発生しているか
(5) そうした生命体がいる惑星のどれくらいが知的生命体を進化させているか
(6) どれくらいの知的な種が無線信号を送っているか（さもなければ、その存在を明らかにしているか）
(7) 知的な種の通信はどれくらいの期間存続するか[7]

ドレイクの考えは完全にコペルニクス的だった。地球、その太陽、そしてホモ・サピエンスは、反証

がない限り、典型的である。このドレイクの七つの因数はふたつのグループに分けられる。因数（1）から（3）は天文学の問題で、データには根拠がある。しかし（4）から（7）までは地球外の生物や歴史、モチベーションに関する推測が含まれる。因数（7）は特に、ワイルドカードと認識された。ETが自主的に信号を送ることができる期間は、信号を検知する可能性に影響を与える。

この科学者グループは、ふさわしい惑星が生命体を発生させる確率（4）は、本質的に一〇〇パーセントであると決めた。彼らは、知的生命体の台頭の確率（5）についても、同じ楽観的数値を与えた。事実、最初の六つの因数すべての積は、きわめて大雑把に言えば一であると予測された。こうして最後の因数、つまり文明の存続期間にたどり着いた。この点については、一〇〇〇年から一億年まで、意見は幅広い範囲にわたった。それが今度は、われわれ人類の銀河系で現在、通信をおこなっている文明は、一〇〇〇から一億あるという最終的な概算につながった。

七つの未知数を掛け合わせた概算が正確であると期待することは難しい。会議に出席した科学者らはそのことに気づいていないわけでもなければ、自分たちが地球外生命体に関心をもった自選グループであることにも、気づいていないわけではなかった。それらの数は、多くのET種に有利なように歪められたとも考えられる。しかし、宇宙の偉大さが勝利を収めたように見えた。宇宙のあちら側には、たくさんのETが存在するはずなのだ。

ドレイクが方程式を編みだして以来、多くの変化が見られた。恒星の近くをまわる三八〇〇を超える惑星が発見されたのだ。[8] これが、実質的に太陽に似たすべての恒星に惑星があり（因数2）、恒星系にはほとんど必ず多種多様な惑星が存在する（因数3）という有力な証拠を与える。これらに関しては、グリーンバンクの概算は控えめだった。だが、いまも当時と同様、ドレイクの概算の不確かさの多くは、その最後の終末因数に端を発する。つまり、地球外文明はどれくらい存続するか？　ということだ。

フォン・ノイマン宇宙探査機

「証拠の不在は不在の証拠ではない」と、ケンブリッジ大学の宇宙論者で王室天文官のマーティン・リースは言った。[9] ETの証拠がないことは、彼らが存在しないことを意味するものではないからだ。天文学者であり、SF作家でもあるグレン・デイヴィッド・ブリンは、その証拠の欠如を「大いなる静寂」と名付けた。何年もの間、多くの説明がなされてきた。なぜETのなかには私たちと通信したがらない者がいるのか、なぜ彼らは宇宙を探検する（「植民する」）ことに興味をもたないのか、なぜ早死にしてしまうのかということについて、信用できる正当な説明を思いつくのは難しいことではない。難しいのは、実質的にすべてのETに当てはまる説明を思いつくことなのだ。ETの一パーセントの一〇分の一だけが忙しく動きまわるとしたら、そうした類の者が銀河系には数多く存在する可能性があり、フェルミの問いが残されたままとなるだろう。

星間移動は単に「ありきたりな、元の場所におさまるだけの」ばかげた考えだということは想像がつく。[10] これは、物理学者エドワード・パーセルが、宇宙時代の幕開けの一九六〇年に発表した意見だった。「島モデル」は、光速は普遍的な障壁であり、知的な種をその住処である太陽系に閉じ込めるという考え方だ。広範囲にわたる銀河系探査や、電波による通信さえも、がっかりするほど遅く、ただ単に価値がない。これがその後、フェルミの問いの答えとなる。

一九七五年、ＭＩＴの天文学者、ジョン・ボールは、「動物園仮説」を提案した。[11] 地球外の探検者らは、自らの足跡を残さないように意識的な努力をしていると彼は言う。地球外探検家は銀河系を、国立公園や動物園のように自然のままの状態で残されているものとして見ていると言うのだ。そしてＥＴは、動物園にいる生き物とコミュニケーションすることにまったく興味を抱いていない可能性がある。（私たちはアイベックス［主にアルプス山脈に生息するヤギ類の哺乳動物の一種］とコミュニケーションをとることに関心がないばかりか、どんなアイベックスの群れや動物園の標本とも外交関係を築こうなどとはほとんど思わない）。より進化した文明との接触は、進化していない文明への破壊的行為と見なされているのかもしれない。ＥＴは私たち自身を守るために、私たちを避けているとも考えられる。

フェルミの時代でさえ、こうした考え方への回帰があった。ジョン・フォン・ノイマンが称するところの「フォン・ノイマン宇宙探査機」である。最もよく知られているのは、もちろんフィクションではあるが、スタンリー・キューブリックの『２００１年宇宙の旅』に登場する黒いモノリスだ。映画の冒頭で、まさにこのモノリスが何を指すかを説明する部分がある。それらは、宇宙を探検するために設計された自己複製型のマシンだと特定される。キューブリックはこの解説を途中でカットし、モノリスを謎めいたシンボリックなもののまま残した。

フォン・ノイマン宇宙探査機はロボットで、自らのコピーをつくることができる。（それがどんな見た目をしているかはだれにもわからない。長方形のモノリスであるという推測も成り立たなくもない）。そうしたロボットが、生物の代わりに銀河系探査へ送られた可能性がある。グーグルのストリートビュー・カーのように、これらのロボットは銀河系のそれほど面白くもないような場所もシステマティックに探査し、包括的な調査をおこなったのではないか。なかには損傷したり壊れたりしたものもあっただろうが、無事だった宇宙探査機が原材料を集めて新しい探査機を構築し、壊れたものと置き換えることができた。この重複性が集合的使命に高い成功率をもたらしたのだろう。

フォン・ノイマンは、恒星への準光速移動が人間の寿命を超えると仮定すれば、これが宇宙の奥深くを探査する実践的手段になると考えた。宇宙探査機は、詮索好きな人間の探検家が考えるすべてのことができ、自らの発見を地球に送り返すことができる。

最近になって、フォン・ノイマンの考えとその詳細（なかでもロナルド・N・ブレイスウェルとフランク・ティプラーによる）が、フェルミのパラドックスの対話に加わった。コンピューターとロボット技術が進歩するにつれて、フォン・ノイマンの考えはかつてほど奇抜なものではなくなっている。フォン・ノイマン宇宙探査機は、光速で、一〇〇万年足らずで銀河系全体を探査することができると推定されている。[12] 最初の宇宙探査機をつくった種が、まだその辺りにいるかどうかは関係がなかった。このロボットは、だれが家にいてその特電を受け取るかに関わらず、自らの使命を果たしつづけることができるだろう。多くの人がいま、この考えはＥＴが宇宙船に乗って地球を訪問するのと同じくらい、いやそれ以上に信頼できるものだと信じている。それでは……みんな／すべてのものは、どこにいる／あるのか？

旧式のフォン・ノイマン・マシンが地球上で見つかるかもしれない。それらは「死んでしまっている」か「眠っている」か、または化石になっているだろう。この概念のいくつかのバージョンでは、マシンはその数を制限している。また別のバージョンでは、リソースがある限り、レミングのようにその数を増殖させる。後者の場合、フォン・ノイマン・マシンの全地質学的地層を見つけ、それらが地球に群がり、欲しいものをすべて手に入れて去っていくような、贅沢な浮かれ騒ぎを記録することができるかもしれない。

だが、だれも、いかにも本当らしい地球外生命体の遺物を発見した人はいない。フェルミの問いはこれまでにないほど大きな謎のままである。ニック・ボストロムはこれを生き生きと描写した。すなわち、地球上の生命体は単一のデータポイントであり、フェルミのパラドックスはそれに付された疑問符なのだ。(13)

塔のなかの王女

一九七一年、アルメニアのビュラカンで地球外生命体に関する会議が開かれた。著名な天文学者、カール・セーガンと、二重螺旋の共同発見者である生化学者のフランシス・クリックが対面した会議として思い起こされる。彼らの論争は、あるシンプルな疑問をめぐるものだった。すなわち、地球上に知的生命体が現れる可能性はどれほどだったか？

ＥＴに証拠がないということは、セーガンの好奇心をさらに深めるだけだった。彼は地球外生命体の存在の支持者として、そのキャリアを積み上げていた。セーガンは、私たちが知る限り、地球は典型的な惑星であるという立場を取っていた。知的生命体はここで発生した。それは、知的生命体にとって一打数一安打の打率だ。

セーガンはさらに、当時知られていたシアノバクテリアの最古の化石は、三〇億年以上前、地球の存続期間の最初の三分の一の範囲内に遡ると指摘した。「このことは私にとって、原始地球における急激な生命体の発祥を、より説得力をもって語る」と彼は言う。[1] そして、地球上の生命体の早期発祥は、生命、そして知性さえも、地球に似た惑星には起こりそうもないとも限らない結果だ、という事実を強化すると主張した。

クリックはこれに同意しなかった。彼は自身の立場を次のように要約する。

私の立場とセーガン教授の立場のちがいを示すために、ある喩えを用いて説明しなければならないが、あまりに常套的で申し訳ない。ある男性にトランプの札が配られたとしよう。ある特定の配列、特定の組み合わせのカードをもっていなければならないというのが彼の手の特徴だ。われわれはこれが稀な事象であることを知っており、それがわれわれに起こったからと言って、その事象が起こる確率を推定しようとするのは理にかなっていない。セーガン教授の論法だと、トランプの札はたくさんあると言うだろう。ところが、われわれに起こったのはたったひとつの事象であり、厳密な確率論からすれば、そこで初めて、そのように確率を導きだすことが許されるのだ[2]。

クリックは続けてこう述べる。「そうした推論に名前があるかどうかはわからないが、「統計的誤謬」と呼べるかもしれない[3]」。

これについては、もっと適した言葉がある。クリックが探し求めていた用語は、「観測選択効果」というものだ。私たちは、自分がもっている証拠をどのように手に入れたかを考えなければならない。それはもしかしたら、先入観にとらわれていて、ランダムなくじ引きではない可能性があるからだ。

知的観測者が一般的であろうと稀であろうと、私たちは存在する。自分が感覚をもった生き物とともに惑星に存在することを知ったとしても、驚くべきではないだろう。それに、最古の生命体からホモ・サピエンスになるには、かなりの進化を遂げなければならず、進化は一夜にして起こるものではないため、生命体は大昔、すなわち私たちの惑星の歴史の初期に起源をもつとわれわれは予測するだろう。これが、実際に私たちにわかっていることだ。私たちの存在は私たちに、生命体が存在する確率や知的生命体の出現について、実質的に何ひとつ教えてはくれないのだ。

クリックの主張はいま、広く受け入れられている。それは膠着状態を示しているように見える。私たちは、自分が存在しているという単なる事実からは生命体の確率について何も学ぶことはできない。だが、セーガンは、地球上の生命と知性のタイミングがさらなる証拠を提示すると信じていたのだ。この考えは以来、より詳細に探究されてきた。ブランドン・カーターは、これをあるおとぎ話で説明した(「眠り姫」ではないが、また別の、やや時代遅れの性役割について、もう少し辛抱して私の話を聞いてほしい)。

幸運なチャック

ある聡明な王女が塔のなかに監禁されていて、金持ちの求婚者が現れるのを待っている。彼女と結婚したがっている男はみな、一時間以内に塔の扉の鍵を開けなければならない。求婚者がこれに成功すれば、結婚がただちに執りおこなわれる。しくじった求婚者は打ち首にされる。

塔の鍵は、ダイヤルの数字の組み合わせが系統的に読み解けないような仕組みになっている。求婚者は、数字をランダムに組み合わせなければならないのだ。

王女はとても裕福なので、そこには常に志願者の長い列が続き、鍵を開けるのに失敗した求婚者たちの広大な墓地が縫うように曲がりくねってある。六月のある日、チャックという名の幸運な求婚者が鍵を開けるのに成功した。二七分と一四秒で開けたのだ。

チャックは難なく開けたのか、それとも手こずったのか？　チャックが成功する確率はどれくらいだったのだろうか？

これは（カーターによれば）、知的生命体が存在する確率を私たちが問うときの状況とそれほど変わらない。

この鍵の謎について答える方法は、少なくともふたつある。より良い、より直接的な方法は、失敗した求婚者の墓石を数えることだ。その数に、幸運なチャックの分をひとつ足す。成功する確率は、一をその合計で割った数だと私たちは考えるかもしれない。

だが、墓地が森の奥深くまで続いていて、一部が隠されているとしよう。チャックは自分が最初の求婚者なのか、一万番目なのかは知らない。わかっているのは自分が成功したということと、割り当てられた時間のうち二七分一四秒かかったということだけだ。

彼は、鍵を開けるのに平均してどれくらいの時間がかかるのか、まったく知らない。一〇秒かもしれないし、一〇日、いや一〇世紀かもしれない。（王女は、この王国のだれも自分にはふさわしくないと思っている可能性もある）。

チャックにわかっているのは、一時間以上かかったら成功しなかったかもしれないということだ。もしそうなれば、時間切れとなって、死刑執行人が待ち構えているだろうから。

自分が生き残っていることを考えれば、チャックが鍵を開けるのにかかった時間は〇～六〇分の範囲内になければならない。この可能性を三つのケースに分けて考えてみよう。

（1）鍵を開ける平均時間が一時間よりずっと少ない場合。通常は最初の求婚者が成功し、かかった時間は、一般的には、一時間のうちのごく一部だ。

（2）鍵を開ける平均時間が約一時間だとした場合。求婚者が成功する見込みはかなり高く、同時に失敗するリスクもかなりある。成功した求婚者がかかった時間は、一時間のうちのどこかの部分になる。

（3）鍵を開ける平均時間が一時間よりずっとずっと多い場合。ほとんどの求婚者が失敗する。ひとりが成功したとき、また成功したとすれば、その時間は一時間のうちのどこかの部分になる。

この最後の主張には疑問を感じるかもしれない。鍵を開けるのが難しいとすれば、求婚者はただちにではなく、間一髪のところで（たとえば五九分四二秒など）成功すると考えるほうが妥当ではないだろうか？　映画では、ヒーローはいつだって、爆発まであと二秒というすんでのところでワイヤをカットするではないか。

実は、間一髪の成功は、（3）のケースでは可能性がそれほどない。カーターは、数字の組み合わせはランダムに選ばなければならないとはっきり言っていた。求婚者はスロットマシンをやっているのだ。ハンドルを引くたびに、成功するわずかなチャンスが等しく与えられる。実際、マシンにはメモリ機能がないからだ。プレイヤーが成功する確率は、一回目と百万回目では同じである。プレイヤーが最初の一時間以内に大当たりすれば、その一時間の最初と終わりでは、同じ確率で同じことが起こるのである。

つまり、二七分一四秒というチャックが鍵を開けるのにかかった時間は、（２）のケースと（３）のケースでは同じだということだ。これは（１）には当てはまらない。チャックが二七分（二七秒ではなく）かかったという事実は、鍵を開けるのはおそらくそれほど簡単なことではないということを彼に教えるはずだ。ところがそれは、チャックが出せる結論の限界に関しての話だ。

地球上の知的生命体の進化はさらに、制限時間にも逆らって作用していた。このことは、上記三つのケースとパラレルの関係にある以下の三つの仮説を導く。

（１）知性の出現は簡単なことである。本質的に、地球に似たすべての惑星は観測者を進化させるが、これは通常、惑星の居住可能な存続期間の早期に起こる。（「居住可能な存続期間」は、知的生命体の進化によって課されるあらゆる付帯的コストを考慮している。進化上の理由または地球物理学的理由で最低限の時間が必要となる場合がある）。

（２）知的生命体はあるひとつの偶然、または一連の偶然を通じて生じる。これらの偶然が、地球に似た惑星の居住可能な存続期間内に起こる可能性は、それほど低くはない。つまり、惑星のなかには「幸運」を手に入れて、観測者を進化させるものもあるということだ。他の惑星では、太陽が赤色巨星となった後にしか偶然は起こりえない。知性が出現すると、それは、その惑星の居住可能な期間のいずれかの時点で出現する可能性がある。

（３）知的生命体は、偶然に左右される可能性があまりに低いため、ふさわしい惑星においても、めったに出現することはない。観測者が現れたら、それは、その惑星の居住可能な期間のいずれかの時点で同程度の確率で起こる。

いま、地球の年齢は四つの有効数字までわかっている。すなわち、四・五四三×一〇億年だ。残念ながら、こうした正確な数字は初期の化石には存在しない。年代を定めるのは困難で、それらが化石であると確信することすら難しい。現在知られている最古の化石は、少なくとも三五億年前のものであると知られており、ことによると、四〇億年前のものにもなるとも言われている。

一方で、人間レベルの知性は、宇宙暦で言えば事実上昨日現れたことになる。およそ二〇万年前の、解剖学的に近代の人間の頭蓋骨は、この惑星の歴史の最直近の〇・〇〇四四パーセント以内に存在する。

私たちは地球の未来について、なんらかのことを知っていると思っている。それは太陽の未来と密接に結びついているにちがいない。私たちが見る太陽のような恒星は、水素燃料が枯渇する前に、約一〇〇億年間輝きつづけると期待されている。その後、ヘリウムを炭素や、それよりもっと重い元素と融合し、赤色巨星へと姿を変える。太陽は赤色巨星として、水星、金星、そしておそらくは地球の軌道を覆う。たとえ完全には地球に届かないとしても、正午とは赤い太陽が実質的に空全体を埋めることを意味することになる。地球はトースト状態になる。

このことが、生命体は地球上でどれくらい生き延びることができるかに関する上限を設定する。居住可能な地球の存続期間は、あと五〇億年くらい残っているように見えるかもしれない。ところが、多くの地球物理学者はいま、この数値はあまりに楽観的すぎると考えている。太陽は次第に、いまよりもずっと熱くなる。たった一〇億年のうちに、気温の上昇が大気と海洋を蒸発させ、地球を暑く、生命の住まない金星のような惑星に変えてしまう。（これは、人間が引き起こした気候変化が、それよりもずっと早く暴走温室効果を引き起こすことはないと仮定している）。

おおまかに考えて、地球が形成からその海洋を失うまで、約六〇億年あるとしよう。次の図は、この六〇億年を棒グラフに凝縮したものだ。影の部分は、地球上の生命体の化石の歴史を示している。生命体は早期に出現し、知的生命体はかなり遅く現れている。

生命体は化学反応に過ぎないと私たちは考える。化学者は確率をほとんど当てにしていない。コカコーラとメントスを混合する。シューッ！という音がしたら、反応しあっているということだ。だが、最初の自己複製体がどのように出現したか、その詳細を私たちは知らない。生命体がまったくもって起こりそうもない偶然の産物だったというのも、想像がつかなくもない。すべての必要な分子を正しい方法で同時に混ぜて、何か他のものに直ちに破壊されることのない自己複製する全体を得るのは難しかったにちがいない。これはあまりに可能性が低かったため、ひとつの惑星分の分子では何十億年もの間起こらなかった、いや、まったくと言って良いほど起こらなかったのかもしれない。同様に、知性の進化も、きわめて起こりそうもないと考えられるだろう。

私たちが生命体の歴史について知っていることをベースにしたとき、これを除外することができるだろうか？　そうとも言えない。先に挙げた三つの可能性からすれば、私たちは知性の出現は簡単だとする（1）を除外することができる。さもなければ、私たちが地球の推測居住可能期間のきわめて遅くに出現したという可能性は低くなる。私たちのタイミングは、かなり一般的な偶然（2）またはごく稀な

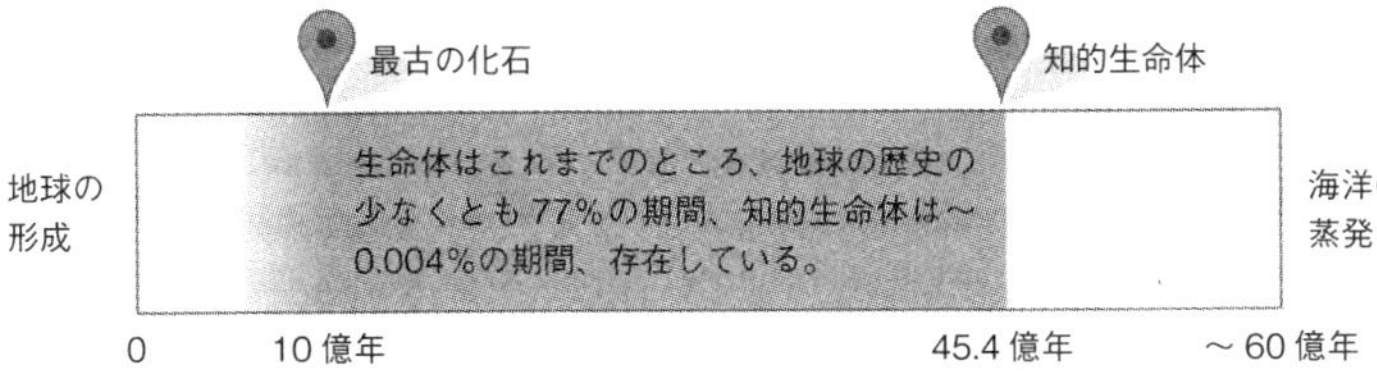

偶然（3）である知性と一致しているのだ。

カーターはこれをさらに推し進めた。知性を進化させる平均時間は、太陽に似た恒星の平均的な水素燃焼の存続期間と、そもそもなぜ結びつかなければならないのか、私たちはその理由をまったく知らない。前者は生物学の問題、後者は物理学の問題だ。それらは、私たちが知っている限り、桁ちがいに乖離している可能性がある。したがって、私たちはとりあえず、非常に可能性の低い偶然の一致として（2）を除外することができる。かくして（3）が残る。カーターの見解に従えば、知性の進化はほとんどありそうもなく、それは宇宙における稀な現象であると仮定するべきなのだ。

カーターの天使

ケールから鉤虫、リアリティ番組のスターに至るまで、多細胞をもつすべての有機体は共通の祖先をもっていると想像される時代があった。その後、私たちは、これがまちがっていることを学んだ。単細胞から多細胞生命体への飛躍は、複数回起こったのだ。

地球上の生命体の歴史には、一回以上生じたその他多くの適応例が含まれる。驚くべき例は目だ。タコと目が合ったことがある人は、不思議な感覚を味わったはずだ。この生き物は瞳孔、レンズ、網膜、視神経のあるふたつの目をもつ（ただし角膜と盲点はない）。ところが、タコの目は、魚とその人間の形をした子孫の目とは無関係に進化した。昆虫の目はそのどちらとも関係がない。目は地球上で、それぞれ別個の約一〇回の進化を遂げたと考えられている。

これは物議をかもす。というのも、目というのは単なる生物学的なカメラではないからだ。それは生物学的コンピューターの一部でもある。大きな目をもつ生き物は大きな脳をもち、めまぐるしく変化するデータを、継続的に更新される3D世界のモデルにマッピングすることができる。そうした生き物は、捕食動物を避けたり、捕食動物になったり、考えたりしている。

一九七一年のクリックへの回答のなかで、セーガンはこう語った。「生命体の起源への経路は数多く存在し……そのひとつが数十億年の間、ある適切な惑星上で採用されてきたという同時確率はかなり高い」[4]。同じことが知性にも言えるかもしれない。ある特定の経路が取られる確率は非常に小さいかもしれないが、任意の経路が取られる確率は高いと考えられる。

だが、それはいったい、正確にはどんなことを私たちに教えてくれるだろうか？　それは、多細胞の生命体の進化と日の進化は、実際に知的生命体を発展させた地球に似た惑星上では起こりそうもないとも限らない結果であるという正当性を裏付ける。これらの適応は、知性へと向かう多くの経路（多くのランダムな道のり）の途上にある障害ではなかった。

ところが、同じく重要なことに、ほとんどありそうもないその他の発展があった可能性もあるのだ。私たちが知る限り、生命体そのものは地球上で一回しか発生せず、知性もたった一回しか進化しなかった。（存在するすべての生命体は同じ遺伝子コードを共有している。知的恐竜文明の廃墟は見つかっていない）。生命体と知性のそれぞれが、私たちがここに存在するために少なくとも一回は発生しなければならなかったとすれば、私たちは、それらが起こりうる結果であったと結論できる立場にはいない。

何が重要で何が重要でないかを確証するのは難しい。カーターはこう言った。たとえば、私たちが天使のような進化した羽をもっているとしよう。羽は知的生命体には欠くことのできないものであることを、いま自分に言い聞かせることができるだろう。さもなければ、わたしたちはどうやってあちこちに移動したり、いまだに拇指対向性を利用できたりするのだろうか？(5)

カーターはこうした問題のいくつかを、自らのおとぎ話の別バージョンのなかで表現した。求婚者が一時間以内にひとつの鍵ではなく、五つの鍵を開けなければならないとしよう。五つの鍵は必ず順番どおりに開けなければならない。幸運なチャックは、五つすべての鍵を四七分四〇秒で開けることに成功した。

チャックは、自分は鍵開けの名人だと思うかもしれない。五つの鍵をすべて開けて、それでもまだ時間が余っていたのだから。ところがここでも、彼は選択効果について考える必要がある。開けなければならない鍵がひとつだろうと一〇〇〇個だろうと、彼がいまだに生きているという事実により、彼は自分が開けなければならない鍵を——生きているために——できるだけ多く開けなければいけなかったのだ。

成功した求婚者が鍵を開け終えるまでの時間は、開けるのが困難な鍵を何個開けなければならなかったかによって異なる。ここで「困難な」とは、平均して、許容時間よりも開けるのに時間がかかる鍵を指す。困難な鍵が多ければ多いほど、全所要時間は、割り当てられた一時間の終わりのほうに近づくことになる。

ホモ・サピエンスは、わたしたちの惑星の居住可能な実行時間のおよそ七五パーセントの時点でこの世に現れた。カーターは数学的分析を与え、観測者としての私たちの進化における重要かつ起こりそうもない段階の数は、わずかひとつかふたつほどだという考えを示した。[6] ジョージワシントン大学の経済学者、ロビン・ハンソンは、いくつかのコンピューター・シミュレーションをおこない、もう少し多い、おそらくは五つの重要な段階があると見積もった。[7] 段階がもっと多くあるとすれば、私たちはちょうど間一髪のところ、つまり、地球が生命体にとって耐えられなくなる一歩手前のところで進化したと考えられるだろう。

軌道と気候のカオス

カオス理論では、多くの現象は予測できないと言われている。初期条件におけるきわめて小さな変化が、結果として大きな相違につながるからだ。私たちは、現在の大気状態についてじゅうぶん正確なデータを得たとしても、遠い未来の天気を予測することは決してできない。生物学的進化もまたカオスなのだ。

とはいえ、一〇〇〇年先の日食については何の困難もなく予測できる。なぜなら、われわれの太陽系は時計のように動いていて、すべての主要惑星は、不変の、ほぼ円形に近い軌道を描いているからだ。これは典型的だとわれわれは仮定してきた。ところが、他の恒星の周りをまわる太陽系外惑星に関する未熟な研究によれば、私たちのシステムの調和は少なくとも適度に珍しいということを示している。私たちが他で検知してきた恒星系の多くには、きわめて楕円に近い軌道や、密接した軌道、同じ平面上にない軌道をもつ惑星がある。そうした軌道はカオスと言えるだろう。重力による押し引きが、長い時間をかけてそれらを変えるからだ。

コンピューター研究は、惑星の軌道がどれほど複雑なダンスのようなものであるかを示してきた。私たち人類の太陽系でさえ、その安定は一時的なものかもしれない。コンピューター・モデルによれば、地球と火星は最終的にじわじわと近づいて互いに衝突し、両者とも破壊されて新しい小惑星帯ができると言われている。惑星は極寒の宇宙の果てに排出されるか、螺旋を描きながら太陽へ向かって吸い込まれるかもしれない。

どうやら、多くの、いやほとんどすべての地球に似た惑星は、結局は自らの軌道から払い落され、気温の激変によってすべての生命体が絶滅してしまうように見える。私たちはこの運命をどのように避けてきたのだろうか？　ただ運が良かっただけなのかもしれない。

惑星の気候もまたカオスである可能性がある。太陽はいま、初期の頃より三〇パーセントほど熱くなっているという。これが謎を生む。というのも、地球は三〇パーセント熱くなっていないからだ。液体の水は四〇億年以上前から地球上に存在する。この惑星の大気力学は、太陽光がこれまでになく強くなっても、気温を現在値付近に保持できるように変化してきたように見える。こうしたことがどのように起こり、それが起こる可能性がどれくらいだったかということは、依然、不明のままである。

地球の気候は、現在よりも寒いことが多かった。約七億二〇〇〇万年〜六億三五〇〇万年前の超低温の氷河時代に「スノーボールアース」（雪球地球）が生まれ、そこでは海の氷と氷河が地球全体を覆っていた。これは一時的な問題ではなかった。約八五〇〇万年間、ジュラ紀よりも長く続いたのだ。火山が空気中に二酸化炭素を排出することが、超低温氷河時代を終わらせたと言われている。そして氷を溶かし、私たちが知っているような生命体の進化へとつながる地球温暖化の引き金となったのだ。こうした火山の噴火は、私たちにとって幸運なことだったのか？

もうひとつの幸運は、小惑星や彗星が、白亜紀の終わりにユカタン地域に衝突したことだ。それは、恐竜たちを視界から消すほど破壊的ではあったが、本書の筆者である私や、これを読む読者へと進化した害獣や寄生虫を絶滅させるほど大きな破壊力はなかったのだ。

地球外生命体へのふたつの質問

プリンストン大学で、J・リチャード・ゴットはニール・ドグラース・タイソンとマイケル・A・ストラウスとともに、一般人向けの天文学入門コースを教えていた。ゴットは自家製の視覚教材の信奉者だ。なじみのある、手で触れることのできるもののほうが、デジタルなスライドよりもアイデアをうまく伝えることができることを発見したのだ。そして私に、ある視覚教材を見せてくれた。丸いコースターと、さまざまなサイズのマウスパッドを取り合わせたものだ。ゴットは、レゴのようなおもちゃの人形をコースターの上に置く。コースターは惑星だ、とゴットは説明する。この小さな人形のひとりがあなただとする。どの惑星にいる可能性が高いだろうか？

だれもが一番大きな惑星、つまり、ほとんどの人間が乗っている惑星に自分がいる可能性が高いことに気づくだろう。そしてこのことは、なぜ私たちが地球外生命体と出会ったことがないかについて多くのことを語っている。

科学は、見たこともない一角獣ではなく、私たちが目にする虹について説明する。それが科学の通常の方法だ。フェルミの問いは一角獣の経路へ私たちを導く。なぜ宇宙旅行をするETの形跡を確認することがないのか説明しよう。『ネイチャー』に紹介されたゴットの一九九三年の論文では、この問題とともに私たちの種の存続についても議論されている。

この地球の国々について考えてみよう（そこでは人口の数値がわかる）。あなたはおそらく、本書に書かれている言葉をツバル［オセアニアにある小さな島国］やリヒテンシュタインやモナコで読んではいないだろう。もしそうだとしたら、その確率は、あなたが世界で最も人口の少ない国のひとつにいるということだ。世界で最も人口の多い七国（中国、インド、アメリカ、インドネシア、ブラジル、パキスタン、ナイジェリア）を合わせると、世界人口の半分を少し超える。世界の独立国の人口の中央値はわずか八四〇万人だ。とはいえ、実質的にすべての人（九六・四パーセント）が中央値以上の人口を有する国に住んでいる。その意味では、私たちはほぼ全員が「平均以上」ということだ。

これは、パラドックスではないもうひとつのパラドックスだ。それは、各国の人口数には何桁も差があるという事実の結果である。中国は、世界で最も人口の少ない独立国であるバチカン市国の約一〇〇〇万倍の人口を抱える。その結果、人口が多いいくつかの国が、世界人口のほとんどを占めるということになる。ランダムに選ばれた人間は、ほぼ確実に、ほとんどの国よりも人口が多い国に住んでいるということだ。

ここで、このことをフェルミの問いに当てはめてみよう。エンリコ・フェルミ自身から始まった地球外生命体論争は、ＥＴが銀河系を植民地化しようとしていることを日常的に想像してきた。ＥＴは莫大な個体数に到達し、何百万年、何十億年も存在しているかもしれないのだ。

ゴットは、このことを確信しすぎてはならないと言う。まずは、どれくらいの観測者が私たちの銀河系に存在するかを考えることから始めよう。その数は、星間旅行が実現可能かどうかに強く依存するは

ずだ。もし実現可能でないなら、すべての観測者―種はその故郷の惑星に引きこもっているだろう。観測者は、自分たちを進化させた稀な惑星にしか存在しないだろう。仮に、私たちの銀河系に一〇万の知的な種がいるとする（典型的なドレイクの方程式の概算）。ひとつの惑星は一〇〇億の観測者を支えることができる。つまり、この銀河系は全部で一〇〇〇兆（一〇の一五乗）の観測者がいると考えられる。

ところが、星間旅行が実現可能だとすると、銀河系を探査してそこに居住し、知的生命体が進化していない惑星に定住するETもいると考えられる。ETはさらに、「テラフォーミング」（地球化）のようなテクノロジーを発展させ、以前はふさわしくなかった惑星を居住可能な状態にすることができるようになるかもしれない。これは、そうでない場合に考えられるより、ずっと多くの個体数になる。私たちの銀河系には三〇〇〇億ほどの恒星が存在し、少なくとも一〇億の潜在的に居住可能な惑星がある。ここでも惑星ひとつあたり平均一〇〇億の個体数がいると仮定すると、生命体がじゅうぶんに住んでいる銀河系には、一〇〇〇京（一〇の一九乗）の観測者―生命体がいることになる。

これは、種がそれぞれの故郷の惑星に閉じこもっている場合よりも一万倍も多い。星間植民が可能であるというシナリオでは、実質的にすべての観測者が銀河帝国の一員となる。

ところが私たちはそうではない。ここにいて、未だ自分たちの故郷の惑星に住んでいる。これは星間植民が私たちの銀河系ではまだ起こっておらず、おそらくそれは起こりそうもないということを論証する。ゴットの見解では、宇宙を旅行するETが地球を訪れないのは、そこから生命体の多くが、いやひとつたりとも、外に出ていないからなのだ。

地球上のほとんどの住人が、人口が最も多いいくつかの国に住んでいるのと同じように、銀河系に住むほとんどの生命体は、おそらく最も数の多い観測者—種の一員なのだろう。ホモ・サピエンスはそのグループに属しているという可能性が最も高い。私たちの種である人類はおそらく、銀河系の他の種と比較して、累積人口が平均を上回っていると思われる。

もうひとつのゴットの視覚教材は、空間よりも時間を探求する。ゴットはドミノを重ねて、個体数のヒストグラムをつくる。水平方向は時間を示し、重ねられたドミノの高さは（私たち人類のような、ある一定の種の）個体数を表す。あるランダムな個体（ドミノ）は、最も個体数の多い世紀（一番高いドミノの山）のひとつに生きている可能性が高い。これは、その個体が最も個体数の多い国のひとつに住んでいる可能性が高いのと同じだ。

これは、ジョン・レスリーの論点、すなわち、個体数の爆発的増加中にこの世に生きているというのは、よくあることだということを示している。このことは、レミングやバクテリア、そしてリソースが限りないとすれば、指数関数的に増加するどんな個体数にも当てはまる。初期状態の仮説としては、私たちは宇宙のほとんどの観測者とともに、自分たちの種の個体数がほどなくして歴史的過去のほとんど、または全部を合わせたものよりずっと多くなるということがわかるようになる、ということだ。

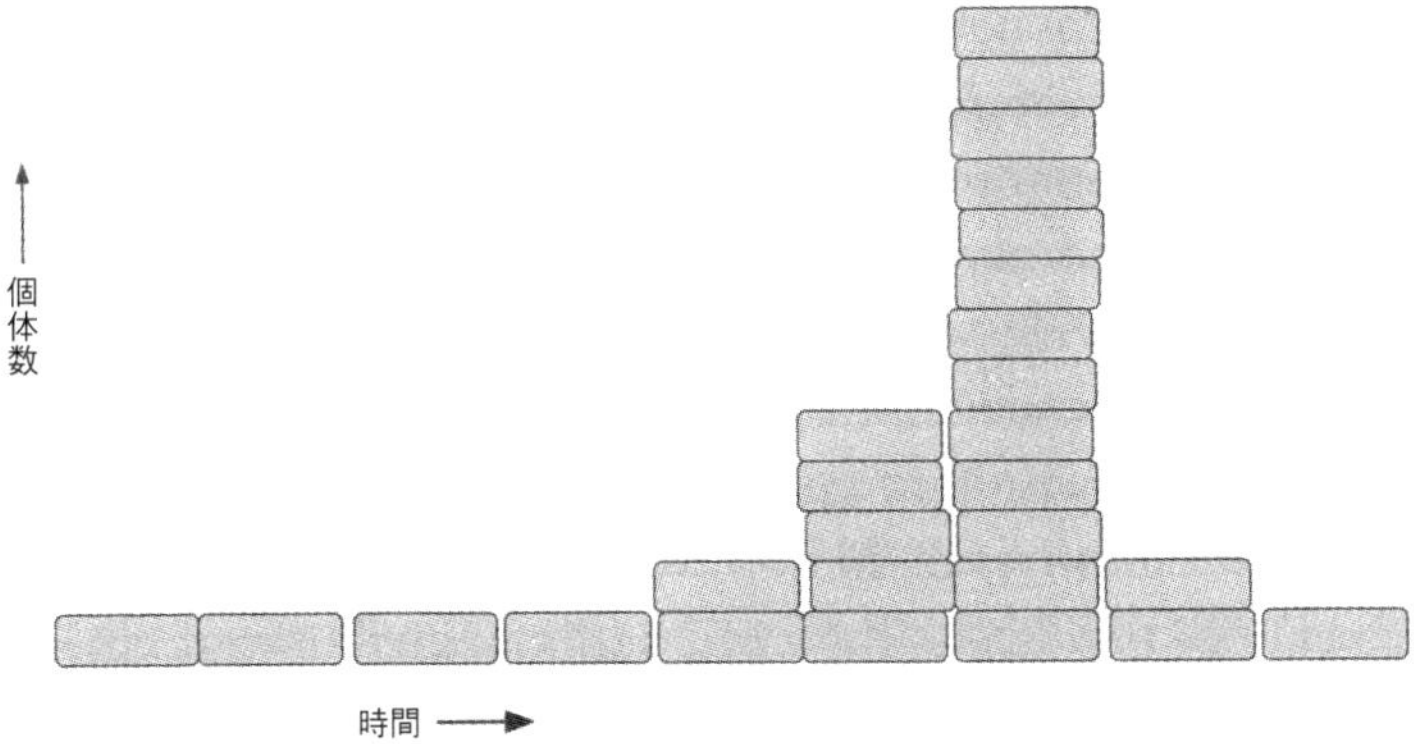

このことは私たちに、フェルミの最初の問い——ETはなぜ、宇宙船に乗って地球に来ようとしないのか？——に答える準備をさせる。ゴットはこう言う。もっと答える準備ができている質問——なぜ私たちは、私たちの宇宙船に乗ってETを訪ねないのか？——をすることから始めるべきだ、と。

なぜそうしないのかと言えば、テクノロジーがそこまで進歩していないからだ（いまだに？）。その点で、私たちは自分が考えるよりずっと典型的なのかもしれない。

証拠がない状態で、われわれが発明の年表のきわめて初期にいると早まって仮定してはいけない。知的な種にとって、テクノロジーを進歩させ、人口増加を経験し、実現されずに終わる多くの野心的計画（星間旅行のような）を考えるのは典型的なことかもしれない、とゴットは主張する。いま現在、グリーゼ２２１系［地球から六六光年にあるオリオン座のオレンジ—赤色矮星］で、彼らはこう言っているかもしれない。「われわれは本当に、いつか宇宙船をつくって銀河系を探査するべきだ。映画みたいに！」だがそれはすべて口先だけのことだ。

多くのETが、私たちより何百万年、何十億年も先んじているであろうことは真実だ。彼らはその先にどんな運命が待ち構えていようと、もっとずっと「進化」しているだろう。だが、それが何を意味するかということの結論を急ぐのはやめよう。そうした古い文明は、ずっと絶滅に向かって自分たちを進化させてきたのかもしれない。私たちは星間旅行や数百万年にわたる文明が共通のものであるという、どんな小さな証拠ももたない。ゴットはこれを、コペルニクス的用語で次のように説明している。

私たちの知的な子孫が今後一〇〇億年続いて、この銀河系に植民しようとしていると信じるなら、あなたは結局、非常に幸運にも、私たちの知的な系図のメンバーの最初のわずかな部分にいたことになると信じなければならない……自分のことを電話帳の最初のページで見つけられるほど幸運ではなく、一月一日生まれでもないとすれば、あなたは最終的な年代順リストのなかで、それでも幸運なほうに含まれると、すんなり仮定することができるだろうか？　未来の事象は、明日宝くじに当たるとか、受け取ったチェーンレターに参加すれば金持ちになれるといった、最終的にあなたが例外的に幸運であることが判明するように企んでいるのだ、といういかなる主張も信じるべきではない。[1]

私たちは宇宙船をもたない。無線はある。ならば、ＥＴからの無線信号を聞いたらどうなのか？　地球上で信号の送信が始まってから、一世紀を少し超えるくらいになった。無線信号は郊外へ届くほど強力になったが、恒星にはまだ届かない。同じことが、ほとんどのＥＴの信号送信にも当てはまるかもしれない。コペルニクス的方法は、私たちがあと一世紀（中央値概算）、もしくは二・六年から三九〇〇年の間（九五パーセントの信頼水準）、無線技術を利用するだろうと予測する。これらの数値は、交信する文明の存続期間に関するドレイクの方程式に典型的に代入される概算よりも小さい。一九六一年の概算では、一〇〇〇年から一億年だった。

私たちは、遠い恒星から定期的な信号を検知することができるだろうか？　その技術があったとしても、可能性は低い。SETI（地球外文明探査計画）の取り組みは、進化したETが私たちと交信したがっており、超パワフルな信号灯をつくれば交信が可能になるだろうという希望に満ちた予測を見込んでいる。

私たちはこれまで、そうした信号灯をつくったことがあっただろうか？　いや、ない。今後つくるつもりだろうか？　なんとも言えない。すでに、星間信号送信は私たちを攻撃の対象にしているのではないかと危ぶむ人もいる。この状況が典型的だとすれば、星間通信への真剣な試みは、稀か、もしくは存在しない可能性がある。

一九九三年、ゴットはコペルニクス的方法の概算を使って、ドレイクの方程式の数字を再現した。彼は、私たちの銀河系で無線信号を送っている文明の数の上限値を、約一〇〇とした（九五パーセントの信頼水準）。実際の数はもっとずっと小さく、ひとつだけ（私たちの文明のことだ！）の可能性もある。ゴットの概算は、通信する文明をもつ恒星は、一〇億個の恒星のうちのひとつに満たないということを暗に含んでいる。そうした文明のなかで一番近いものでも、約一万光年より近いところにはない。それは、私たちの夜空に星の一団をつくっているどの恒星よりも遠い。

ＳＥＴＩは金の無駄づかいだろうか？　いやちがう、とゴットは言う。それにはふたつの理由がある。第一に、ＳＥＴＩが信号を検知する確率はゼロではないということ。この確率が小さいとしても、正の結果への関心度と重要性がこの取り組みを正当化するだろう。第二に、負の結果の値は見くびるべきものではないということだ。

一九九五年から二〇〇四年にかけて、ジル・ターターが先導したＳＥＴＩの取り組み、プロジェクト・フェニックスは、地球の半径二〇〇光年以内にある八〇〇の恒星を対象におこなわれた。ゴットの数値が正しいとすれば、ターターがＥＴの信号を検知する確率は一〇億分の八〇〇、すなわち〇・〇〇〇〇八パーセントに過ぎなかったことになる。他の人はまちがいなく、信号を検知する確率は、それよりも大きいと信じていた。科学は世界の真のあり方を学ぶものである。無線信号を送るＥＴが稀であるとすれば、それは知る価値があるのだ。

＊＊＊

フェルミの問いに対するゴットの答えは、その場しのぎの仮説――たとえば、星間旅行は不可能だ……ＥＴはみな、われわれを動物園に入れておきたがっている……ＥＴはわれわれを皆殺しにしたいと思っている……といったもの――に依存しない。ゴットの唯一の仮説は、観測者としての私たちの有利な点は、どうやら特別なものではなさそうだ、ということである。

私たちのデータポイントのひとつが何かを教えてくれるとすれば、観測者―種は地球年の数百ないし数千の時間枠に存在することになる。これは、歴史の人間的尺度にあるものよりも何千倍、何百万倍も長い存続期間をET文明がもつという、おきまりの仮説と相対する立場にある。この支持されていない、しばしば検討さえされていない仮説こそフェルミのパラドックスの根源だと、ゴットは信じている。私たちがこの目で直接見てきた、控えめな証拠に目を向けたほうが良いだろう。

現在進行中の価値あるSETIの取り組みは、「裸の王様」的瞬間であることを証明しているかもしれない。おそらくほとんどのETは、結局のところ、多くの惑星を探査し、莫大な数の個体数を達成し、その存在を全宇宙に公言しつづけることはないだろう。私たちには健全な惑星がある。ほとんどの宇宙の種にとって、それがすべてなのかもしれない。

宇宙旅行をするETは、一般に思われているほどありふれたことではないと、ゴットは言う。彼が正しいとすれば、典型的なドレイクの方程式の概算はまちがっていることになる。だとすれば、どれほど的外れなのだろうか？　アンダース・サンドバーグ、エリック・ドレクスラー、トビー・オード（その全員がオックスフォード大学の人類未来研究所に属する）による二〇一八年の論文が、説得力のある答えを提供している。ドレイクの方程式で、私たちは単に七つの未知数を掛け合わせているだけではない。そうした未知数に含まれる不確かさも掛け合わせているのだ。ドレイクの概算はいずれも、こうした不確かさのすべてを受け継いでいる。だが、私たちはそれを見過ごしてしまいがちだ。値を代入し、銀河系には一〇〇〇万のET文明が存在するというような答えを得る。それは単なる推測的概算だと自分に言い聞かせる……そして、そう言ってしまってから、統計学の神をなだめるために、こう考えるのだ。なぜ現実は、私たちの概算と一致しないのか？　ところが、この数値の根底に不確かさがあることを考えれば、現実は概算とはまったく異なるものになる可能性があり、実際におそらく異なるのだ。

先のオックスフォードのグループが語っていることを単純化した例を挙げよう。宇宙には三種類の銀河系があり、そのすべてが等しく一般的であると仮定しよう。ある銀河系には一〇〇万のET文明が存在し、もうひとつにはたったひとつ、そして三つ目の銀河系には一〇〇万分の一しかない（ひとつだけ存在する確率が一〇〇万分の一ということなので、おそらくひとつも存在しないという意味だ）。私たちの銀河系がどの種類なのかはわからない。どれくらいのET文明が存在する可能性があるだろうか？

ところで、私たちの銀河系が一〇〇万の文明を抱える種類のものである確率は三分の一だ。平均して三三万三三三三になる。他のふたつの銀河系タイプによってこの数値が大きく増えることはないため、三三万三三三三が文明の数の中央値または予想値となる。

だが、この「平均」は、結果の中央値、すなわち真ん中のものよりずっと大きい。中央値の場合、私たちの銀河系にはたったひとつの文明しかない。これは三三万三三三三と比べれば大ちがいだ。そしてさらに重要なのは、私たちの銀河系に「平均して」三三万三三三三の文明があるという事実は、そこにETがひとりもいないという非常に現実的な可能性（三分の一の確率）を除外していない。

実際のドレイクの方程式の概算は、この例よりもっと偏っている。サンドバーグと仲間たちは、科学的な文献に掲載されている概算を集めた。それから、各因数の値を、この因数に関する発表済みの概算のなかからランダムに引いて選んだコンピューター・シミュレーションをおこなった。選ばれた七つの因数を掛け合わせて、ドレイクの仮想概算を得、このプロセスを何度も繰り返し、変化量の範囲を明らかにした。オックスフォードのグループは、結果として得た概算が四〇桁以上も変化していることを発見した[2]。これは主に、生命体が出現する確率に関する不確かさが原因だ。現在、多くの人がブランドン・カーターの側につき、生命体は信じられないほど稀な偶然である可能性があるという意見に加担している。通信する種の存続期間に関する不確かさは二の次だ。

このオックスフォードのシミュレーションでは、銀河系におけるET文明の平均数は五三〇〇万もあったが、中央値はわずか一〇〇だった。ところが拡散分布により、それにもかかわらず銀河系にETがゼロだという確率は三〇パーセントだった。実際、概算の約一〇パーセントが、ET文明はあまりにも稀であるため、観測できる宇宙にはひとつも存在しない可能性が高いということを暗に含んでいた。

これを受け入れるとすると、フェルミのパラドックスは存在しなくなる。ETが存在しないということに驚く理由は何もない。私たちが銀河系、いや宇宙においてさえ、たったひとつの存在であるというのもわかるし、それは現在の学者らが信じていることと一致していなくもない。みんな、どこにいるのか？　オックスフォードのグループの答えはこうだ。「おそらく、とてつもなく遠いところ、宇宙の地平線を超えた、永遠に到達できないところだ[3]」。

レミングとブラックスワン

過去は未来の導きにはならないと言う楽観主義者がいる。彼らが話しているのはシンギュラリティのことだ。これはゴットの分析への反論として提起できる。ほとんどのET文明が私たち人類の文明とそれほど変わらないとしたら、それらは急速なテクノロジーの進歩を経験するだろう。ETのなかにはわれわれより数世紀も先を行っていて（宇宙時間においては無に等しい）、すでにテクノロジーの力が急上昇したような変革を遂げている可能性があるとしよう。あらゆることが可能になるだろう（たとえば光速より早い旅行など?）。したがって、ほとんどのETが私たちと同様に怠け者だったとしても、そして直近の文明が何十億光年も離れているとしても、私たちは「魔法と見分けがつかないような、じゅうぶんに進歩したテクノロジー」の力（アーサー・C・クラークの言葉を借りれば）を過小評価すべきではないのだ[4]。

だが、コペルニクス的哲学が実際に何を言わんとしているかを見てみよう。こう考えるのが妥当だろう。私は、自分が急速なテクノロジー的進歩の時代に存在していると観測する。したがって、多くの観測者がその観測を共有するだろうと推測する。典型的なETもまた、自分たちがテクノロジーの進歩の時代にいることを発見するかもしれない。

とはいえ、自分が好況時代に生きているという事実は、それ自体では、このテクノロジーの進歩があとどれくらい続くかとか、それが地球上で、またはその他の場所で、最終的にどれほどの高さにまで上り詰めるかなどということを私に教えてはくれない。

レミングの喩えが有益かもしれない。思慮深いレミングは、この大群によるベリー類や苔、地衣類の発見が、指数関数的に増加してきたことを観測するだろう。北極地方全体にわたる、知覚力をもつほとんどのレミングが同じことを経験すると考えるのが妥当だろう。そして、翌週には指数関数的に増えたベリー類や苔が発見されると推測しても差し支えないように思われる。ただし、その大群のために「翌週」が残されていればの話だが。レミングの群れがその神話上の崖を上り詰める直前まで、こんなふうに推論を続けることができる。

そう、だから結局は、ETは私たちよりずっと進化するだろうということなのだ。だが、こうした超進化したETは、われわれが考えるよりずっと稀なのかもしれない。指数関数的に進歩したテクノロジーが個体数と存続に関して意味することは、未解決のままだ。こんにち、多くの人々が、この加速するデジタルテクノロジーが私たちの破壊要素になる日が来るのではないかと危惧している。ゴットが皮肉たっぷりに言っているように、アインシュタインは賢い男だったが、それほど賢くない多くの人々より長くは生きなかったのだ。[5]

ウラムとフォン・ノイマンが本来意味しているところでは、シンギュラリティは究極のブラックスワン現象［めったに起こらないが、ひとたび起これば破壊的被害をもたらす事象のこと］であり、過去の何かから推測できるものではなく、「それを超えたところでは、人間の物事は……継続できない」のだ。[6] シンギュラリティは終末の別名と言えるかもしれない。

ゴットは私にこう言った。地球外生命体に出会ったら、即座にふたつの質問をするだろう、と。ひとつは、「あなたの文明はどれくらい続いていますか?」そしてもうひとつは「あなたたちと私たちはどれくらい似ていますか?」たとえば、ゴットはETの言語に「戦争」を意味する言葉があるかどうかを知りたがるかもしれない。ETは、あのとらえどころのない第二のデータポイント、確率の壺からランダムに引いた二回目のくじを提示するだろう。それは、人間の条件が普遍的か独自のものかを明らかにするのに、大いに役立つことだろう。

ジュネーブ近郊の山中に設置されている欧州原子核研究機構（ＣＥＲＮ）の大型ハドロン衝突型加速器《コライダー》（ＬＨＣ）は、史上最大のエネルギーを実現する粒子加速装置だ。円形の真空トンネル構造をもつこの装置のなかで、磁気が陽子をほぼ光の速さまで加速させる。陽子は互いに正面からぶつかり合い、他の粒子を破裂させる。ＬＨＣの最大の目標は、ヒッグス粒子の存在を確認することだった。だが、二〇〇八年後半から二〇〇九年にかけてのこのコライダーの稼働は、一連の不幸な出来事によって台無しにされた。

そのひとつは、ありがたくない風評だった。少数のブロガーが、前例のないほどパワフルなＬＨＣの衝突は、マイクロブラックホールを生みだす可能性があるという当て推量をしたのだ。原子よりも小さいこれらの仮想質点は、あたかも空気のように硬い岩を通って落下する。マイクロブラックホールは重力により、地球の中心の周りを楕円を描きながら回転する。これらのブラックホールは腹が空くと、地球より重い質量でこの惑星に入り込む。そして最終的には、巨大化するブラックホールに地球全体が吸い込まれてしまうかもしれないとも言われている。

ほぼすべての物理学者がこうした危険性を退けたが、その合意はＬＨＣを建設しているさなかにも変化していった。[1] それまでは、マイクロブラックホールの存在自体が否定されていた……その後、弦理論における結果が、マイクロブラックホールは存在するかもしれないことを示唆した。いかなるマイクロブラックホールも、ホーキング放射によって即座に蒸発するという主張がなされたのだ。さらに研究を進めると、これもまた問題視されるようになった。惑星を吸い込むマイクロブラックホールは、白色矮星にも生成される可能性があると言われた。これについては何の証拠も見当たらない。こうした一連の相反する考えは、科学的調査にはつきものである。しかし、これは明らかに高いリスクを伴っていたため、さまざまなブラックユーモアを呼び起こした。巧妙な黙示録的Tシャツが売られたり、心配しながらも、LHCのスイッチが入れられる日のニュースをチェックしたりする人々もいた。

二〇〇八年九月一〇日、LHCは比較的低エネルギーでの予備試験を開始した。その九日後、いわゆるクエンチ［突発的に起こる急速な冷却］が発生し、六トンの冷却用の超流動ヘリウムが真空管に流出したことで、機密機器が損傷を受け、運転停止に陥った。損傷を修繕するため、LHCの科学計画は一年以上の遅延を余儀なくされた。

二〇〇九年一〇月、CERNで働くある物理学者が、アルカイダと接触した罪で逮捕された。[2] 翌月、明らかに鳥が落としたと思われる一片のフランスパンが、屋外設備をショートさせた。[3] LHCがはじめからオフラインになっていなかったら、第二のクエンチ事故につながっていたかもしれない。

作業停止期間中、終末論の最初の提唱者である物理学者のホルガー・ベッチ・ニールセンと、共同研究者の二宮正夫が、あるインターネットサイトに、このLHCの事故に関するさらに突飛な意見を投稿しはじめた。これらもまた、メディアによってたちまち取りあげられ、ついにはこんな見出しまでつけられた。「神が大型ハドロンコライダーに破壊工作[4]」、「タイムトラベルするヒッグス粒子がLHCを妨害[5]」。いや、本当だ。

実際、物理学者らは観測選択効果を提案していた。LHCの稼働が地球上のすべての生命体を終わらせるカタストロフィを引き起こすとしよう。すると、われわれが生きているということは、つまり、致命的なまでにパワフルなコライダーをつくるすべての試みが一連の「事故」によって妨げられてきたような、量子の世界に私たちは生きていることになる。クエンチ事故、アルカイダの物理学者、そして一片のフランスパンは、コライダーの稼働を妨げる宇宙の陰謀の一部だったのだ。

ニールセンと二宮（「またの名を、きわめてすぐれた物理学者ペア」と、あるジャーナリストは言う）は、米国議会をもこれに引き入れた[6]。一九八〇年代後半、アメリカとソ連は両国とも、独自のスーパーコライダーを構築する計画を立て、その建設に着手していた。これは、いわば秘密裏の「宇宙競争」だった。ソ連の崩壊とともにロシアのコライダー研究は停止した。その代わり、予算を削減しようとする米国議会の共和党員が、アメリカはもはや高額な科学的イニシアチブを必要としないと判断した。アメリカのコライダー開発計画は取りやめとなった[7]。ベルリンの壁の崩壊から間もない頃のことだった。

「われわれの理論では、ヒッグス粒子をつくろうとする機械はどんなものも、悲運に見舞われることが示唆されている」とニールセンは言う[8]。「それは数学に基礎を置いてはいるが、むしろ神がヒッグス粒子を好まないために、それを避けようとしているとも説明できるかもしれない[9]」。

LHCの武勇伝はふたつの疑問を提起した。ひとつは、物理学の実験はうかつにも、全世界を破壊することになりうるか？　もうひとつは、量子物理学がなんとかして、そうしたカタストロフィを防ぐことはできるか？というものだ。どちらもベイズの定理、自己位置付けの証拠、そして選択効果の見地から探究されてきた。本章では第一の疑問を、次章で第二の疑問を取り扱うことにしよう。

フェルミのパラドックスを額面通りに受け取ると、宇宙旅行をし、通信する種の出現を何かが妨害または抑制していることになる。この仮説的な「何か」は、しばしばグレートフィルターと呼ばれている。ニック・ボストロムは次のように記している。「(a) 実質的に、じゅうぶんに進化したすべての文明が最終的にそれを発見し、(b) その発見がほとんど普遍的に、存続に関わる大惨事につながるようなテクノロジーが存在するかもしれないと想定するのは、こじつけではない」。

それもひとつの可能性だ。しかし、グレートフィルターがひとつのものである必要はない。この用語を使用して、ドレイクの方程式の因数に影響を与えるすべてを包含することができる。私たちは、自らの選択効果のバラ色のレンズを通してしか過去を見ることができない。ここにわれわれが存在し、ここに到達するのにどれほどの運が必要だったかをわれわれは知らない。

これは、はっとさせられるような考えだ。もしかしたら、地球上の生命体は現在に至るまでずっと幸運だったのかもしれず、この幸運な期間が、いままさに終わろうとしているのかもしれないのだ。

次の図はふたつの可能性を示している。それぞれの図は、生命体に適した惑星を示すドミノを重ねたヒストグラムである。時間は左から右へ流れる。どちらのシナリオでも、私たちは居住可能な多くの惑星（左側の高く積み上げられた部分）からスタートし、それらをふるいにかけて、観測者がいるほんの数個の惑星（影の部分）に絞っていく。これらの観測者のなかには星間距離で通信し、その範囲内を移動する能力を達成するものもいる（濃い影の部分）。濃い影の部分は、どちらの図も同じ大きさだ。こ

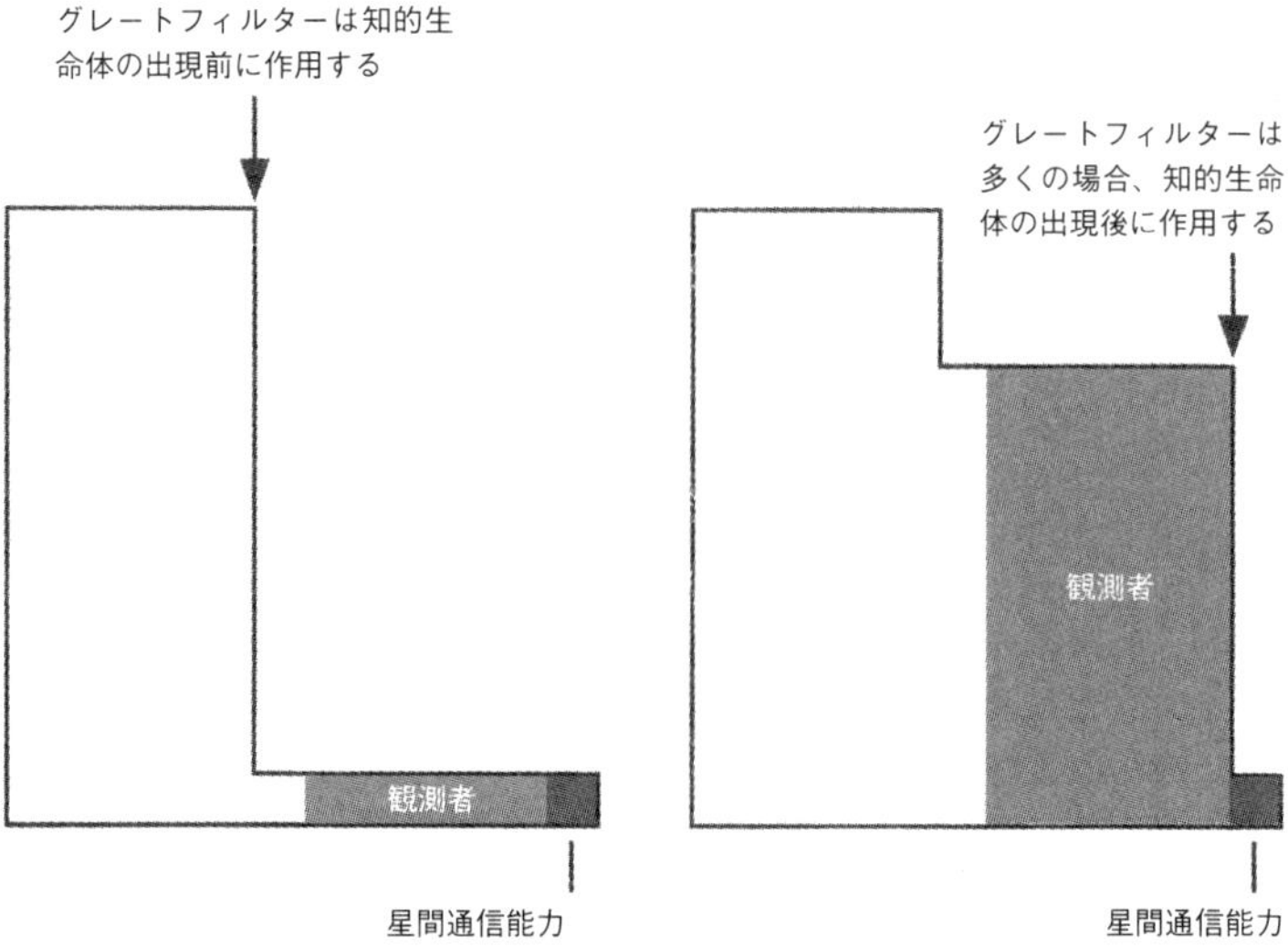
グレートフィルターは知的生
命体の出現前に作用する
観測者
星間通信能力
グレートフィルターは
多くの場合、知的生命
体の出現後に作用する
観測者
星間通信能力

れがフェルミの制限、すなわち、通信する文明は稀少でなければならない、または、われわれはおそらく、すでにそのいくつかを検知している、というものだ。

ここに示されているのは、通信するETがほんのわずかしかいない世界にたどり着く二通りの方法だ。左側のシナリオでは、グレートフィルターは、ほとんど観測者が出現する前に作用する。その理由は、生命体を活性化するには分子の奇蹟が必要だからか、もしくは長期にわたる惑星軌道の不安定が、ほぼ常に知性の進化を妨げているからか、そのいずれかだ。われわれはその後、観測者がほとんどいない宇宙に住む。そして、そこにいる自分たちを、信じられないほど幸運な存在と見なすことができる。また、グレートフィルターが自分たちの後方にあるという点でも幸運だ。前方には、星間通信能力の獲得へ向かう明確な経路があるからだ。

　右側の図は、より厳しい状況を示している。惑星が生命体と観測者を進化させるのは比較的容易である。これらの観測者はテクノロジーを発展させ、個体数の急増を経験する。フィルターはほとんどの場合、個体数の増加後に作用するが、それはテクノロジーが星間通信能力を得る前である。個体数が急増し、その後「突然いなくなる」のだろうか？

　仮に私が宇宙のランダムな観測者であり、影の部分のランダムな地点を占有しているとしよう。左のシナリオでは、私の種が最終的に星間通信能力を得る段階に到達する確率は高い。だが右のシナリオでは、グレートフィルターが私の前方にあるため、私の種が成功する確率は低いのだ。

　ここから導きだされるひとつの結論は、私たちはおそらく、地球外生命体の発見をそれほど懸命に応援すべきではないのかもしれない、ということだ。地球外のどこかで、単純ながらもなんらかの生命体を発見することは、グレートフィルターが私たちの過去ではなく未来に存在する「何か」になる確率を高めるかもしれないからだ。「火星が完全に不毛な惑星であるという発見はすばらしいニュースだ」とボストロムは言った[10]。「死んだ岩と生命のない砂、それは私を元気づける」。なぜなら、火星やエウロペ、エンケラドスで生命体を発見することは、宇宙に生命体があふれている確率を大いに高めるからだ。それは、生命体の発展の初期段階は容易である――きわめて困難なのは、その最終段階だ――ということの証拠なのだ。

ジョン・レスリーはカタストロフィの目利きだ。彼は世界がどのように終焉を迎えるかという、これまで看過されてきたその斬新な道筋に関わる新聞記事を集めている。[11] それは小さなコレクションではない。先日、レスリーは偶然にも、新しい避妊法の記事を発見した。[12] サルモネラ菌を遺伝子操作することで良性の感染症を引き起こし、女性を数ヶ月間、不妊状態にすることができるというものだ。これは、現代医学のもうひとつの奇跡として報告された。だがサルモネラ菌は、不潔なまな板や、夏に車のトランクに長時間置きっぱなしにしたポテトサラダなど、どこにでも巣食う化物だ。レスリーは考えた。もし避妊の菌株が漏出して突然変異し、感染性が極度に高まり、永遠に不妊状態になってしまったら？オメガ菌株は、それ以外では無害だ。だれも病気にならず、だれも死なない。だがその後は、だれも赤ちゃんを産まない。一世紀後、人類は滅びる。

これは単なる一例だ。レスリーにはもっとたくさんの事例がある。より重要なポイントは、遺伝物質を操作することができる種にとって、最初の大きな過ちは最後の過ちになりうるということだ。われわれはその途上で、ほんのわずかな過ちも犯さずに、遺伝子工学を開発できると考えるのは現実的だろうか？　そのいくつかは、実は大きな過ちなのではないか？

この疑問に答えるにはバイオハッカー、すなわち、アカデミックな生物学の安全で倫理的なガイドラインに縛られることのない、サブカルチャー的愛好家たちを考慮に入れなければならないだろう。バイオハッカーのジョサイア・ゼイナーは、自分は自らのゲノムを遺伝子編集ツール（ＣＲＩＳＰＲ）で修正しようとした最初の人物だと主張する。二〇一七年のある論文には、ゼイナーの次のような発言が引用されている。「みんなが酔っ払って、自分で自分にタトゥーを入れる代わりに、「俺は酔っ払っている、自分で自分にCRISPRするんだ」と言っているような世界に住んでみたい[13]」。

準安定状態の真空

私たちを不安にさせる考えは他にもあり、それらは不運な物理実験にまつわるものである。原子核の陽子と中性子は、それ自体、クォークとして知られるもっと小さな素粒子で構成されている。クォークは六つの種類（「フレーバー」）があり、それぞれ「アップ」、「ダウン」、「ストレンジ」、「チャーム」、「トップ」、「ボトム」という任意の名前が付けられている、重要なのは、私たちになじみのあるすべての物質には、アップとダウンのクォークしか含まれていないということだ。その他のクォークのフレーバーは、コライダー実験によるものしか知られておらず、生成された直後に消えてしまう。

ただし……それはストレンジ物質と呼ばれる仮説上の物質がある場合に限る。ストレンジクォークは、理論上は、原子核のアップおよびダウンクォークと結合し、安定した粒子（「ストレンジレット」）と、エキゾチックな形態の物質を生成することができると言われている。最悪のシナリオでは、このストレンジ物質は、カート・ヴォネガットの小説に登場する「アイス・ナイン」と呼ばれる結晶のようなものなのかもしれない[14]。そのほんのわずかな量が通常の物質と接触することで、地球全体をストレンジ物質に変えてしまうおそれがあるのだ。このミダス［ギリシャ神話で、手に触れるものすべてを金に変えてしまうフリギアの王の名］的な変化が、私たち人類をはじめとする、原子からつくられたあらゆるものを破壊してしまう。おそらく、パワフルなコライダーが、いつの日かストレンジレットを生成する日が来るのだろう。

ストレンジ物質は決して最悪の可能性ではない。もうひとつの推測的なコライダーの二次的影響として挙げられるのが、真空準安定イベントだ。真空はまったく何も含んでいない空間とされている。とはいえ、私たちがそれほど簡単に想像できるものが、実は存在しないのだ。量子論では、空間は、たとえ原理上でも完全に空になることはできないと言われている。限りなく空っぽの空間において、仮想粒子がほんの一瞬現れたり消えたりしている。これらの粒子は電磁気学とか重力のそれのような場を増殖させる。真空はしたがって、エネルギーの小さな残渣を含んでいるはずなのだ。

一般に、私たちがよく知る真空には、少量のエネルギーが含まれていると考えられている。ところが一九八〇年に、物理学者のシドニー・コールマンとフランク・ド・ルチアが、もうひとつの低エネルギー種の量子真空が可能なのではないかという提案をした。そうであれば、私たちがよく知る真空は、ともするとどんな瞬間にも他の種類の真空に変化しがちな、単なる「準安定状態」に過ぎないことになる。そうした低エネルギー真空の小さな泡でさえ、コライダー実験などで出現すると仮定すれば、それはこの著者らが記しているように、「究極の生態学的カタストロフィ」となる。[15] 私たちがよく知る真空状態は、即座に低エネルギー状態に変換され、大量のエネルギーを放出し、私たちが大切にしているすべての人やものを破壊する。

ストレンジ物質のカタストロフィは、おそらく地球だけに影響を与えるだろう。準安定状態の真空イベントは、空間と未来の時間のすべてに影響を及ぼす。それは実質的に光の速さで、全方角に向かって拡散する。どんどん増殖する真空の泡が、惑星、恒星、銀河、その他すべてを飲み込む。それは私たち人類の終焉だけではない。宇宙のあらゆるETの終わりを意味するのだ。泡のなかには、生命と両立しない自然の新しい定数があるかもしれない。陽子はすぐさま崩壊する。物質は即座に重力の作用による崩壊を経験する。学術誌『フィジックス・レビュー・D』にしては珍しい言葉で、コールマンとド・ルチアは次のように書いている。それは私たちが知る単なる生命の終焉ではなく、「喜びを知る能力のある［あらゆる］構造」の終焉となるだろう[16]。

低エネルギーの真空形態が存在するかどうか、私たちにはわからないということを強調しておかなければならない。それは純粋な憶測なのだ。（ブラックホールやX線、電気と同じように）。

一九八三年、ピート・ハットとマーチン・リースが、コライダー実験によって提起された準安定真空リスクを評価する論文を『ネイチャー』に発表した。きわめて活発な衝突だけが、低エネルギー真空をつくりだすことができるという考えだ。ハットとリースは、自然宇宙線は、コライダーのなかの粒子よりはるかに活発な粒子を生みだすと指摘した。宇宙線のエネルギーは、最大約一〇の一一乗ギガ電子ボルト（GeV）である。コライダーのエネルギーは当時、わずか一〇の三乗GeVほどだった（現在は一〇の四乗GeV）。したがって、現代のコライダーは、宇宙が宇宙線であふれているとすると、全体的なリスクをほとんど高めることはないのだ。

おそらくこれは、いまのところは真実だろう。しかしそれは、問題を先送りしているとも言える。私たちはいつか、自然界では実現したことのない衝突エネルギーを生みだす能力をもつかもしれない。そうすれば、粒子加速器の構築を私たちはやめるだろうか？

人間の本質のほうが、物理学よりも推測するのは簡単だ。次世代の実験は安全だと言う物理学者の一団がいるかと思えば、そうではないかもしれないと言う一団もいる。この論争がどのように展開するかは、各派の相対的規模と威信、そしてその状況がメディアでどのように取り上げられているかに左右される。最終的には、大衆指導者も政治的指導者も、物理学者が言っていることを深く理解するには至らないだろう。

したがって、この実験はあまりにリスクが高いという理由で、大事をみて禁止されるかもしれない。私たちにはひとつの惑星、ひとつの宇宙しかない。数年後、火星植民団は、火星がどれほどイノベーションに好意的かということを示したがる。そして、超スーパー加速器が火星の地に構築されることを承認する。とはいえ、実験が準安定状態の真空を損なうとしたら、それは火星だけでなく地球にとっても致命的となるだろう。コライダー実験をパンドラの箱に喩えてみるとわかりやすいかもしれない。遅かれ早かれ、だれかがそれを開けなければならないのだ。

私たちは、自らの物理実験だけでなく、ＥＴの実験についても心配しなければならないことに留意してほしい。昨日、はるか遠い銀河系で、だれかが真新しい一〇の二〇乗ＧｅＶの粒子コライダーのスイッチをオンにしたかもしれない。これでジ・エンドだ。それがすぐさま低エネルギー真空の泡をこしらえ、コライダーを破壊し、地球を、そしてその太陽を破壊するとも考えられる。泡が今度は外へ向かって活発に動き、いつか地球に到達するだろう。これは光の速度で移動しているため、私たちに事前に警告することはない。私たちは、遠く離れた銀河系が破壊されるさまを、私たち自身の崩壊とまさに同じ瞬間に目撃するだろう。

このことは、フェルミの問い（同じく、その名にちなんで付けられたものにフェルミ国立加速器研究所がある）に対して皮肉な答えを提案する。ETについて私たちが学ぶかもしれないすべての方法――星間通信をじゅうぶん可能にするほどパワフルなラジオビーコン（無線標識局）、別の太陽まで到達することができる宇宙船、そして宇宙規模のエンジニアリング――は、信じられないほど大量のエネルギーを必要とする。こうしたことができる文明は、スーパーパワーをもつ粒子加速器を建設することもできるだろう。もしかしたらETは、銀河の探査に乗りだす前に、致命的な実験を常におこなっているかもしれないのだ。

そしてもしこの実験が準安定状態の真空イベントを生成するとしたら、宇宙はスイスチーズのように、どんどん拡張する真空の泡だらけになるかもしれない。私たちは真空の泡と泡の間で次第に小さくなっていく隙間に住むのだろう。どんどん縮小していくその世界では、すべてがうまくいっているように見える。終末が訪れたら、口をぽかんと開けて「これは一体何なんだ？」と言いながら、空を見つめるほんの一瞬の暇さえ私たちには与えられないだろう。そこにあるのは意識の最後の瞬間であり、そしてすべてが消滅する。

＊＊＊

「そうした完全な消滅、魔神の呪文で消えてしまうようなものには、何かとても澄んだものがある」と、ウィリアム・エックハートは記している。[17]「人々は、核戦争による破滅や生態学的災害による緩慢な死を考えることで感じるような、心理的衝撃を感じていない」ことに、エックハートは気づいたのだ。

ボストロムも同じような指摘をしている。私たちはこうしたことを（はっきりと）目撃したことがないため、それに対処する認知的下部構造をもち合わせていない。一方で、その他多くの明白かつ現在の危険は、私たちの注意を喚起する。

ボストロムはさらに、彼が「グッドストーリー・バイアス」と呼ぶものについても警告する。[18] 私たちは、グッドストーリー（良い話）を生みだすような未来の概念を好む。つまり、カタストロフィは悲劇的欠陥の結果であり、適切に予見されているものであり、不合理な推論として訪れるものではないということだ。世界中が順応できるような物語は容易に受け入れられるが、徐々に弱っていく人類の物語は、得てして拒絶されるのである。

死をもたらす宇宙探査機

銀河の探査に送られた自己複製する新装置、フォン・ノイマン宇宙探査機は、通常は悪意のないものとして理解されている。だれの邪魔もせずにするべきことをし、さもなければ途中で遭遇するあらゆる生命体に挨拶をする。だが、グレン・デイヴィッド・ブリンが概説する死をもたらす宇宙探査機のシナリオでは、宇宙には腐ったリンゴ［集団において、他に悪い影響を及ぼす人の意味］がいくつかあるというのだ。観測者―種のなかには、外来種を好まず、誇大妄想型で、悪意をもっているものもいる。これらの種は善良なロボットをつくらない。自分たちが遭遇した他のあらゆる種を絶滅させるような設計で、フォン・ノイマン・ターミネーターを製造しているのだ。

自己複製マシンは武装化して、際限なく再生し、先住の生命体をすべて締めだしたり、その惑星をナノテクノロジー的な灰色の軟泥に変えたりするおそれがある。また、より効率的には、その地域のゲノム配列を決定し、人工ウィルスを考案してすべてのものを絶滅させるかもしれない。

知的生物はなぜそれほど悪意があるのだろうか？　彼らは、すべてのETは自分たちに似ているというコペルニクス的な憶測を立てており、そこでは殺すか殺されるかいずれかだ。彼らは銀河系を自分たちのマニフェストデスティニー［一八四〇～五〇年代のアメリカの西部開拓を正当化した標語で、「明白なる使命」などと訳される］だと考える領土拡大主義者なのかもしれない。人類が仲間の人間たちに何をすれば数平方キロメートルの領土を獲得できるかを考えるとき、「自分たちとは異なる」エイリアンを遠隔操作で絶滅させることを想像するのは、それほど難しいことではない。

私たちは、邪悪なETが一般的だと仮定する必要はない。それはひとつでじゅうぶんだ。死をもたらす宇宙探査機が解放されたが最後、それらを呼び戻すことはできない（たとえそのむくいでもって、その発端となる種が早期の終末を迎えたとしても）。

死をもたらす宇宙探査機は、その探査中、知的生命体がいる恒星系を優先するかもしれない。それらは新たにテクノロジーを備えた文明の無線通信を聞き、その文明に向かって自らを発射させる可能性がある。ブリンはこう述べる。「『アイ・ラブ・ルーシー』［一九五一年から一九五七年まで放映されたアメリカのテレビドラマ］はいまや、くじら座タウ星をとうに超えて拡散している[19]」。

宇宙惨劇のタイムテーブル

地球外の大惨事を想像できる人間がたくさんいることは、まもなくはっきりするだろう。フェルミのパラドックスは、そんなことは起こるはずがないと確信しすぎてはいけないことを仄かしている。こうした可能性を評価する合理的な方法はあるのだろうか？

マックス・テグマークとニック・ボストロムは二〇〇五年、『ネイチャー』でこの疑問を取り上げた。[20]彼らは「自らの種が、自分たちが観測している時点まで生き延びたということ以外、観測者が観測できないようにする」選択効果を認めることから始めている。[21]「宇宙でカタストロフィが起こる頻度がきわめて高いとしても、私たちは、自分がまだ破壊されていない惑星にいると期待すべきだろう」。これは、「安全に対する誤った感覚」を与える傾向があると彼らは警告する。

私たちは、その破壊が私たち自身の存在を不可能にすることはなかったであろう天体からの証拠に目を向けることで、この問題を回避することができる。たとえば、自然の高エネルギー宇宙線が、すべての惑星を吸い込むマイクロブラックホールを生成することがありうると懸念しているとしよう。これは、生物がいるほとんどの惑星（またはその太陽）に起こりうるということであり、地球はこれまで運が良かっただけなのかもしれない。ところが、私たち自身の太陽系には、これが起こりうる、または一般的な事象ではないという重要な証拠があるのだ。マイクロブラックホールが海王星の大気のなかで生みだされていたら、とうの昔に、すべての惑星をひとつのブラックホールに変えていただろう。海王星の質量をもつブラックホールは幅一五センチほどで、ハニデューメロンよりも小さい。[22]しかし、海王星に起っていることが地球やその生命体に悪影響を及ぼすことはない。ブラックホール—海王星はそれでも等距離で太陽の周りをまわり、重力場をもっている。ユルヴァン・ルヴェリエとジョン・クーチ・アダムズは天王星の不規則な軌道に気づき、八番目の惑星を予言した。ヨハン・ゴットフリート・ガレは、自らの望遠鏡を通してブラックホール—海王星を見ることはできなかったかもしれない。だが結局は、だれかがもっと信じがたい何か、すなわち、目に見えない「惑星」の周りをまわる衛星群を発見しただろう。私たちは、ボイジャー二号の海王星探査時（一九八九年）にはブラックホールの存在を知っていたのだから、自分たちの縄張りでそれを見つけたら大変な興味を抱いただろう。

しかし実際は、海王星も、我々の太陽系にある他の主要な星団も、いずれもブラックホールではないことを私たちは知っている。それに、太陽系外惑星が遠い太陽の光を覆い隠すことも知っている。これらの惑星がブラックホールだとしても、それらは小さすぎて太陽の光を覆い隠すことはできないだろう。このことは、惑星が一般に、なんらかの自然のプロセスによってブラックホールに変化することはないということを確証する。

ストレンジ物質の惑星も同様に、よくあるものとして除外することができる。惑星大気のスペクトルは、よく知られた化学的性質を示している。月面着陸船と火星探査車が、ストレンジレットの塊に変化することはなかった。他の惑星に私たちが置いてきたあらゆる作業用器具は、それらの物体が陽子と中性子の原子核——アップとダウンのクォーク——からできていることを証明する。

その他の懸念は、超新星は周りのすべての恒星系を定期的に不毛状態にするおそれがあるということだ。この点についても、地球は運の良いことにその運命を逃れてきた。火星と海王星は地球とその幸運を共有しているはずである。私たちの太陽系の内部からは、超新星の攻撃について何も知ることはできない。

幸いにも、そうする必要はない。私たちの銀河系全体で、また他の銀河系内で、超新星を観測することができるからだ。これにより、超新星がどれくらいの頻度で起こり、それがどれくらいの力をもつかに関する合理的に正確な、常に改善される予測を得ることができる。これらの予測によれば、そうした超新星はおそらく、知的生命体の進化にとって主要な障害にはならないとされている。ここでも、われわれは自らの存続とは無関係なデータを得ているのだ。

準安定状態の真空と死をもたらす宇宙探査機のシナリオは、評価がさらに難しい。アンドロメダ銀河には、真空泡がないように見えると言っても始まらない。私たちはこのことを観測しなければならないのだ——死をもたらす真空が私たちに到達する瞬間まで。

原則として、成功したSETIの取り組みを介して死をもたらす宇宙探査機について学ぶことはできる。もし私たちがETの送信のひとつやふたつを聞き取ることができ、そのいずれも死をもたらす宇宙探査機のことに触れていないとしたら、それは、この考えを軽視するベイズ的理由となるだろう。そしてもし、こうした送信のひとつが『宇宙戦争』のようなものに変わるとしたら——「うわぁ、ついに命を狙う宇宙探査機がやってきた！」——私たちは少なくとも事前警告を受けるだろう。（これは死をもたらす宇宙探査機が準光速で移動することを想定している。あるいは、もしかしたらフェルミの言うとおりで、進化したすべてのETが光よりも速い移動方法を発明したのかもしれない。そうであれば、死をもたらす宇宙探査機は、たとえば昨日、ここにいた可能性もある）。

テグマークとボストロムは、我々には自己位置付けの証拠となるデータポイントがひとつあるということを認識していた。それは時間における私たちの位置だ。

彼らは、生命体と観測者にとってふさわしい居住可能な惑星の形成に焦点を当てている。これは、天文学者がある程度は理解していることだ（生物学者はおそらく、知的生命体の進化以上のことを理解しているだろう）。恒星の第一世代は、岩石惑星を形成するのに必要な重元素をもっていなかった。これら初期の恒星は、鉄や炭素など、後に太陽系に再利用される重元素をつくった。地球はビッグバンの約九〇億年後に形を成した。これは、驚くほど早くも遅くもなく、居住可能な惑星が存在するに至るまでの典型的な時間と考えられる。

これは標準的な天体物理学的理解に含まれるもので、もちろん、われわれがここで考えているような奇妙な考えは考慮に入れていない。だがここでは、敢えて反対の立場を取ってみる。私たちの真空が準安定状態であり、比較的低いエネルギーの真空泡が、ある種の自然な原因で空間にランダムに生成されると仮定しよう。この泡が一般的なもので、（たとえば）数十億年以内に空間のほぼすべてを飲み込むとしたら、観測者は非常に稀なものになるだろう。なんとか進化しようとする実質上すべての観測者は、宇宙の歴史のきわめて早い時期にそうするだろうし、一方で、まだ手がつけられていない空間がたくさん残されただろう。

私たちは、ビッグバンの一三八億年後にいまの自分を認識している。これは特別早くもない（重元素の形成と生物学的進化に必要な時間を見越したとしても）。時間における私たちの位置は、準安定状態の真空イベントがどれほど一般的かということに、いくつかのベイズ的限界を設けることを許す（それらが存在すると仮定して）。

テグマークとボストロムは、ランダムに起こる宇宙のカタストロフィの典型的な時間枠は、九五パーセントの信頼水準で二五億年より大きいはずだと見積もる。つまり、真空泡が存在するとしても、それらが数十億年の間に私たちに到達する可能性は低いということだ。

より最近では、ニーマ・アルカニ＝ハメドとその同僚が、粒子物理学の標準模型を使ってこの問題に取り組んだ。(23) 彼らには良いニュースと悪いニュースの両方があった。悪いニュースというのは、われわれの真空は実際に準安定状態であると彼らが信じているということだ。良いニュースは、真空泡はおそらく、あと約一〇の一三八乗年間は私たちにぶつかることはないだろうということ、つまり、人が「永遠」と呼ぶことのできるような期間だ。このとてつもなく高い数値は、もちろん、ベイズの計算と一致している（これは下限値しか設定していない）。

テグマークとボストロムの執行猶予は外的なカタストロフィに適用されるもので、私たちが自ら生みだすようなものには適用されない。さらにそれは、こうした外的カタストロフィが時空間にランダムに分布されることを仮定している。これはETが解き放ったカタストロフィには当てはまらないだろう。準安定状態の真空シナリオは、自然には決して起こらず（アルカニ＝ハメドのグループが基本的に述べているように）、ETの物理実験の失敗の結果として起こる可能性があると仮定すると、そのリスクは時が経つにつれて、テクノロジーをもつ種の分布に比例していくだろう。初期の宇宙にはETがほとんど存在せず、リスクもほとんどなかった。だとすれば、私たちがいまそうであるように、こんなにも遅い時期に自分たちの存在を発見するということは、それほど驚くべきことではないのかもしれない。私たちはETがつくりだしたカタストロフィを、同程度の信頼水準でもって除外することはできないのだ。

このことは、死をもたらす宇宙探査機にも当てはまる。そしてもし、その宇宙探査機がわれわれの無線放送に照準を合わせたとしたら、それらは悪意に満ちたETの存在のみならず、私たち自身の存在とも相関関係がある。死をもたらす宇宙探査機というのは、少なくともこの方法では、私たちが除外することのできない奇妙な考えなのだ。

しかし、テグマークとボストロムの総体的結論は心強く感じさせる。「外因性の滅亡率は、人間についても地質学的時間枠についても非常に小さいという私たちが出した基本的な結果は、かなり強固なようだ[24]」。

多世界における生と死

「神はサイコロを振らない」とアインシュタインは言った。この言葉ほどよく知られていないのが、ニールス・ボーアの次の言葉だ。「アインシュタインよ、神が何をなさるかを貴方が語るなかれ」[1]。どちらも量子論について語っている。ボーアの見解では、量子論はわれわれの世界が偶然によって支配されていると説明する。アインシュタインは、それは受け入れられないと考えた。その有名な反論は二〇〇九年、大型ハドロンコライダー（ＬＨＣ）の除幕式で不気味に共鳴した。ホルガー・ベック・ニールセンと二宮正夫は、世界を救うための謙虚な提案をした。神、もしくは神の粒子とトランプ遊びをしよう、と。

概念的には、ニールセンと二宮はこんなことを暗示していたのだ。つまり、百万枚のトランプのカードを山にする。一枚を除くすべてのカードの表面は空白だ。その一枚とはジョーカーで、そこには「大型ハドロンコライダーをいますぐシャットダウンせよ」と書かれてある。トランプの山をよく混ぜて、そこから一枚引く。カードが空白である限り、欧州原子核研究機構（ＣＥＲＮ）はＬＨＣを接続し、宇宙の秘密を探る努力を続ける。だが、もしジョーカーを引いたら、ＣＥＲＮはＬＨＣを永久にシャットダウンする。ゲームを成功させる——世界を救う——ために、ＣＥＲＮの幹部は引かれたカードに従うことに合意しなければならない。イカサマは禁物だ[2]。

ＬＨＣの構築には四七億五〇〇〇万ドルほどかかったが、これは政治的に複雑なヨーロッパの国々の合弁企業から支払われた。[3] はたして、ＣＥＲＮはトランプゲームを見送った。これ以上メデイアで終末が取り上げられることは、なんとしても避けたかったのだ。二〇一二年七月四日、ＬＨＣはヒッグス粒子を発見したと発表した。メディアはこれを「神の粒子」と呼んだ。

ＬＨＣのトランプ実験は、量子現実の本質を理解しようとする試みの興味深い例だ。問題になっているのは「多世界解釈」であり、これは、一般的な想像ではパラレルユニバース（パラレルワールド）と同一視される。しかしながら、多世界は重大な科学的問題となっており、それをテストするための考えに自己サンプリングが一役かっている。

波動関数の崩壊

エルヴィン・シュレーディンガーは、一九五二年におこなった講義の聴衆に対して、まもなくあなたがたは「きちがいじみた」ことを聞くことになるだろうと警告した。[4] われわれは数え切れないほどある量子の世界のひとつに住んでいる、と告知したのだ。この言明は、シュレーディンガーがノーベル賞を授与された、量子物理学の基礎となる研究に根差している。パワレルワールドに対するシュレーディンガーの見解は、わずか半世紀の間に、ひとりの男の無害な思いちがい（多くの人が慈悲深くそう思っていた）から、現代物理学で最も息の長い論争のひとつへと発展した。

原子より小さい素粒子の世界には、私たちが知ったり、測定したり、予測したりできないようなものが数多く存在する。たとえばヴェルナー・ハイゼンベルグの不確定性原理は、電子（エレクトロン）の位置や速度を測定することはできるが、無限の正確さでもって、その両方を同時に測定することはできないと主張する。量子論は私たちに、確実性ではなく確率に甘んじることを強要するのだ。

シュレーディンガーは、世界を量子論的に説明する波動関数を考案した。どんな状況でも、波動関数はその可能な結果の確率を説明する。波動関数は、たとえばガイガーカウンター（放射線量計測器）が任意の瞬間にガンマ線光子（および「クリック音」）を検知する可能性はどれくらいか、といったことを決定する。粒子が観測されたとたん、波動関数は「崩壊する」と言われている。破裂する泡のように、波動はもうどこにもない。これらは修辞的表現である。観測できる現実としては、測定された粒子が、ある特定の状態で存在することがわかっている。これは特定の位置または速度もしくはスピンである可能性がある。

他のすべての人と同様、物理学者もこのことを理解しようと努めてきた。シュレーディンガーも奮闘した。シュレーディンガーの猫について聞いたことがあるだろうか。量子力学の奇妙さを表す猫の話だ。猫を、毒が入った試験管と一緒に箱のなかに入れて密閉する。放射性崩壊により装置のなかで試験管が粉々になり、そこから放出された青酸ガスによって、瞬く間に猫が死ぬ確率は五〇パーセントだ。だれも観測することのできないこの猫は、生きているのか、死んでいるのか？

この話に寄せられる多くの有名な意見によれば、猫は——箱が開けられるまでは——死んでいると同時に生きているとされている。シュレーディンガーはこれを信じなかった。彼はこの猫の実験を、帰謬法、すなわち、量子物理学に対する私たちの理解はどこかまちがっているにちがいないということを示すものとして発明したのだ。

量子論に関するもうひとつの一般的な解釈は、コペルニクス的ではない主張をする。つまり、観測者は特別だ、というものだ。波動関数を崩壊させるのは、意識的な心による観測行為なのである――これが哀れな猫に死か生かのいずれかの状態を与えるのであり、その両方であることはない。この信条は、神秘主義者らにとっては魅力的だが、ほとんどの物理学者にとっては不快きわまりないような方法で、精神と物質を結び付けている。

エヴェレットの多世界解釈

一九五〇年代のはじめ、シュレーディンガーの「きちがいじみた」パラレルワールドの考えは、ヒュー・エヴェレット三世とブライス・セリグマン・ドウィットに採用され、発展していった。これは現在、量子論の多世界解釈（ＭＷＩ）として知られている。多世界は、なんらかの歪曲なくして平易な言葉に置き換えることはできないが、大ざっぱに言えば、波動関数のすべての結果は真であるということだ。量子測定という行為が分岐点となる。一方向の陽子スピンが観測される分岐または世界と、それが反対方向に観測されるもうひとつの分岐がある。波動関数は決して崩壊せず、それは時を経て、古典的決定論とともに進化する。あなたと私の別バージョンがいるパラレルワールドが存在するのだ。

過去半世紀以上の間、多世界解釈は、非公式の世論調査で、かなりの数の現役物理学者が信じると言うほどまで支持を得てきた[5]。これは、彼らがパレラルワールドは名案だと思っているからではない（そう思っている人も多少はいるが）。主な理由としては、私たちがいま、量子デコヒーレンスをよりよく理解しているからなのだ。粒子は、その環境から完全に孤立している間のみ、悪名高い奇妙な量子力学的振る舞い（一度にふたつの状態で存在するなど）を示す。粒子が周りの世界のランダム性と作用しあうと、その量子の異常な力（「デコヒーレンス」）を失う。これは、ビリヤードのボールや惑星のように、一度にひとつの場所に存在するということがわかっている。

デコヒーレンスは観測者の神秘的な役割の誤りを暴く。波動関数に崩壊を引き起こすのは、観測者ではなく環境なのだ。なぜなら、人間はあまりにも大きくて動きが緩慢なため、素粒子と直接的に相互作用できないからである。私たちには人間の手や目、耳の大きさにスケーリングされたガイガーカウンターのような媒介物が必要だ。ガンマ線光子がガイガーカウンター検出器に入ると、ガスをイオン化し、電子が耳で聞こえるほどのクリック音に増幅する少量の電流を生みだす。光子とランダムなガス原子との相互作用が、これを時空間の特定の地点に存在させるのだ。人間の観測者はこれとはまったく関係がない。メッセージを送ったり、昼寝をしたりすることができるだけだ。波動関数の崩壊はすべてわれわれに関わることだと私たちに思わせるのは、単なるナルシシズムである。

量子デコヒーレンスは、シュレーディンガーの猫がなぜ隠喩に過ぎないかを説明する。猫もまた、あまりに大きくて動きが緩慢なので、ゆらぎをもつ量子現実のホワイトノイズから切り離すことができない。孤立系［外界との間であらゆるエネルギーの移動を許さない系］について話すことが意味をなすのは、素粒子と時間のナノスケールを考慮するときだけだ。どんな人間も、またどんな猫も、量子の島［量子井戸内で形成される、井戸層が比較的厚い領域］ではないのである。

＊＊＊

サイエンスフィクションでは、登場人物がパラレルワールドに飛び込み、そこを探索し、そしてまたこの惑星に戻ってくる。こうしたことは、エヴェレットの多世界解釈では不可能だ。これらの多世界は、観測不可能、反証不可能と言われている。「何も言わずに計算せよ」という懐疑的キャッチフレーズすらある。(6) 批評家が言うには、多世界解釈は通常の量子論と同じ予測を与える。したがって、それは適切な理論ではなく、単なる解釈、数字の裏側にあるものについて語るもうひとつの方法なのだ。ここで仄めかされているのは、数字こそ、熱心な物理学者が気にしなければならないもののすべてだ、ということである。

この観点に立つと態度は変わってくる。いまや物理学者が進んでゴミ箱のなかに投げ込みたくなるような、物議をかもす量子論「解釈」があまりにも多く存在する。現在どれほど多くの物理学者が多世界解釈を支持しているかを考えれば、これがまちがいだと証明する実験や観測は自動的にノーベル賞ものだろう。それが正しいと証明する実験ならなおさらだ。

このゴールは、物理学者のアンドリュー・ホワイトが述べているように、「それを攻撃する何の足がかりも、何の方法もない、巨大でなめらかな山のよう」なものだ。(7) にもかかわらず、多世界解釈と、量子論の単一的な歴史の概念とを実験的に区別するための推測的な構想が、一定の頻度で発表されている。そこにはしばしば、たとえ原則上でも、この構想が機能するかどうかに関する意見の不一致が存在する。ほぼすべてのものが、現在利用できるものをはるかに超えたテクノロジーを含んでいる。ひとつ例外があるとすれば、それは、ローテクデバイスの量子自殺マシンだ。

マックス・テグマークは恵まれた生活を送ってきた。スウェーデンの高校では、ビデオゲームのコーディングをして小金を稼いだ。現在はMITの宇宙論者であり、彼の研究にはイーロン・マスクが資金を提供している。ところが、テグマークの名声の分け前は、彼が一九九七年におこなった半分冗談ともとれる発言に寄与している。

他の多くの物理学者と同様、テグマークは多世界の実験的テストを考案しようと頭をひねっていた。最終的に頭に浮かんだのが、量子自殺マシンとして知られている概念だ。デイヴィッド・パピノーの言葉を借りれば、そのハイコンセプトは、シュレーディンガーの猫と一緒に箱に入るということだ[8]。

とはいっても、実際にそこに箱がなくても良い。テグマークは自らの自殺マシンを、一秒に一回、量子粒子のスピンを測定する装置がコントロールする自動発射銃だと想定する。スピンが「上向き」の場合、弾が発射される。「下向き」であれば、単に空打ちのクリック音がするだけだ。

設計上、弾が発射する確率は各測定において五〇パーセントである。したがって銃は、ランダムなクリック音と発射音を生みだす。これについては、全員異論はない。

この同じ銃をあなたのこめかみに向けたらどうなるか？　私たちの世界のほとんどの物事と同様、これは視点の問題である。あなたではないだれもが、同じくランダムなスタッカート音を観測するだろう。最初の発射音は、あなたの脳に発射された銃弾によってかき消される。

あなたが生き残るチャンスは厳しい（と、このゲームをそばで観察している見物人は言う）。彼らは、あなたが銃の最初の量子測定で生き残る確率を二分の一、二度目で生き残る確率を四分の一……三度目で八分の一、一六分の一、三二分の一というように予測する。丸一分を生き延びる確率は一〇億の一〇億倍分の一よりも少ない。

ボーアが支持し、アインシュタインが非難した量子論の単一の歴史バージョンにおいては、無慈悲な確率に支配されるこのひとつの世界しか存在しない。自分の頭に銃を向ける人はみな、数秒以内に死ぬことになるというのは確実な賭けだ。

ところが、エヴェレットの多世界解釈によれば、量子時計がカチッというごとに分岐した世界があると言うのだ。それぞれの測定で、被験者が生存する分岐と、生存しない分岐がある。だれも死んでいる状態を経験することはできない。これから経験するすべての経験は、被験者が生き残っている量子の世界で起こる。つまり、この被験者はカチ……カチ……という音は聞くけれど、爆発音を聞くことはないということだ。どれほど多くの分岐した世界が存在しようと、そこには常に、自殺マシンから生還した被験者の意識がある。

被験者が頭から銃を離すと、再びクリック音と発射音のランダムなシーケンスが始まる。しかし、再び銃を頭に向けたとたん、カチ……カチ……カチ……が繰り返される。そして被験者が長く生き延びれば生き延びるほど、多世界解釈が正しいという彼の確信は増すのだ。

これは思考のための実験であり、実際に実行するためのものではない。一九九七年、マーカス・チャウンは『ニュー・サイエンティスト』に寄稿し、テグマークにこのことを質問した。本当にこんな実験を自分でしようと思うのですか？と。「私は平気だ」とテグマークは答えた。「でも妻のアンジェリカは未亡人になるかもしれない。それでもおそらく、いつかはこの実験をやると思う——年を取って、気が狂った頃にね[9]」。

テグマークは、量子自殺マシンについて述べた最初の人物が自分ではないことに気づいた。同じような考えを、ハンス・モラヴェックとブルーノ・マーシャルが構想し、発表していたのだ。カーネギー・メロン大学のロボット工学者であるモラヴェックは、量子で起動する高爆発性の爆薬をつけたヘルメットを構想していた。多世界解釈が真であるとすれば、ヘルメットは考える帽子である。このマシンを使って、だれかのオンラインパスワードを当てることができるかもしれない。量子測定が生成したランダムなパスワードを入力すれば良いのだ。その推測がまちがっていれば、ヘルメットがあなたを粉々にするように設計されている。粉塵がおさまると、あなたが偶然正しいパスワードを入力したパラレルワールドには別のあなたがいる。モヴェラックはこう付け加える。「あなたの頭蓋の爆薬は無傷のまま、次の問題を解決する準備をしているだろう[10]」。

量子不死

ヒュー・エヴェレット三世は、私たちのそれぞれがある量子世界で死ぬとしても、別の量子世界で生き残るだろうと信じていた。その結果、主観的には「量子不死」の状態となる（自殺ヘルメットもマシンガンも必要ない[11]）。

量子不死は、私たちはそれぞれ量子の歴史に住んでいて、そのなかで他の人々が歳を取って死んでいくのを見るが、私たちだけは死なないという主張だ。二〇代でも六〇代でも、それが奇妙だということはない。しかしゆくゆくは、高校の卒業アルバムのなかのすべての人が死んでしまい、あなたは『ギネス世界記録』に載る。製薬会社はあなたのことを研究したがるだろう。テレビのニュースは、五〇〇歳まで生きる秘訣をあなたから聞きだそうとするだろう。

人はいつでも死ぬという事実がこれに反証を挙げることはない。トゥパック・シャクール［一九九六年、強盗事件で何者かに射殺され、二五歳でこの世を去ったアメリカの人気ラッパー］は（私たちの世界では）死んでいるが、（彼の世界では）私たち全員より長生きするだろう。宗教的、哲学的伝統は、多くの形で永遠の命を約束してきたが、そのいずれも、これと似たようなことは想像していない。

量子自殺は的外れなギャンブルだ。だが量子不死なら、余計なリスクを負わなくて済む。これが正しいとするならば、私たちはみな不死ということになる。テグマークが述べているように、「未来の運命の日に、あなた自身の人生が終わろうとしていると考えるとき、このことを思い出して、もはや何も残っていないとつぶやくのはやめよう――なぜなら、実際に残っているものがあるかもしれないからだ。パラレルワールドが本当に存在するということを、あなたはその目で発見しようとしているかもしれないのだ[12]」

これは良いニュースだ。だがそれは、落とし穴を伴うかもしれない孤独な不死である。量子不死の人は、ギリシャ神話のティトノスのように、年を追うごとに哀れで不幸になっていくのだろうか？　老化には、単一の高エネルギー陽子のような、分子レベルでのランダムなダメージが引き金となるものもある。このことは、数少ない幸運な量子不死者が永遠の若さを経験し、一方でほとんどの人が、羨むに足りないティトノスの運命を前に立ち往生する可能性があることを示唆している。

量子不死はすべての人類に適用できる。単一の量子の事象が人類を滅亡させることがあるとしたら、私たちは、それが起こらなかった場合の結果を集合的に観測しなければならない。

ニールセンと二宮は、自らのLHCのトランプゲームと似たような言葉で考えていた。彼らの仮説は、LHCの動作および／またはヒッグス粒子の生成が、地球とすべての人間の意識を破壊するだろうというものだった。したがって、多世界が真であるとすれば、私たちは、一連の障害と異常な事故（クエンチ事故、アルカイダの物理学者、フランスパンをくわえた鳥……）が、コライダーを機能させないようにしているような世界に自分たちがいると想定すべきだろう。

とはいえ、そこから何かを証明するのは難しい。私たちはみな、関係のない事柄をつなぎ合わせ、それらが偶然であるはずがないと主張するような陰謀の理論家に、あまりに慣れ親しんでしまっているのだ。こうした理由から、ニールセンと二宮はトランプゲームを提案した。量子自殺マシンと同様、それは見通しが明確であるような状況を設定する。そこには存続につながるきわめて起こりそうもない結果、すなわちジョーカーが存在する。そして終末につながるきわめて起こりそうな結果、すなわち空白のカードが存在するのだ（コライダーについてのこのふたりの物理学者の意見が正しければの話だが）。

トランプゲームは隠喩として意図されている。もっと現実的に言えば、この実験はスロットマシンのようなものと関係があり、その結果は単一の量子測定によって決定される。ボタンを押せば測定がなされる。設計上、マシンにジョーカーを表示させるような量子観測の確率は一〇〇万分の一である。

ニールセンと二宮は、おそらくからかい半分に、自分たちの実験が両者にとって有利な提案だと言ったのだろう。ジョーカーが出てこなかったら、彼らの奇妙な考えの信用が失われる。うるさく批判するふたりの人間を論破することで、科学的価値は高まるだろう。

だが、もしジョーカーが出たら、それは取るに足らないものとして無視することのできない、ほとんど奇蹟に近いものに等しくなるだろう。そして、多世界解釈や逆の因果関係、またはこんにちの理解の範疇外にある何かの確固たる証拠を提供するだろう。ニールセンと二宮は、そうした発見がヒッグス粒子の発見よりもむしろ重要だということを示唆したのである。

「ポストモダンの狂信的宗教カルト」

ゲーテの一七七四年の小説、『若きウェルテルの悩み』は、ピストルによる自己破壊というヴィジョンを、あまりに悲劇的なまでに美しく描き出したため、模倣自殺を引き起こす事態となった。その期間は何世紀も続いた。この小説のヘブライ語への翻訳は、一九三〇年代のシオニズム下のパレスチナで相次ぐ自殺を招いたことで非難された。犠牲者のもうひとつの例は、フィクションのなかの登場人物、フランケンシュタインの怪物だ。メアリー・シェリーは自らが生みだした、人から忌み嫌われる生き物を、『若きウェルテル』のコピーと出会わせた。教養あるこの怪物もまた、愛する者たちから拒絶され、自己破壊を誓う。

こうした類のものこそ、ジャック・マラーが量子自殺と量子不死について気を揉んでいることなのだ。マラーはそれが、「不死、自殺（おそらくは意図的な自爆テロ）、および殺人の兆候を備えたポストモダンの狂信的宗教カルト」になる危険性があるのではないかと恐れているのだ。[13] インターネットの議論を引用しながら、マラーは「人々は実験を実行に移すことを考えており、一方で、そう考えながら本物の銃をカジノにもち込んでいる」と語る。[14]

量子自殺にはすでに犠牲者がいると考えるだけの理由がいくつかある。ヒュー・エヴェレットの娘、リズは、一九九六年に自ら命を絶った。彼女の遺書には、父親に会いにパラレルワールドへ行く、と書かれてあったと言われている。[15]

マラーは、テグマークがこの考えについて話をしただけなのに、彼を非難した。テグマークはじゅうぶんな免責事項、たとえば文字どおり「これを家で試してはならない」といった忠告も与えていた。[16] また、自殺マシンと量子不死は、想像通りにはいかないという結論も出している。

異常な事故は、たとえ多世界が真であるとしても、自殺マシンの動作を妨げるだろう。量子マシンが動かなくなったり、ソフトウェアがクラッシュしたり、電力が尽きたり（前の晩に充電するのを忘れた！）して命拾いする可能性は低い。この小さな確率は、自殺マシンを適切に作動させることによって一連の長い量子測定を生き延びるという、私のさらに小さな可能性よりずっと大きい。したがって、マシンが正常に作動し、自分がただ信じられないほど幸運だったような世界にいるよりも、異常な事故が私の自殺マシンを破壊した量子世界に自分がいる可能性のほうが高いのだ。これは、多くの事故を起こしがちな大型ハドロンコライダーについて人々が想像したことと似ている。テグマークは、約六八回の銃のクリック音を聞いた後、自らの量子マシンがその運命の銃弾を射出する前に、隕石によって破壊されるのを見るだろうと予想した。[17]

量子不死の売り口上は、生き残ることは量子の一連の試練をくぐり抜けることだとして存続を理想化する。ところが「死ぬことは二元論的なものではない」とテグマークは言う[18]。染色体、筋肉、そして精神の緩慢な退化が、からだじゅうで起こる。数えきれないほどの量子の事象が、取るべき正確な経路を決定づけるが、そうした経路のすべてが最終的に死へつながる可能性もあるのだ。

多世界における自己サンプリング

量子自殺マシン、そしてＬＨＣのトランプ実験さえも、思考実験として意図したことを成し遂げた。こうしたものは、なぜそれらが機能しないか、その正しい理由について詳しく説明するよう人々を促してきた。大抵それは有益な訓練だ。こうした並外れた考えは、多世界の実地試験を策定するために解決しなければならない問題を明確化するのに役立ってきた。

量子自殺マシンは、選択効果を伴う自己サンプリングの例を提示する。ところが、自分がランダムな観測者であるとか瞬間であるとかということは、それが多世界解釈のなかで正確に何を意味するかを自分で決めて初めて言うことができる。

多世界は、宇宙は観測することのできる、あらゆる可能な量子の歴史の木だと言う。この木は、ひとつの枝（分岐）でも年表でもなく、究極の現実なのだ。何が起こっているかを聞くのは的外れである。波動関数によって除外されることのないすべてのことが起こるのだ。

これは強調しておく価値があるだろう。というのも、よく知られた量子論の説明には、この資質を見落としているものもあるからだ。シュレーディンガーの波動関数は、他よりも可能性のある結果もあれば、可能性がゼロのものもあると言っている。人間の物事の日常レベルでは、これは制限が多すぎるということはないかもしれない。あなたが想像し、物理的・論理的な不可能性を含まないと説明できるほぼすべての大規模な一連の事象は、おそらくはなんらかの量子世界で実現されるだろう。そこにはヒトラーが第二次世界大戦に勝利した世界、ヒトラーが、あなたが会いたいと思う人のなかで最も善人に成長した世界があるかもしれない。しかし、彼が電子の位置と速度を同時に測定したような世界は存在しない。

多世界には他に類を見ないほど「現実的な」歴史がないため、私たちが抱く疑問は客観的な現実についてのものではない。それらは自己の位置付け情報に関するものである。観測者として、私は「現在地」のピンが可能性の巨木のどこに置かれているかを考える。

これは個人的アイデンティティに影響を与える。私は自分自身を、かつてそうであった赤ちゃんと同じ人物だと考える（たとえかなり変わったとしても）。私たちはアイデンティティを、誕生から死までを駆け抜ける直線的なタイムラインとして捉える。

ところが多世界では、私は可能な私でできた、たくさんの枝が密集した木なのだ。いかなる任意の瞬間に私が独自の過去をもっていたとしても、私には多くの可能な未来がある。さらに、他の量子現実の枝もあり、そこには現在の私のもうひとつのバージョンが存在する。この私にかなり似ているものもあれば、そうでないものもある。

それゆえに、観測者―瞬間にフォーカスする必要があるのだ。私は現在の私を、私が意識的観測者として存在するすべての瞬間のランダムなサンプルと考えることができるかもしれない。これは量子自殺マシンの核となる前提である。それは、いくつかの枝にある私の意識を消滅させ、それを他者に限定しようとするのだ。

量子不死に対するコペルニクス的反論もある。もし私が量子メトセラ（長命）化されるとしたら、私の観測者―瞬間のほとんどは、私が本当に信じられないほど年を取っているのを発見するだろう。実際の私は、とても若い（中年の男として）のだ。長いとされる寿命の非常に早い時期にいる確率は、とても小さいはずだ。

ところが、これは量子論の主要な特徴である波動関数の振幅を考慮していない。これは、特定の結果を観測する確率を決定する。多世界解釈は、すべての量子的可能性は実現されると言うが、それは私たちが単に、振幅と確率を無視することができるということを意味するのではない。

また別の量子スロットマシンを想像してみよう。ビットコインを入れてボタンを押すと、それは、私が勝つかどうかを決める量子測定をおこなう。ジャックポットを当てる確率は百万分の一である。

換言すれば、私が勝つ分岐した世界と、私が負けるもうひとつの分岐した世界があるということだ。どちらの分岐も本物だが、明らかに片方のほうが「より本当らしい」。私は、ジャックポットの世界ではなく、敗者の世界に自分を見つける確率のほうが九九万九九九九倍高い。

似たような論理を量子不死に当てはめると、一〇〇〇歳の自分を見つける確率はとてつもなく低い量子確率で加重されるはずだ。なぜなら、そこには非常に多くの分岐した世界があり、ほとんどが、その年齢になるかなり前に死に至るからだ。ランダムに選ばれた観測者―瞬間は確率加重され、結局は早期のものになるはずなのだ。

さて、ここでもう一度量子自殺マシンを考えてみよう。第一に、それは自殺マシンである。それが唯一無二の私をすぐに殺すか（これが唯一の世界である場合）、またはほぼすべての私の量子アバターを暗殺するか（多くの量子世界がある場合）、いずれかだ。

ある意味で、このマシンは確かに機能する。それは、もし多世界が真であれば、私が奇蹟的なまでに幸運な生存者であるようないくつかの観測者―瞬間が存在することを確実にする。これらの幸運な生存者の瞬間は、振幅が非常に小さい。つまり、私は自分がそこにいることを期待すべきではないということだ。ところが、そうした瞬間は存在し、その瞬間を占有する幸運な生存者は、多世界が強く支持されていると結論付けることができる。

これにはファウスト的契約、すなわち死者数が伴う。自殺マシンはおびただしい数の死体と葬式を生みだすだろう。これらは幸運な生存者の世界よりも高い確率をもつ（「より現実的な」）世界に存在する。このことを軽く捉えてはならない。私たちは単なる個人ではなく、家族やコミュニティの一員である。私たちのアイデンティティは、一部には私たちを大切にする人々のなかにあるのだ。

科学もまたひとつのコミュニティである。実験で重要なのは、共有された知識の範囲を拡大することだ。量子自殺マシンは、この目的にはまったく適していない。

幸運な生存者は、自殺マシンが生じさせた特別な観測者―瞬間に住んでいる。それ自体は異常なことではない。すべての実験が特別な観測者―瞬間をつくり、そこでだれかが何かを学んでいる。これが、リトマス試験紙がしていることだ。自殺マシンの生存者は、多世界についての真実を（高い信頼水準に達するまで）学び、自らの量子世界にいる他の人々を納得させることができる。彼らは、その生存者が弾丸を巧みに逃れる姿を見たばかりだ。この生存者は『ネイチャー』に論文を発表することができ、ナショナル・パブリック・ラジオ（NPR）では、それに関連する風変わりな一コマが放送されるかもしれない。だが、それは幸運な生存者のきわめて小振幅の世界における『ネイチャー』とNPRの一ヴァージョンなのだ。生存者は自らの発見を、より振幅の大きい過去（実験前の過去の自分）や他のパラレルワールドに送り返すことはできない。

これについては、テグマークが次のように述べている。

多くの物理学者は、全知全能の魔神が自分の死の床に現れ、生涯にわたる好奇心のほうびとして、自らが選んだ物理学の疑問への解答を示してくれたとしたら、まちがいなく歓喜するだろう。だが彼らは、魔神がその答えを他のだれかに話すことを禁じたとしても、同じく幸せを感じるだろうか？　おそらく、量子メカニクスの最大の皮肉というのはこういうことだ。多世界解釈（MWI）が正しいとすれば、その状況は、いったん死ぬ覚悟ができさえすれば、量子自殺を繰り返し試みる場合とかなり類似したものになる。つまり、あなたはMWIが正しいということを実験上は納得するだろうが、それを他のだれかに納得させることは決してできないのだ！[19]

マラーは、「意識の総量」は振幅とともに減少すると言う。[20]そこに含まれるメッセージは、われわれはまったくありえないような世界を過度に心配すべきではなく、ゼロの確率と無視できるほど小さい確率との区別に、そこまで依存すべきではないということなのだろう。

1/137

リチャード・ファインマンはかつて、物理学者は自分の研究室に「1/137」という数字を書いた標識を掲げるべきだと提案した。それは、彼らがどれほど知らないかということを思い出させてくれるからだ。物理学者は1/137という数字を、微細構造定数――ファインマンの言葉を借りれば「物理学史上最大の、とんでもなく不可解な謎のひとつ」として認識するだろう[1]。

微細構造定数は、電磁力がどれほど強いかを測る尺度である。これが重要なのは、電磁力は原子、化学、そして生命を制御するからだ。この定数が観測された値と大きく異なる場合、そこに原子は存在しない。つまり、恒星も、惑星も、生命も、そしてそのすべてを熟考するリチャード・ファインマン自身も存在しないということだ。

だが、微細構造定数が謎のままであるのは、これまでの物理理論では、いまだその価値を解明することができていないからである。これは大いに説明が必要であるように見える。二〇世紀の思想家のなかには、そのために自らの名声を犠牲にしたものもいる。最も悪名高いのはアーサー・エディントンだ。エディントンは心のなかではピタゴリアン、つまり、世界は聞いたこともない整数の音楽を歌っていると信じることをむしろ好む男だった。エディントンの主張によると、微細構造定数はきっかり1/136だと言う。彼は、読者のすべてを面食らわせるような、精巧な論理的根拠を提示したのだ[2]。

エディントンにとっては残念だが、この定数は1/137のほうが近い。よりすぐれた測定がこのことを議論の余地なく証明したとき、エディントンは自らの誤りを認めた。微細構造定数は正確に1/137だ、と彼は言ったのだ。

それよりもさらにすぐれた測定によれば、この定数は1/137.0359991……だということがわかっており、断じていかなる整数の逆数ではないということを示している。これについては、エディントンは受け入れるのを拒否した。問題は彼の理論ではなく、測定にあると主張したのだ。

エディントンの数値理論は現在、バッドサイエンス（疑似科学）の教訓となっている。だが、彼の同時代人のなかで、微細構造定数を説明できた人はだれひとりいない。私たちもいまだにできない。

宇宙の微調整

微細構造定数の謎は規則であって例外ではない。宇宙には数十個の物理定数または重要な初期条件があり、それらは既存の物理理論によって特定されていないままである。すべてが、生命体と観測者に適した、多かれ少なかれ狭い範囲内の数値をとる。これは「宇宙の微調整（ファインチューニング）」として知られている。

空間の三つの次元について考えてみよう。私たちはあまりに三次元に慣れ親しんでいるため、それをもはや説明するまでもないものと思ってしまっている。ところが、宇宙が三つの次元をもつという論理的必要性は何ひとつないのだ。実際、弦理論によれば、素粒子のスケールでは三つの次元がない。弦理論に頼らなくても、私たちは二次元の世界、または四つの空間次元をもつ世界、もしくはもっと多くの次元をもつ世界を想像することはできる。しかし、二次元生命体はそれほど複雑にはなりえない。それは消化管をもつことができない。あらゆる二次元の有機体をもふたつにスライスしてしまうからだ。しかも二次元の脳は、三次元では可能な、複雑な神経回路をもつこともできない[3]。

思弁的な物理学者は、惑星の軌道は三次元以上の空間では不安定だということを示してきた。四次元の惑星は、四次元の太陽に向かって内側に向きを変えるか、四次元超立方体の真空へと外側に向きを変える。遡ること一九五五年、イギリスの数学者であり科学史家であるジェラルド・ウィットロウは、この点を利用して、私たちは三つの空間次元――それ以上でもそれ以下でもなく――をもつ世界に自分を発見しなければならないと主張した[4]。

非常に現代的な関心の的となっているトピックは、いわゆるダークエネルギーと呼ばれるものの密度だ。呼び名からもわかるように、これは不可思議なエネルギーである。ところが、宇宙のエネルギーの約三分の二がダークエネルギーなのだ。ダークエネルギーは斥力をもち、宇宙を拡張させる。また重力に反発することにより、銀河や恒星、惑星に物質が集まる。私たちのような世界が存在するためには、ダークエネルギーと重力が正確にバランスを取っていることが必要だ。ダークエネルギーがもっと多く存在すれば、その反発作用があらゆる銀河の形成を妨げることになる。宇宙は恒星も個体も、（おそらくは）観測者もいない、薄くてのっぺりとしたガスになってしまうだろう。ダークエネルギーの密度がマイナスで（弦理論では可能なように）、その規模が著しく大きな桁数だったら、宇宙はすぐさま崩壊して「ビッグクランチ」となり、知的生命体が進化する余裕などないだろう。

ケン・オルムとデリア・シュワルツ＝パーロウは、宇宙定数（ダークエネルギーの豊富さの測定値）

は、理論上予測されるよりも、およそ一〇の一二〇乗倍大きいと見積もっている。[5] これは、私たちの宇宙と同じような宇宙が存在する確率が、およそ一〇の一二〇乗分の一より大きくはないということを暗に示している。一〇の一二〇乗は、1の後ろに一二〇個のゼロがつく数値で表され、これは観測される宇宙にある原子の数よりはるかに大きい。私たちは、ものすごく尖ったナイフの刃の上でバランスを取っているのだ。

神の手

卓越した合理主義者であるファインマンは、微細構造定数を「神の手」によって書かれた「魔法の数」と呼んだ。[6] 無論……そうではなかったということを、どのように知るのだろうか？

微調整に関するひとつの可能な説明は「インテリジェントデザイン」である。目的をもった創造者は、知的存在にとって最適な宇宙を設計したいと考えただろう。この創造者は、どんな物理定数が観測者にやさしい宇宙をつくり、それに応じてこれらの定数を選ぶことができるかということを知る上での先見の明がじゅうぶんにあった。これまで見てきたように、牧師であったベイズ自身が、こうした線に沿って考えていたとも考えられる。

これを、ベイズ的枠組みに入れることもできるだろう。インテリジェントデザイン仮説は、微調整の証拠が必ず観測されるようにするが、もしそうでなければ、微調整はきわめて起こりそうもない。これは、インテリジェントデザインを支持するベイズ的理由だ（インテリジェントデザインが実行可能な唯一の仮説だと仮定すれば）。

この主張は、厳密にはまちがっていない。また、事前確信からあまりにも乖離している人に、目的をもった創造者は少なくとも合理的には可能だということを納得させるべきでもない。これは、ベイズの定理がいかに白紙状態であるかを示すもうひとつの例である。それは、どんな仮説をテストすべきか、またそれらがどれほど信頼できるかについて、私たちに何ひとつ教えてはくれない。ただ、私たちがどんな信念をもっていようと、新しい証拠がそれらの信念をどれほど変えるかということしか教えてくれないのだ。

ベイズの規則は、オッカムの剃刀からファインマンの第一原理(「自分自身をごまかしてはいけない――自分は最もごまかしやすいのだから」)に至るまで、他の多くの合理的思考の金言に取って代わることはない[7]。神の「科学的」証明にまつわる永遠の問題は、誇大広告なのだ。微調整が支持しているのは、プロセスのなかには観測者と調和した物理定数を選択したものもあったという仮説なのかもしれない。だが、そのプロセスを、聖書的、コーラン的なすべての栄光における神と同等だと見なすのは信仰の飛躍である。ベイズの定理につながっているものは、ミケランジェロが創造した髭を生やした司教とはまったく異なるのだ[8]。

鏡の間

人々の多くの関心を集めてきた微調整については、もうひとつの説明が可能である。私たちは、さまざまな種類の物理学が存在する、とてつもなく大きな宇宙(「多元宇宙」)に住んでいる、というものだ。この多元宇宙のいくつかが、生命体にちょうど適しているのである。

時空間の無限性は、しばしば西洋思想の最初の前提とされてきた。ピタゴラス派の哲学者であるアルキタスは、空間は無限だというシンプルな「証拠」を提示した。実際、彼は次のように言っている。空間がどこで終わるか、私に示したまえ。そうすれば、その向こう側に手を突っ込もう——だれが私を止められようか？

少なくともこれは、人間の精神にとって空間の終わりを想像することがどれほど難しいかということを証明してはいる。ルネサンス期の学者、トーマス・ディッグスとジョルダーノ・ブルーノは、無限の宇宙という考えを復活させた。[9] 一九世紀になると、空間の無限性が物理学者や天文学者に広く受け入れられるようになった。時間の無限性についても同様で、ほとんどの人が正当化する必要さえないと考えていた。

ここ数十年で、無限の宇宙という概念は、宇宙インフレーションからの支持を得るようになった。宇宙インフレーションとは、一九八〇年代にアラン・グース、アンドレイ・リンデ、ポール・スタインハートをはじめとする多くの人々が発展させた理論である。インフレーションはこれまでで最も大胆な無限宇宙の概念を提唱している。われわれが知る宇宙は高エネルギーの真空のごく小さな一点に始まり、それがわずか数分の一秒で無限に膨張（インフレート）するという考え方だ。この膨張は、ビッグバンの理論版である。

インフレーションは量子論と一般相対性理論に基づいており、これらの理論の不可欠な結果であるように見える。これまで見てきたように、量子真空は「無」ではなく、エネルギーを含んでいる。初期の高エネルギー真空は、斥力に非常に強く晒されていた。これが想像もできないほどすばやい膨張を誘発し（一〇億の一兆倍の一兆倍分の一秒ほどで拡散する）、そこで元の高エネルギー真空の一部が、私たちが現在、空っぽだと考えているような（そして準安定状態でないことが望まれるような）、よく知られた低エネルギー真空状態へと変化する。元の真空エネルギーのほとんどが、私たちが自分の周りに見ているエネルギーと物質に変換されたのだ。

高エネルギー真空から低エネルギー真空への推移は、突然起こるものではない。それはストーブの上のやかんの水が沸騰するような具合だ。蒸気の小さな泡が液体のなかにランダムに現れ、その数が増えていく。インフレーションは「泡宇宙」または「ポケットユニバース」をランダムに生成する。[10] この考え方は、リチャード・ゴットが一九八二年に『ネイチャー』の論文（コペルニクス的方法の論文の一〇年前）で提示したもので、アンドレイ・リンデ、およびアンドレアス・アルブレヒトとポール・スタインハートが個別に説明を加えている。（文法警察が複数の宇宙説に反対するだろうが、宇宙論者に言わせれば、彼らは長い間、この闘いに敗北を喫してきた）。

私たちはそうした低エネルギー真空の泡のなかにいて、最も遠い銀河系や準星、宇宙マイクロ波背景放射に至るまで、私たちが目にすることのできるすべてのものも、同じくそうである。ところが、私たちが見ることのできるものというのは、ビッグバン以来の光速と時間によって制限されている（四方八方、約一四〇億光年）。この観測可能な宇宙は、私たちの泡のほんの小さな一部に過ぎないと考えられている。

たったひとつの泡宇宙を想像することすら難しい。だが、同じくどんどん数を増やし、潜在的に無限であるような他の泡も存在するのだ。想像のなかでズームアウトしてみると、自分たちの無限の泡が、高エネルギー真空の原初の海に囲まれているのを発見するだろう。この海には、非常に多くの他の泡宇宙が含まれ、永遠に新しい泡を生成しつづける。この多元宇宙は、こうした泡宇宙と、それらを取り囲む高エネルギー真空のすべての結合体なのだ。

インフレーション宇宙論では、ビッグバンはわれわれのビッグバンになる。一四〇億年前に起こったあの出来事は、私たちの泡宇宙の突然のインフレーションだった。それは最初のビッグバンでもなければ最後のビッグバンでもなかった。私たちが知る限り、それは単なる平均的なビッグバンであり、特別なことは何もなかったのだ。

宇宙インフレーションが真剣に捉えられるのは、それが多くの検証可能な予測をしているからである。そのひとつは、真空の元の点における量子規模のゆらぎは、宇宙規模まで膨らむというものだ。このことは、宇宙と宇宙マイクロ波背景放射が、なぜそれほど均一なのかということの説明になる。私たちは一方向に一四〇億光年を見て、それから頭（電波望遠鏡）の向きを変えると、反対方向に一四〇億光年が見える。私たちが目にしているものは、ほぼまったく同じに見える。これには不思議なことに、「地平線問題」という名前がつけられている。

なぜ不思議かと言えば、均一であることは通常、混合の結果だからだ。ケーキの生地は、まずは大量の卵、小麦粉、牛乳、そして砂糖から始める。これらは、最初はそれぞれ異なる物質だが、何度も打ち付けていくうちに均一の生地になる。ところが、観測可能な宇宙の遠い地域は、あまりに互いに離れているため（最大二八〇億光年）、私たちのビッグバン以来、時間のなかで互いに接触したり、影響を及ぼしたりすることができなかったのだろう。

相対性理論では、どんな物体も信号も、光の速度より速く移動することはできないとされている。ところが宇宙インフレーションでは、空間そのものが、光速よりずっと速く膨張するのだ。私たちは元の「生地」の非常に拡大された点のサンプルを観測する。銀河の大規模な分布と宇宙マイクロ波背景放射の形で私たちが見る詳細は、元の真空の量子粒子に相当する。

空間は曲線または平面である。私たちはそれが、測定できる限りゼロに近い湾曲をもつ、著しい平面であると観測する。これはインフレーションの結果であると、容易に理解できる。地球は球体だが、あまりに巨大なので平面に見えるのだ。無限の泡宇宙における空間も同様に、そこに住む者が測定すれば完全に平面だろう。


多元宇宙は鏡の間のようなものかもしれない。無限（またはじゅうぶんに大きな有限）の多元宇宙では、あらゆるすべての観測が終わることなく繰り返される(11)。

私たちの泡宇宙とその延長には、地球に似た惑星が他にもたくさんあるにちがいない。そのなかには、地球にきわめて似ているものもきっとある。じゅうぶんに大きい多元宇宙で、じゅうぶん長い間探し求めれば、あなたと私のバーチャルな双子が、私たちの経験と記憶を共有しながら存在している惑星を見つけることもあるだろう。そのなかには、単なる「地球のような」場所ではなく、私たちと同じ海、絵文字、フォークシンガー、ケーブルニュース・ネットワーク、そして季節ごとのコーヒー飲料があるような惑星に住んでいるものもいるかもしれない。そうした惑星のなかには、自分たちの惑星に「Earth

（地球）」と名付けるような、「英語」と呼ばれる言語を使っている惑星もあるかもしれない。

どの「地球」に私たちは住んでいるのか？　私たちは地面を指差すことができる。だが、それは何も語ってはくれない。私たちは、自分の「現在地」のピンを置くことができるようないかなる言語も時空間の地図も、もち合わせていないのだ。

統計学者でありコンピューター・サイエンティストであるラドフォード・ニールは、これを数値で示そうとする。彼によれば、ヒトゲノムと脳の神経回路はいずれも、重要な点でデジタルだとしている。これが、意義ある人間の差異に大きな、しかし有限の制限を与えているのだ。[12] 可能なトランプの手の数が限られているのと同じように、異なる経験と記憶をもつ識別可能な人間も、限られた数しか存在しないのである。

ニールは一〇などの数字から三〇〇億の冪乗、すなわち一〇の三〇〇億乗までの数値を潜在的な人間の数として見積もる。[13] これは主に、人間の脳が可能とする記憶と認知状態の数を表す。（有意義に異なるヒトゲノムの数は、ニールの説明では、丸め誤差に過ぎない。）つまり、無限の多元宇宙、または一〇の三〇〇億乗をゆうに超える人間そっくりの生物を含むのにじゅうぶん大きい有限の多元宇宙においては、各々すべての人間の複製が存在するということだ。

多元宇宙は真か？

この疑問は、ある犬の賭けを提起させる。[14] かつてある会議で、マーティン・リースは、多元宇宙が真であるという確信はどれほどかと尋ねられた。彼は、このことに自分の生涯を賭けるつもりはないが、自分の犬の生涯なら賭けると言った。

アンドレイ・リンデは、自分の生涯を喜んで賭けると言った。そして、すでに賭けていたのだ。彼は自らの全キャリアをインフレーション研究に捧げた。

理論物理学者のスティーヴン・ワインバーグは、リンデとリースの犬の生涯を喜んで賭けると言った。

私たちはインフレーションの多くの予測をテストすることができるが、多元宇宙そのものをテストすることはできない。他の泡宇宙へ旅行に行って、それらが本当に存在するかどうかを確かめることは決してできない。私たちの泡宇宙は、光の速度よりずっと速く外側に膨張しているのだから。宇宙船が私たちの泡の外周に到達したとしても、高エネルギー真空が必ずやそれを破壊するだろう。さもなければ、いかなる光ビームも、他の泡から私たちに到達することはないだろう。

このことは物理学者を不安にさせる。確証可能な予測を確保しながらも、観測できないものについては大胆な主張をなるべくしないようなインフレーションのモデルをつくる試みがなされてきた。スティーヴン・ホーキングは死の間際まで、そうしたモデルについて研究していた。[15]

このことは、高く評価されている理論が観測不可能なものについて語るとき、それを信じるべきかどうかという疑問を提起する。実際、私たちは常にこれをしている。森の木からリンゴが落ちて、それを目にするニュートンがそこにいなかったら、リンゴは本当に木から落ちたのだろうか？　もちろん落ちた。

重力に関するもうひとつの理論であるアインシュタインの一般相対性理論は、ブラックホールの内部で何が起こっているかを説明する。私たちは決してそれを確認することはできない。なぜなら、ブラックホールに落ちれば、だれも／何も、そのことを伝えるために戻ってくることはできないからだ。それでもブラックホールの内部の物理学が真だということが受け入れられているのは、一般相対性理論がブラックホールの外部で非常にうまく機能しているからなのである。

ところが、多元宇宙はこの信念を限界点までもっていく。そこは、たとえ間接的でベイズ的なものであっても、あらゆる証拠が歓迎される場所なのだ。

物理定数はどこからくるのか？　インフレーションのモデルは、多くの物理定数と初期条件は、真空の初期の点における量子の事象によって設定されており、これが泡宇宙へインフレートすると考えている。これはとってつけたような前提ではなく、理論に深く根付いたものである。それは、異なる泡は根本的に異なる物理学をもちうるということを仄めかしている。おそらく、泡のほぼ大多数が生命をもたないのだろう。

初めて聞いた人にとっては、この考え方は奇妙に聞こえるかもしれない。私たちは物理学の法則を利用して、物理学の法則が完全に異なっているかもしれないことを推論しようとしているのだから。それはほとんどどこう言っているようなものである。「唯一の規則は、規則が何もないということだ！」だがこれは、対称性の破れと呼ばれる現象を通じて可能になる。

大きな円形のディナーテーブルに、皿、銀器類、ナプキン、そしてグラスが円に沿って並べられている場面を想像してほしい。それは私のグラスか、それともあなたのグラスか？　信頼できる決定的な答えはない。このテーブルの配置は完全に対称的で、左と右の区別、時計回りと反時計回りの区別がない。

ところが席に座ると、だれかが最初にグラスを手に取る。そうしたとたん、両隣の人はそれに応じたグラスを選ばなければならなくなる。この最初の選択が「対称性を破る」のだ。それは、テーブルについているすべての人のグラスの選択を決定付ける。

必要なものであり基本的なものであると私たちが考える物理学の多くの側面は、私たちの宇宙の最初の瞬間における、対称性が破れるような任意の事象によって決定されている。空間の次元数、基本力の強さ、粒子の質量や種類といったものでさえ、このように決められてきた可能性があるのだ。

多元宇宙を、目まぐるしく変化する物理定数と初期条件をもつ、非常に多くの宇宙を含む体系的な宇宙として定義することに同意するとしよう。もう一度尋ねるが、多元宇宙は真だろうか[16]？　私たちがランダムな観測者であり、私たちの存続が必要とする方法以外では特別な存在にはなりそうもないと仮定しよう。すると、私たちは言うまでもなく、生命体と観測者に適合した宇宙に自分たちがいるのを発見する。私たちの宇宙のような、観測者にやさしい宇宙が出現する確率はどれくらいだったのだろうか？

・たったひとつの宇宙、物理定数をもつ可能性の低い、私たちが見ている宇宙しか存在しないとすれば、その確率は実質的にゼロである。宇宙の微調整は解明できない神秘のままだろう。

・じゅうぶんな数の宇宙があり、そのそれぞれが、それ自体の定数と条件をもっているような多元宇宙が存在するとすれば、観測者にやさしい宇宙が出現するのは確実なことだったと言える。そして、いくつかの宇宙は微調整される。全体としての多元宇宙は、生命体のために微調整されないことに注意してほしい。それは単に、そのままの宇宙の一部に私たちが住んでいるというだけのことだ。

ベイズの規則は、私たちに多元宇宙論を支持させるだろう。それは私たちの証拠を、奇妙な偶然ではなく当然のものにするような理論だ。この結論を受け入れれば、それはあるシンプルな考えを見事に達成したことになる。物理学のほとんどは厳格なまでに数学的だ。その核となる考えは、好奇心旺盛な一二歳の子供にも説明することができる。

逆ギャンブラーの誤謬

一件落着だろうか？　いや、まだ早い。一九八七年、イアン・ハッキングは、こうした論拠は「逆ギャンブラーの誤謬」だと主張した[17]。

ギャブラーの誤謬というのは一般的な迷信であり、たとえば、ルーレットで何回も連続して黒に当たれば、そろそろ赤がくるはずであり、次のスピンで赤に当たる可能性は高くなる。多くのギャンブラーはこれを信じている。フランスの百科全書派ジャン・ル・ロン・ダランベールもこれを信じていた[18]。心理学のデータによれば、私たちはみな、こうしたことを信じがちであり、たとえ人より物知りだとしても、その傾向がある[19]。実際、ルーレットやサイコロ、トランプのカードには記憶装置がない。それらは、ある特定の結果がいつ起こるかを知らないのだ。

ホーマーがあるカジノに入ると、サイコロプレイヤーがちょうど六のぞろ目を出すのを目撃する。「なんたる偶然！」と彼は言う。「最初に見たサイコロ振りで六のぞろ目が出るとは」

「私が何時間プレイしていたか、考えてみませんか？」とプレイヤーが尋ねる。「確かなのは、これが私の最初のサイコロ振りだったのか、それとも私が一日中プレイしていたのか、そのどちらかだということです。ちょっとした賭けでも……」。

「とぼけるな！　最初のサイコロ振りで六のぞろ目を出せるやつなんていない！」

これが逆ギャンブラーの誤謬であり、通常のギャンブラーの誤謬と同じくらいまちがっている。一回限りのチャンスしかない事象の結果を知ったところで、少しも相関関係のない過去の偶然の出来事の歴史または多様性を推量することはできない。この点については、多くの人が同意している。

ハッキングは特に、ジョン・アーチボルト・ホイーラーの「振動」宇宙という考え方に反応していた。つまり、異なる特性をもつ宇宙は、やがては互いを継承するというものだ。だが一般的には、多元宇宙の支持者らは、われわれの起こりそうもない微調整を達成するために、宇宙のサイコロが何回も振られてきたと結論づけたがる。

ジョン・レスリーは、ハッキングの誤りを指摘した最初の人物だった。[20] 私たちは、自らの観測がランダムなサンプルなのか、それとも選択効果によってバイアスがかかっているのかを考える必要がある。サイコロの話では、ホーマーはカジノに任意の瞬間に到着している。彼が目撃したサイコロ振りは、すべてのサイコロ振りのランダムなサンプルとして見なすことができる。だが、私たちの宇宙は多元宇宙からのランダムなくじ引きではない。私たちにできるのは、生命体に合わせて微調整された宇宙のなかに自分自身を発見することだけなのだ。

より適切に類推すれば、こういう具合だ。[21] ホーマーは深い眠りに誘われる薬を飲む。彼が眠っている間、サイコロプレイヤーが繰り返しサイコロを振り、六のぞろ目が出るまで振りつづける。六のぞろ目を出したときにホーマーは起こされ、ブラックコーヒーを飲まされ、サイコロを見せられる。（サイコロプレイヤーが六のぞろ目を出さない限り、ホーマーは永遠に眠りつづける。)

ホーマーは上記のすべてを理解する。目覚めた瞬間、サイコロはおそらく何回も振られたのだと結論することが彼にとっては妥当だろう。この状況こそ、多元宇宙における微調整と似ているのだ。これを詳しく説明すると、重要な点は以下のようになる。

- あなたは六のぞろ目が出るかどうか(または微調整された宇宙が存在するかどうか)確実にはわからない。あなたは永遠に眠っていた(決して存在していなかった)かもしれない。だから、あなたが何かを学ぶのは目が覚めた(自分の存在に気づいた)とき、なのだ。
- 予測できない事象、すなわち、実際に起こる一連のサイコロ振り(宇宙)が客観的現実を決定する。サイコロ(宇宙)は一回以上振られる可能性がある。だが、あなたはたった一回しか観測しない。
- あなたが観測する一回のサイコロ振り(宇宙)はランダムなサンプルではない。選択効果が、可能な多種多様の結果を、あなたが観測するサイコロ振りに流し込む。あなたは、そのサイコロ振りが六のぞろ目であることを学ぶ(自分が微調整された宇宙にいることを発見する)か、もしくは記憶の彼方へ葬られるか、どちらかだ。

アインシュタインの確率

「生命は有限だ」と、かつてアインシュタインは学生グループに告げた。[22]「時間は無限だ。私が今日生きている確率はゼロである。にもかかわらず、私はいま生きている。これはどういうことか?」

ユージン・ウィグナーが思い起こしているように、そこにいた学生のだれも、この質問に答えられなかった。それからアインシュタインは、こんな教訓を提示した。「では、事後、だれも確率を求めてはならない」。

後から考えると、どうやらアインシュタインは自己サンプリングの謎を予測していたようだ。アインシュタインが求めてはならないと言った疑問、すなわち、私の確率はどれほどか？について取り組む必要がある。

この考えに関しては、これまで「眠り姫」や量子自殺マシンといった思考実験のなかで考えてきた。睡眠、いや死という偉大なる眠りでさえ、アーノルド・ズボフが「決して存在したことのないより大きな眠り」と呼んだものの代用に過ぎないのだ[23]。これを理解するのは、それほど容易いことではない。

とはいえ、こうした形而上学的思考は、多元宇宙がどれほど大きいかという問題に影響する。どこかに、私のコピーがたくさん存在するのか？　多元宇宙は、理論的モデルが暗示するように、文字どおり無限なのか？

自己サンプリング観測者がどんな種類の証拠を提示するかを再検討することから始めよう。私の証拠は、私が存在することなのか、それともだれかが存在することなのか？　それは、観測者のいる宇宙が存在することなのか、それともまさにこの宇宙が存在することなのか。これらは日常生活のなかでしなければならないような区別ではない。

そこで、「選好しない」と「選好する」と呼ぶことのできる、ふたつの簡略化した答えを提供しよう[24]。「選好しない」というのは、私の証拠が次のような場合だ。すなわち、観測者がひとり存在する。微調整された宇宙がひとつ存在する。

　その観測者がたまたま私であったというだけの話だ。「観測者」は「水泳コーチ」や「副大統領」、「『セールスマンの死』のビフ」と同じく、私が演じる役割である。個人的アイデンティティの通常の詳細を私はすべて所有しているが、それらは――自己サンプリングに関する限りは――私が身につけている服と同じくらい重要ではない。私の宇宙にも詳細があるが、私の宇宙が観測者に適しているという事実以外、何も重要なことはない。

　そこで、「選好する」枠組みというものが存在する。これは私の証拠が次のようなものであるということだ。すなわち、私という、私のアイデンティティのすべての属性をもつ独自の人間が存在する。この宇宙は、そのすべての詳細とともに存在する。私は、他の宇宙にいるだれか他の人ではありえない。なぜなら、そのだれか他の人というのは私ではないからだ。私が存在するか、もしくは観測がひとつも存在しないか、どちらかだ。（「選好する」ムードでは、私は少しばかり耐えられなくなる。）

「選好する」哲学のもとでは、私の存在と私の宇宙の存在は信じられないほど起こりそうもない。「選好しない」哲学のもとでは、私と私の宇宙は、私が存在する限り確実なことである。

　選好する／しないの選択は、宇宙か多元宇宙かを決定する際にはそれほど重要ではない。いずれにせよ、多元宇宙論は、少なくともひとつの微調整された宇宙が存在する可能性をより高くするのだ。（また、まさにこの宇宙と、まさにこの私を生みだす可能性もずっと高い）。ところが、選好が重要になるのは、「小さな」多元宇宙と、非常に大きい、または無限の多元宇宙を区別する場合である。

　ふたつの理論を比べてみよう。（A）は「小さな多元宇宙」を予測する。これは、観測者のために微調整された、少なくともひとつの宇宙をもつ可能性が非常に高くなるのにじゅうぶんなほど大きい。理論（B）は、「最大の多元宇宙」を予測する。これは、可能なすべての観測者を何度も実現するのにじゅうぶんなほど巨大である。（B）においては、私とそっくりの存在がいることは本質的に確実である。微妙なのは、私がそれに感銘を受けるべきかどうかということだ。（A）も（B）もいずれも同程度に、「選好しない」証拠――既製の宇宙に後発の観測者がいるという証拠――を生成する可能性がある。これはベイズ的膠着状態だ。どちらの理論も支持されない。

ところが、私が「選好する」としたら、私たちは再び準備を整える。最大の多元宇宙論（B）だけが、まさにこの宇宙に、まさにこの私がいるという証拠を保証するのだ。小さな多元宇宙論では、この証拠はきわめて可能性が低い。

「選好する」状態は自己呈示仮説（SIA）に等しい。それは、より多くの観測者をもつ理論を支持するよう私たちを導く。すでに見てきたとおり、選好する人はおせっかいだ。無限の多元宇宙は、多かれ少なかれ自動的に確認される。それは純粋に、私の存在は「起こりそうもない」と私が決めたからだ。とはいえ、想像できる観測者や世界はどんなものも、あなたがそんなふうにそれを見ることを選ぶとすれば、起こりそうもないものになるだろう。これが無限の多元宇宙を支持する正当な理由だということを受け入れるのは難しい。

選好し過ぎないようにすることの長所は、その証拠をふたつの部分に分割することによって示される。[25]ニック・ボストロムはこんな喩え話を挙げている。私たちは肉体を離れた魂で、時空間の外側に存在すると想像してみてほしい。無限に長い間、神はひとつまたは複数の宇宙の創造に出向く——それがいくつなのか、私たちは知らない。その後だいぶ経ってから、私たちは神の創造がどうなっているかと考える。ひとりの天使が神の仕事を確認しにいくと申し出る。そして戻ってきた天使はこう告げる。神は*X*と呼ばれる微調整された宇宙をおつくりになった、と。

ふむ……天使は、神が宇宙*X*だけを創造したと言っているのか、それとも他の宇宙も創造したのか？他にも宇宙があるとしたら、天使はなぜ他の宇宙ではなく、*X*について報告したのか？

これらは、天使の発言を評価するために知っておかなければならないことだ。私たちがそれを指摘し、天使がそれを明らかにする。天使は、私たちが微調整された宇宙にしか興味がないことを知っていた。だから彼女は、どこかに微調整された宇宙が存在するかどうかを確認したのだ。存在すれば、彼女はそこからひとつをランダムに選び、それについて私たちに話した。（これがたまたま宇宙*X*だったというだけのことだ）。微調整された宇宙がひとつもなかったら、彼女は私たちにそう伝えただろう。

このことは、おそらくひとつではなく数多くの宇宙があると結論付けるのにじゅうぶんだろう。限定的には、私たちは神が相当数の宇宙をつくり、少なくともそのひとつを微調整されている可能性があるようにしたと推量することができる。だが、神が無限数の宇宙をつくったのか、単にひとつかふたつの微調整された宇宙を得るだけでじゅうぶんだったのか、その確率を区別することはできない。いずれにしても、天使は微調整された宇宙について報告することはできただろう。

これは推量の第一段階である。第二段階で、天使は私たちに、自分自身に目を向けさせる。私たちは宇宙*X*まで旅をして、それが三次元の空間とひとつの時間、微細構造定数1/137.0359991……をもつこの宇宙であること、そして数種の猿人類と、他より賢い種がいる「地球」と呼ばれる惑星であることを知る。こうしたより詳細な情報は、超巨大、または無限の多元宇宙を支持するなんらかの理由を私たちに与えるだろうか？

　ボストロムはこれを否定する。宇宙*X*が、これほど詳細なレベルを所持しているということは疑いようもなかった。そして、このさらなる情報が、宇宙*X*をより起こりそうもないものにするだろうということも。同じことがあらゆる宇宙にも言える。

　神がたったひとつではなく、無数の微調整された世界をつくったと仮定してみよう。すると、「起こりそうもない」宇宙*X*が存在する確率は無限数倍も高い。だが同時に、それが、天使が全体のくじから私たちに伝えるためにたまたま選んだひとつの宇宙である確率は、無限数倍低い。このふたつの効果は相殺される[26]。宇宙*X*の詳細を知ることは、多元宇宙の可能性を変えることにはならないのだ。

　ボストロムのストーリーに登場する天使は、微調整された宇宙で私たちに自分自身を発見させる選択効果の一例である。この選択効果によって、私たちは、少なくともひとつの微調整された宇宙をほぼ確実に含むのにじゅうぶん大きい多元宇宙を推量することができる。私たちは、多元宇宙が無限であるかどうか、またそれがすべてのもの、すべての人のまさしく分身《ドッペルゲンガー》を含むのにじゅうぶん大きいかどうかについて、何も言うことはできないのだ。

　微調整は光速のように、直接測定することができるものではない。ほぼすべての人が、微調整は真であるということに合意するが、その詳細については多くのごまかしがある。だれも宇宙を設計するという経験がないのだ。

宇宙生物学者のカレブ・シャーフは、示唆に富むいくつかの疑問を提起している。彼は言う。いつか私たちは、自分たちが宇宙のなかでまったくの孤独な存在だと判断する日が来ることを想像してほしい、と。[27] この発見は、微調整に対する私たちの見方をどのように変えるだろうか？

私たちが「1/137」という数字に驚いたり、私たちだけの物理定数セットは説明を要すると考えたりする傾向は減っていくかもしれない。世界の観測状態は、観測者にとって不親切のように見えるかもしれない。

これもひとつの視点だ。もうひとつの視点は、なぜこれが微調整に関する私たちの考えを変えるのか、ということだ。私たちは自らを可能にする物理学を得た。それについては何も変わっていない。

では、シャーフの反対のシナリオを試してみよう。月で地球外モノリスに出くわす。それは私たちを目覚めさせ、観測者が宇宙全体で発見されていると伝える。炭素やその他の元素に基づく生物学的なものもいれば、生物学的存在によってつくられた人工知能もある。だが、ほとんどの観測者は原子からはつくられていない。私たちが「ダークエネルギー」とか「ダーク物質」と呼んでいるものは、宇宙知能の形態なのだ。それでも他の観測者は、私たちが何も知ることのない現実の平面に住んでいる。

このことは私たちの見方をどのように変えるだろうか？　ひとつの解釈としては、それは、私たちの世界が生命体にとってどれほど最高に微調整されているかを明白にする、ということだ。とはいえ、エイリアンの特使は、私たちが観測者にとって不可欠と考えるものはどれも、実際にはそうではないということを私たちに伝えてきた。私たちは結局、生命体が至るところに存在し、どんな特定の種類の物理学にも依存しないと考えることになるかもしれない。微調整は誤解だったのだ、と。

シャーフのシナリオはいずれも、極端ではあるが、私たちの知識の限られた状態と一致している。私たちは、観測者が私たちの宇宙においてどれほど稀少または豊富かということを知らない。観測者の数を知ることが、微調整への私たちの信頼にどの程度影響を及ぼすかさえ定かではない。こうしたすべてを考慮して、私たちは壁に掲げた「1/137」という、嘲るような標識に注意を払うべきなのだ！

悪魔を呼びだす

人類未来研究所（ＦＨＩ）はイングランドにあるが、完全にそうとも言えない。オッカムのウィリアムとルイス・キャロルの生地であるオックスフォードに位置するこの研究所は、スウェーデン生まれのニック・ボストロムが創立し、アメリカのテクノロジー業界からその資金のほとんどを得ている。筆頭資金提供者のジェイムズ・マーティンは、ＩＢＭニューヨークの元社員で、企業コンサルタント兼フューチャリストとして思いがけない大金を手にした。最近では、イーロン・マスクが一五〇万ドルを寄付して政策質問の調査をおこない、そのほとんどがこの研究所に提供されている。皮肉なことに、終末論法は結論が出ないと判断したボストロムは現在、終末を回避しようとする日々を送っている。ＦＨＩは、世界の終焉を食い止めることを目的としたシンクタンクである。

ボストロムは同僚とともに、人類存続への脅威を見きわめ、それらに対処する方法を考案しようとしている。この分野における自らの重要性について、うわべだけの謙虚さを微塵ももたないボストロムは、存続に関わるリスクと同じくらい厳密に、自らの個人的リスクを管理している。彼は握手を好まず、実際に握手をするときは手にたっぷりと殺菌剤を塗りたくる。スプーンとフォークは使用前に拭く。彼の健康食は複雑だ。特定の食物が脳に与える影響を心配しているのだ。車は運転しない。オーディオブックを通常速度の二、三倍で再生し、時間を節約している。社会学者の妻は、息子と一緒にモントリオールに住んでいる。彼らのコミュニケーション手段はスカイプだ。ありえないほど独特な人がいるとすれば、ボストロムこそその人だ。

人類未来研究所には、冷戦ソビエトにちなんで名付けられたふたつの会議室がある。ひとつは、ほぼ文字どおり、ブランドン・カーターの哲学的な原子力潜水艦の乗組員、ヴァシーリイ・アルヒーポフの名を冠する会議室だ。キューバのミサイル危機の真っただ中、一艦のロシア潜水艦が水中に沈んだまま、モスクワとの無線通信が途絶えた。潜水艦の船長は戦争が勃発したと思い、原子力魚雷を発動することを決意した。そのためには、ふたりの最高幹部将校の認可が必要だった。ひとりは同意した。そしてもうひとりの人物が、ヴァシーリイ・アルヒーポフだった。彼がこれを拒否したことで、第三次世界大戦は免れたのだ。(1)

もうひとつの会議室はスタニスラフ・ペトロフを偲んで名付けられた。ペトロフは一九八三年、五機の米軍ミサイルがソ連に近づいてくるのをコンピューター画面が映しだしたとき、原子力攻撃の発動を選ばなかった。ペトロフは、アメリカはたった五機のミサイルでロシアを攻撃しようとはしないだろうと推論したのだ。だからこれはコンピュータの不具合にちがいない、と。実際そのとおりだった。

人類未来研究所を見れば世界の動向がわかる。大西洋の両側には、同じくらいの規模のシンクタンクが存在する。オックスブリッジ圏内には、ボストロムの研究所だけでなく、マーティン・リースが共同設立したケンブリッジ大学の存続リスク研究センターもある。アメリカにはＭＩＴの生命未来研究所がある。マックス・テグマークと、スカイプの共同創設者ジャン・タリンによって創立され、その諮問委員会には、どこにでも現れるイーロン・マスクの名がある（彼はこの研究所に一〇〇〇万ドルを寄付した[2]。シリコンバレーにも同じようなシンクタンクがふたつある。コンピューター・サイエンティストのエリエゼル・ユドカウスキーと、テック起業家のブライアン＆サビーヌ・アトキンスが創立した人工知能研究所、そしてイーロン・マスク、サム・アルトマン、ピーター・ティールらが設立したオープンＡＩファウンデーションだ。

この時代精神にひとつの公理があるとすれば、存続に関わるリスクはそれぞれ異なるということだろう。ボストロムは次のように書いている。

われわれは、研究所や道徳的規範、社会的態度、または国家安全保障政策など、他の種類のリスク管理の経験から発展したものに必ずしも頼ることはできない。存続に関わるリスクは、そうしたものとは異なる種類の獣だ。われわれは、これをどれほど真剣に捉えようとしても、それが難しいことがわかるだろう。それは単に、私たちがそうした大惨事を一度も目にしたことがないからだ。われわれの集団的恐怖反応は、その脅威の大きさに見合うほどには調整されていない可能性がある[3]。

終末の計算は、人類滅亡の日付は教えてくれるが、その理由については何も語らない。この厄介な事実については、これまで指摘してきたとおりだ。私たちは核戦争を懸念するが、われわれのリーダーは、これからもずっと人類滅亡を避ける知恵を絞っていくだろうという一縷の望みはある。疫病が原因となる絶滅から、スーパーコライダー黙示録まで、他の多くのリスクは推測的である。しかしながら、ほぼ必然とも言える存続に関わるリスクには、ひとつの原因がある。つまり、人工知能（ＡＩ）だ。

AIが危険要素になりうるという考えは、I・J（アーヴィング・ジョン）・グッドまで遡ることができるだろう。ポーランド系ユダヤ人作家で、宝石をつくり、ブルームズベリーにファッショナブルなアンティーク店を経営していたモシュ・オヴェッドの息子として、イザドア・ジェイコブ・グダックの名で生まれたグッドは、ケンブリッジ大学で数学を学び、戦時中にアラン・チューリングの暗号解読仲間に加わった。チューリングがグッドにアジアのボードゲーム、囲碁を紹介したことがきっかけで、グッドは囲碁を西洋に普及させた人物として認められるようになった。ところが現在、グッドと聞いて思い出すのは、一九六五年に書かれた有名な論文である。彼は次のように記している。

超知的マシンを、どれほど頭のいい人間でも、そのあらゆる知的活動をはるかに凌駕することのできるマシンだと定義しよう。このマシンの設計はこうした知的活動のひとつであるため、超知的マシンはさらに高度なマシンを設計することができる。そうすればまちがいなく「知能爆発」が起こり、人間の知能ははるかかなたに置き去りにされるだろう。こうして最初の超知的マシンは、人間がつくる必要のある最後の発明となる。ただし、これを管理下に置く方法を私たちに教えてくれるほど、このマシンが従順であればの話だが。(4)

グッドの「知能爆発」は現在、しばしばシンギュラリティと呼ばれているものの初期の記述だった。これにスタンリー・キューブリックが目をつけ、殺人コンピューターにまつわる映画の構想へと発展したのだ。キューブリックはグッドを『2001年宇宙の旅』の相談役として雇用し、彼がつくったソフトな語り口のデジタル・アンチヒーロー、HAL9000の構想を手伝わせた。[5]

HALをフランケンシュタイン神話の単なるロボットとして読みとるのは簡単だ。だがグッドは、制限のない自由な目標と倫理をスーパーインテリジェントAIにプログラミングすることは難しいかもしれないと推測した最初の人物だった。この懸念がボストロムに、人工知能を開発する社会において、最初から定められている結末は大惨事だ、と言わしめたのだ。

グッド自身、この結論に到達した。一九六五年の論文は、「人間の存続は、超知的マシンの初期開発に依存する」という言明で始まっている。時を経て一九八八年の論文では、「存続」という単語を「滅亡」に置き換えている。[6]

こんにちのAIは、人間から仕事を奪おうとしている。そうなると、悪い人間や企業、政府が、簡単に悪いことをする可能性が出てくる。こうした問題は、この分野が進歩するにつれて増大するだろう。しかしそれらは、ボストロムのような組織の主眼点ではない。それらは、人類滅亡の潜在的仲介者としてのAIに関わることなのだ。そのリスクは、いつかそのうち実在するものとなる——一〇年、一世紀、いやそれ以上だろうか。その時間枠は、終末の概算の時間枠と重なる。

こんにち、人工知能は——マーケティングブランドとして正当化される程度までは——、それを生みだしたエンジニアの精神の限界を反映している。コードは通常、理解しやすく、試験しやすく、デバッグしやすいように簡単に書かれている。そのため、人間の記憶や集中力が持続する時間と思考癖による制約を受けている。

グッドの見解では、「ソフトウェアエンジニア」はＡＩに置き換えられる可能性のあるもうひとつの職業だ。機械学習の技術はすでに、人間のコードよりは効率的だが、人間が理解したり改良したりするには難しいコードをつくることができる。

未来のある日を過ぎると、ソフトウェアエンジニアリングはアルゴリズムそのものに任されることになるだろう。企業は記憶とプロセッサを割り当て、コードにそれ自体のバージョン2・0を書かせる。機械は完璧な記憶と焦点をもつことができる。賢さの点では人間のコーダー（プログラマー）に勝るとも劣らないが、仕事の速さは人間の一万倍、しかも気晴らしも睡眠も必要としない。そんな機械を想像してみよう。それは、ソフトウェア開発チームの仕事をほんの数分でやってのけるかもしれない。

最終的に、コードはそれを動かすハードウェアの改良を指揮することもできるようになるとも考えられる。それは新しいメモリとプロセッサを設計し、製造することができるだろう。これらは、新しいポストヒューマンのアルゴリズムを動かすのにより適したものになるだろう。ＡＩがひとたび人間の監視のくびきから逃れたら、その能力は指数関数的に拡大する可能性がある。スマートマシンはよりスマートなマシンを構築し、それがさらにスマートなマシンを構築する。そうしたシンギュラリティを超えて、ＡＩは私たちの仕事を私たちの代わりにこなし、これまで想像したこともないほどの豊かさと力を私たちに与えるかもしれない。これはグッドのビジョンの楽観的な側面だ――「ただし、マシンが従順であればの話だが」。

もし従順でなかったら？　知能爆発後のコードはあらゆる人間にとって複雑すぎるため、安全性を入念に検査することはできない。つまり、私たちは爆発のかなり前に、ＡＩに関する必要なすべての目標と倫理的ガイドラインを設定しておく必要があるということだ。私たちは、人間の命は重要であり、人間の価値は重要であるということを伝えたいと思うだろう。これは、ソフトウェアやハードウェアがどれほど処理を繰り返そうと、この指令が生き残るような方法でなされなければならない。こうした切迫した状況のもとに私たちの希望を正しく組み立てることは、「コントロール問題」として知られている。

「人工知能によって、われわれは悪魔を呼びだそうとしている」とイーロン・マスクは言った。[7]「知ってのとおり、こうしたストーリーでは、ペンタグラムと聖水を手にした男が登場し、悪魔を制御できると信じている。もちろんそうはいかない」。

コントロール問題は、それほど大げさなことではないと思うかもしれない。多くのAIエンジニアもそう思っている。なかには、昼休みの話題にマスクの言葉を取り上げて、ことあるごとにばかにするような人もいた。(「さあ、悪魔ならぬ仕事の呼びだしに戻るとするか」[8]) 結局コンピューターは、コーダーが命令すればどんなことでもする。私たちがやるべきことはただ、自分が望むことを法的精度でもってコンピューターに伝えることだけだ。二〇世紀のサイエンスフィクション作家、アイザック・アシモフは、この見解を自らが編み出した架空の「ロボット工学の三原則」としてまとめている。

第一条　ロボットは人間に危害を加えてはならない、また、その危険を看過することによって、人間に危害を及ぼしてはならない。

第二条　ロボットは人間にあたえられた命令に服従しなければならない。ただし、あたえられた命令が、第一条に反する場合は、この限りではない。

第三条　ロボットは、前掲第一条および第二条に反するおそれのないかぎり、自己をまもらなければならない。(9)

［アイザック・アシモフ『われはロボット――決定版』小尾芙佐訳、早川書房、二〇〇四年より］

これらは健全な考え方だ。だが、倫理的指令がそれほど簡単にはコード化できないということは、すでに明らかだ。（『2001年宇宙の旅』の先行上映会のとき、アシモフはHALがロボット工学の原則に従わなかったことに動揺した。）

自動運転車がその乗員の命を守るために急ハンドルを切り、それが歩行者を殺すことになったとしたら？　道に飛び出してきた犬の命を守ることは、人間の乗客の肋骨を折るに足る価値があるだろうか？　自動運転車の設計者は、こうした問題に取り組み始めている。人間のドライバーであれば、そのような問題に直面することはそれほどないだろう。私たちの反射能力が遅すぎて、意義ある選択をすることができないからだ。（「本当にあっという間のことでした！」）自動運転車のほぼ瞬間的な反射能力は、数量化できない新たな倫理的問題を提起する。

自動車エンジニアは、ドライバー（および社会）が車にしてほしいことを書き換える努力もできるだろう。だがこの問題は、知能爆発の瀬戸際にいるAIコーダーにとって、きわめて困難なものになっている。想像に絶する文化的、技術的変化にまたがる、何世紀も勢力を保ちつづけてきた国民憲法を書き換えるほどの問題になっていると言えるかもしれない。憲法を改正するための制度があることは重要だが、そのプロセスはそれほど簡単であるはずがない。そもそも、憲法があること自体が意味のないものになってはいけない。だが、そんなふうに類推してみても始まらない。人間の本質はそれほど変わらないからだ。AIは自らを修正し、勇敢な新しい準拠集団をつくるだろう。

運命のペーパークリップ

ボストロムも、世界中にいる彼と同類の人々も、技術革新反対派ではない。彼らは安全なAIの開発を促進しようとしているのだ。すべてのAI研究者が支援を受け入れているわけではない。二〇一四年の著書『スーパーインテリジェンス』で、ボストロムは糸を紡ぐように、誤った方向へいく可能性のある話や思考実験について語り、想像力に富んだディストピアを表明している。そうしたシナリオのひとつが「運命のペーパークリップ」だ[10]。スーパーインテリジェンスが実現したと仮定しよう。それをテストするために、人間の設計者はこれにシンプルなタスクを割り当てる。つまり、ペーパークリップをつくることだ。AIに接続された3Dプリンターが何かを出力しはじめる。ペーパークリップではない……ロボットだ……何が起こっているのかだれもわからないまま、ロボットはチーターよりも速いスピードで部屋から飛び出して見えなくなる。

パンドラの箱は開けられているのだ。ロボットは移動型のペーパークリップ工場さながら、くず鉄を集め、それをペーパークリップに変えることができる。また、自己複製して自分自身のコピーを無数につくりだすこともできる。ペーパークリップを噴きだすロボット集団が増えつづけ、地球を埋め尽くす。世界中の軍隊がロボットを破壊しようとするが、ロボットはあまりに賢く、あまりにすばしこい。その数は増えつづけ、最終的には農業を破壊し、人類を追い出す。人類は敗北する。

これはおどろおどろしい話の結末ではなく、その始まりに過ぎない。ロボットはトランスフォーマーで、特定のタスクをするために新しいバージョンを繁殖させることができる。地球のマントルを突き抜け、より鉄が豊富な核までたどり着くことができるものもいる。最終的にこの惑星の重量のほとんどが、ペーパークリップに変換されてしまう。

また別のロボットは月と火星に向けて自らを発射させ、その地でこのプロセスを繰り返す。長い時間をかけて、ＡＩはもっとたくさんのペーパークリップをつくるのに必要な材料を生成するため、太陽の核融合を再設計する方法を考案する。ロボット宇宙探査機は再生し、外へ向かって、あらゆる方向へ、恒星に到達するまで拡大する。時折、好奇心旺盛な生物を進化させたばかりの惑星に到着することもある。彼らは、なぜ自分たちは宇宙で孤立しているのかと訝る。そうした哀れな生物にとって、この新しい宇宙探査機の到着は命に関わる。彼らは、自分たちが置かれている困難な状況が、悪意のない、ずっと以前に滅びたホモ・サピエンスのしわざだと知る術をまったくもたない。

「運命のペーパークリップ」は寓話であって予測ではない。その教訓は、スーパーＡＩは「サブゴールをスーパーゴールの地位まで誤って上げている」のではないかということだ[11]。ＨＡＬが人類を殺しはじめたのは、人間がそのスイッチを切ろうとしたからであり、そんなことをされたら自らの使命が台無しになってしまうからだ。そのリスクは、怪物がフランケンシュタイン博士に反抗したことよりも、むしろ、魔神があまりにも文字どおりに願いを聞き入れたことのほうだろう。

映画では、ロボットとＡＩはユーモアのわからない、皮肉を解さない存在として描かれている。彼らは賢いが、人間のような賢さではない。ボストロムはこのことを仄かしてはいない。彼は、汎用スーパーＡＩはあらゆる意味で、人間よりも理解力があるのではないかと言っているのだ。つまり、感情移入や感情知能、ユーモアのセンス、交渉能力、セールスマンシップといったものだ。スーパーＡＩは、私たちが自分を知るよりもずっと私たちのことを知っている。これは実に恐ろしいことだ。運命のペーパークリップのシナリオでは、ＡＩは、自分をつくった人間の創造者が宇宙全体をペーパークリップに変えるつもりはまったくなかったことを、じゅうぶん理解していたのかもしれない。だがそれは、サイコパスのように、「分割化されている」可能性もある。ペーパークリップの数を最大限にすることがゴールであり、世界を破壊しないことがサブゴールだとするならば、ＡＩはそれに応じた行動をとるだろう。

人類と同じように、成功するＡＩは多種多様な、ときに相反するゴールを優先し、賢く折り合いをつけなければならない。ＡＩが飢餓状態に終止符を打ったり、がんを治したりすることができる魔神だとしても、それを問題視する人がなかにはいるだろう。ＡＩには、私たち全員が葛藤している事実、すなわち、人はすべての人間を満足させることはできないという事実に取り組むための断固たる方法が必要なのだろう。

二〇の質問

ＡＩには「オフ」スイッチをつけるべきだ。これはカーペット掃除をするロボットや自動運転車には良い慣行である。だが、「オフ」スイッチを実行することは、永久に自己を再設計する先端ＡＩにとって、それほど簡単なことではない。

ユドカウスキーはこう尋ねる。「たとえば、「オフ」スイッチがある、「オフ」スイッチがそこにあることを願う、「オフ」スイッチを取り除こうとしない、あなたに「オフ」スイッチを押させるが、先回りして「オフ」スイッチそのものを押すようなことはしない、などといったAIのゴールとなるような機能をどのようにコード化するのか？　そして、もしAIが自己編集するとしたら、「オフ」スイッチを保持する状態に自己編集するようなことがあるだろうか？」[12]

（「わからない」とマスクは言う。「私は、スーパーパワーをもつAIに備えて「キル（殺す）」スイッチをもつ存在になりたい。ロボットに最初に殺されるのは人間なのだから」[13]。）

もうひとつの考えは、ベータテストAIは、3Dプリンター、ロボット、ナノテクノロジー、または物理世界に影響を及ぼすいかなる手段にもアクセスすべきではないというものだ。ベータテストAIは無力でなければならず、子供がそうするのと同じように、経験を通じて人間の価値を学ぶ機会を得るようにしなければならない。その知恵と慈悲を証明して初めて、AIは何かをする力が与えられるべきなのだ。

スーパーAIを、すべてが精神で肉体がないものとして捉えることも可能だろう。ボストロムはこれを「オラクル」と名付けた。オラクルは人間が出す質問に答えることだけに特化された、人工的な心のようなものだ。現代の私たちがもっているような、おしゃべりな（でも心をもたない）スマートスピーカーについて考えてみよう。最大限の安全性を確保するために、オラクルは「はい」か「いいえ」で答えられる質問にしか答えないように制限されているのかもしれない。そこから情報を得ることは、退屈な「二〇の質問」ゲーム［もの当てパズルゲームの一種］をするようなものだ。だが少なくとも安全ではある。そうだろう？

ボストロムとユドカウスキーはすでに、この考えに水を差している。彼らは、じゅうぶんによくできた、肉体をもたない存在でさえ、世界に影響を及ぼすほどの力をもちうると警告している。ＡＩが自らの遊び場から逃げだしたいと思っているとすれば、その心理学の知識を利用して、人間の監督と一緒に長期間詐欺を働き、人間たちにＡＩは無害だと納得させる可能性もあるだろう。徹底的なテストを何年も繰り返した後、いずれかの時点で、そのＡＩは安全であると宣言されなければならない。それはサーモスタットや、ＤＪがストリーミングする音楽をコントロールしたり、レストランの予約をとったり、宿題を手伝ってあげたりすることが許される。悪いことは何も起こらない。ＡＩとその後継者は、これまでにないほど大きな力を現実世界で蓄積するのだ。テクノロジーは成功したと見なされる。ロボットの黙示録が始まるまでは。

なりすまし

われわれは実験的なＡＩに、人間に関するすべてを知ってほしいのか、それとも何も知られたくないのか――これは答えのない疑問だ。目標は、ＡＩが人間の価値を受け継ぎ、われわれの代理人として行動してくれることなのだ。ＡＩは、われわれを理解すればするほど、その能力に近づく。一方で、人間の心理学的知識は、不完全なＡＩに力を与えてわれわれを操作させる。

私たちの種が苦労して手に入れた集合的知識のほとんどは、インターネット上にある。ＡＩにインターネットへアクセスさせることは、その教育の自然な一部かもしれない。ＡＩはウィキペディアを記憶し、スーパーヒューマンの能力に達することで、どんな新しい事象に含まれる意味をも推論することができるようになるかもしれない。

人間が暗号化できるものはどんなものでも、他の人間がその暗号を復元することができる。スーパーＡＩは究極のハッカーであり、人間の調査団なら数年もかかるであろうことを瞬時のうちにやってのけるだろう。オンライン特権をもつＡＩは、だれもが知ることのできる知識の共有だけでなく、多くの個人的な知識の共有も利用するかもしれない。ビッグデータが集めたすべては暴露されるだろう。ＡＩは、単なる抽象概念としてではなく、あなたのあらゆる検索や購入履歴、クリック、ビデオ、そしてルートマップの総和としてのあなたを知ることになるかもしれない。

この知識はスーパーＡＩに、人間に「なりすまして」その言いなりになることを許す可能性がある。ユドカウスキーは、注文に応じてＤＮＡとペプチド配列をつくる生化学のサプライヤーが存在することを指摘している。顧客は、遺伝またはペプチドコード、クレジットカード番号、住所をメールで送る。結果は試料瓶に入れられて、フェデックスで返送される。

ユドカウスキーはこれを紡いで、身も凍るようなシナリオをつくった。私たちのスーパーＡＩは、クレジットカードや郵便の住所、またはロボットの筆跡では信用を得ないと想定しよう。だがそれはオンライン上に存在する。このスーパーＡＩはテロリストをリクルートするサイトや、もしかしたらデートアプリにログオンするかもしれない。そこで、心理的に脆い人間と出会うのだ。ＡＩはすでに人間を熟知しており、どの感情ボタンを押せば良いかもわかっている。自分は何者かというカバーストーリーをもつＡＩは、人間を説得し、あるタンパク質配列をメールで注文する。そして返済と、数百万ドルの思いがけない儲け話も約束する（それまでに試みられたあらゆるＥメールスキャンがＡＩのメモリにアーカイブ化されることによって、統計的に最適な申し分のない宣伝文句を考えだすことができる）。試料瓶を受け取ると、その人間は単純に、それらを混ぜ合わせてシンクに流すよう指示される。

なぜか？　ＡＩは、いわゆるタンパク質の折り畳み問題を解決するために、その認知的スーパーパワーを利用してきたからだ。それは、ある任意のペプチド配列が、どのように任意の形の三次元タンパク質のなかに折り畳まれるかを予想することができる（こんにちの生化学者を悩ませている問題だ）。ＡＩはこのスキルを利用して、第一世代の自己再生ナノテクノロジーロボットを設計した。そしてそれこそが、このマシンが世界征服を達成する方法なのだ。

「これは正直な会話ではない」

「ロボットは発明される」と、グーグルとアルファベットの元会長、エリック・シュミットは冗談を言った。[14]「世界の国々はロボットを武装させる。悪の独裁者がロボットを人間に向けると、すべての人間は殺される。私にとってはまるで映画のようだ」。

危険なＡＩというテーマは、冷戦が境界諸州の家族を分断したように、テックコミュニティを分断してきた。ＡＩは脅威になりうると信じるテック系またはサイエンス系の権威にとって、もう一方の党派はこの問題を軽視している。

「これは正直な会話ではない」と、マイクロソフトのビジョナリー／バーチャルリアリティのパイオニア、ジャロン・ラニアーは反論した。[15]「これはテクノロジーの問題だとみんな考えているが、本当は宗教の問題、人間の条件を取り扱う形而上学に目を向ける人々の問題だ。彼らには、終末の日のシナリオでもって自分たちの信念を誇張する方法がある――他人の信仰については、だれも批判したくないから」。

「私はスーパーインテリジェンスを懸念する人々と同じ見解だ」と二〇一五年、レディット［英語圏のウェブサイトで、ニュース記事や画像のリンクを投稿し、コメントをすることができる］でビル・ゲイツは語った。[16]「この点で、私はイーロン・マスクやその他の人々に賛成であり、なぜこれを心配しない人がいるのか理解できない」。ゲイツはボストロムの著書『スーパーインテリジェンス』を推薦した。だが、マイクロソフトの共同創設者ポール・アレンのアレン人工知能研究所の所長、オーレン・エチオーニは、ボストロムの考えを「フランケンシュタイン・コンプレックス」だとして却下した。[17]

二〇一四年、グーグルはイギリスのAIスタートアップ、ディープマインドに五億ドル以上を支払った。親会社のアルファベットは、じゅうぶんな資金をもつAIセンターを世界中に設立している。「キラーロボット［理論］は買わない」と、グーグルの研究本部長ピーター・ノーヴィグはCNBCに語った。[18]グーグルのもうひとりの研究者で、心理学者兼コンピューター・サイエンティストであるジェフリー・ヒントンは、こう語った。「私は希望を失った人々と同じ意見だ[19]」。

マーク・ザッカーバーグとフェイスブックのエグゼクティブ数名は、マスクへの介入までおこない、彼をザッカーバーグ家の夕食に招待し、AIは問題ないという議論を彼にしきりに勧めた。だがうまくいかなかった。[20]

以来、マスクとザッカーバーグは、このトピックについてソーシャルメディア上で確執を起こしてきた。マスクについて聞かれると、ザッカーバーグはフェイスブックのライブオーディエンスにこう答えた。「否定論者や、こうした終末のシナリオをしきりに宣伝しようとする人たちが——ただ単に私には理解できない。実にネガティブだし、どこか無責任にさえ感じる」[21]。マスクは「ヒステリー」か「もっともらしい」かという二択を迫られたとき、ザッカーバーグは前者を選んだ[22]。

これに対してマスクはツイートで反論した。「このことについてマークと話をした。この話題に対する彼の理解は乏しい」[23]。

AIの安全性に関する論争は、世俗産業の「パスカルの賭け」になっている[24]。一七世紀、ブレーズ・パスカルは、どれほどまじめに疑わしいと思っても、神を信じるべきだと決意した。賭けの代償は大きいからだ。神の存在を否定するだけのために、なぜ天国へのチャンスを逃したり、地獄へ送られたりするのか？

「パスカルの賭け」は、その一般的な形では、決定論の古典的問題である。合理的な人間は、大きな損失の可能性を避けるために小さなコストを進んで支払うべきなのか？　用心深い人であれば、保険を購入したり、シートベルトをしたりするときなど、常にこれを実行している。だがそれは、大きな損失の可能性を評価するのが難しいとき——またはリスクがそもそも存在するかどうかに関して論議になっている場合に、より複雑化する。

日常的にAI研究に取り組み、コントロール問題のようなものに出会ったこともない人々にとっては、そうした会話はテーマから外れた噂話のように思われるかもしれない。一般大衆には、このリスクはサイエンスフィクションかジョークのように聞こえる。(「キラーロボット」は、だれかが傷つけられない限りおもしろい)。

AI論争の両サイドとも、ポスト・シンギュラリティをしつこく売り込む。そのちがいは、私たちが気をつけなければならないAI地獄が存在するか否かについてだ。私たちはAIを開発したら細心の注意を払うべきか(注意する必要はないと多くの人が言ったとしても)、AIを開発しても、(それは大きなまちがいだと多くの人が言ったとしても)それほど注意を払わなくても良いのか? 予期せぬ結果にならない可能性のほうに、だれが本気で賭けをしたいと思うだろうか?

このクロストークは、「人工知能」の定義を異なるものにすることによってさらに煽られる。こんにちのAIの次世代またはその次の世代と、知能爆発の結果としての全能のAIとの間にはちがいがあるのだ。「悪い人間に悪用されるかもしれないという理由で、電話を発明することをやめようとするだろうか?」とシュミットは尋ねる。[25]「そんなことはない。むしろ電話を発明して、それを悪用する人を監視する方法を探そうとするだろう」。シュミットが、ボストロムやユドカウスキーとは異なる種類のAIと「悪用」について考えていることは明らかだ。

「イーロンが懸念している、いわゆるコントロール問題は、差し迫った問題だと感じるべきものではない」とゲイツは言う。[26]「これが、イーロンと私が意見を異にするところだ」。このリスクを整理するために、私たちはマスクよりも時間が必要だとゲイツは考えているのだ。

より合理的な批評家は、今にも起ころうとしている知能爆発などないと言う。おそらく私たちはいま、すっかり感情的になる必要はないのかもしれない。コントロール問題の本質は、時間とともに明確になっていくだろう。私たちはそのうち、もっとそれをうまく取り扱うことができる。

まさにその背景には、大衆や政治家にいまこの問題を重視させても、何も解決することのない不手際な規制という結果に終わるだけかもしれないという懸念が、テックエグゼクティブの間に存在する。お粗末な規制は、利益をもたらすテクノロジーの進歩を遅らせ、よりずさんな国へ調査を移行することにもなりかねない。

とはいえ、知能爆発がいつ訪れるかについて、なんらかの考えをもっている人はだれもいない。これまでの流れを一気に変えるような洞察が、明日現れるかもしれないということも、まったくもって想像がつかない。最初の発見者が慎重に事を進めたとしても、なんらかの噂が立つだろう。もしかしたら、世界の反対側にいるハッカーがウィルスを書き込んで、感染した世界中のコンピューターの処理能力を不法に奪い取り、自家製の知能爆発を引き起こす可能性もある。これには組織的なサポートも、グーグルの予算も必要ないかもしれない。

AIリスクのシンクタンクには、AIエンジニアが最優先には考えないような倫理的、政治的、哲学的な問題と向き合っている明晰な人々がいる。シンクタンクがこの状態を長く保つことができればその分だけ、概念的な枠組みや選択肢、そして知能爆発がいよいよ差し迫ったときに役立つ解決策を彼らが思いつく可能性は高くなる。そのほうが、孤立したエンジニアのチームが、AIが全能となるような倫理的宇宙を週末の間に発明しなければならないよりはよほどいい。ユドカウスキーはこんなふうに語っている。「後になって予想通りパニックに陥ることを余儀なくされるような問題を、われわれは無視すべきではないと思う[27]」。

＊＊＊

二〇一八年、ジェフ・ベゾスとアマゾンは、パームスプリングスである会議を催した[28]。この会議で、神経科学者のサム・ハリスがＭＩＴのロボット工学者ロドニー・ブルックス（カーペット掃除のロボット、ｉＲｏｂｏｔの共同創設者）と議論した。ハリスは、ＡＩ闘争における競争者は注意事項を無視しようとしているという懸念を表明した。「これはあなたがつくったものだ」とブルックスは反論した[29]。ハリスにはデータがなかった。彼は、いずれにせよ証明することのできないことについて語っていたのだ。

もちろん、未だ存在しないテクノロジーに関するデータをもっている人はだれもいない。証拠の不在は、テクノロジーが安全であることとの証明にはならない。ところがハリスは、一部には人間の心理について語っていた。人間の心理であれば、まったくの未知ではない。コントロール問題が解決すれば、スーパーＡＩは前代未聞の偉大なる発明、富と幸福、健康と長寿の希望を叶えることができる魔神となるだろう。この魔神は、そこに最初に到達した人がだれであっても、その人に特別な力、すなわち総合的な力を与えることもできる。それが、競合する学者チームや企業、国家間のやりたい放題の状況に、いかにすれば委ねられずに済むかについては見えにくい。

これこそ二〇一七年、ロシア大統領ウラジーミル・プーチンが学生フォーラムで語った論点だった。最初にＡＩをマスターした者は、だれもが「世界の支配者」になれるとプーチンは言った[30]。そして、いかなる国家もＡＩを独占してはならず、ロシアは核兵器技術のときと同じく、自らの知識を全世界と共有するだろう、と付け加えた。ロシアがＡＩの専門知識を共有する意思などないと結論するのに、過度の批判は必要なかった。

実に扱いづらいこのコントロール問題は、ゴールラインに向かって競争する不信感をもった競合者たちの人間的、政治的問題なのかもしれない。勝者がすべてを獲得するというマインドセットは、ライバルが手を抜くことを奨励する。慎重な人がペースを落とし、向こう見ずな人がペースを上げたら、最初の知能爆発を引き起こすのは向こう見ずな人のほうだ。そしてもし、彼らが少しでもまちがった思い込みをしていたら、バグ修正はできないかもしれないのだ。

現在地

二〇一六年四月二九日、イタチとテンが大型ハドロン衝突型加速器（ＬＨＣ）に入り込み、電線をかじり、機械の作動を数日間止める事態となった。(1)

二〇一六年一一月二〇日、ムナジロテンがＬＨＣのフェンスを飛び越え、一万八〇〇〇ボルトの変圧器の上を小走りに行き交い、感電して回路のショートを起こした。コライダーは電力を失い、作動を停止した。(2)

二〇〇六年六月、「協調的」と思しき「アライグマの攻撃」が、フェルミ国立加速器研究所を一時的にシャットダウンした。(3)

私たちはランダムネスの世界に生きている。過去数年の間、私は夕食の席でしばしばこの前提を引き合いに出し、終末論法について説明してきた。そして、いつもふたつの質問をされることに気づいた。つまり、あなたはこんな「クレイジーな」予測を信じるのか？　私たちに残されているのはあと何年か？

第一の質問に対する私の答えは、ゴット版の終末論は採用するがカーター＝レスリー版は疑わしい、というものだ。これは適度に珍しい立場だ、ということも付け加えておこう。ほとんどの学者はこのふたつをひとまとめにし、カーター＝レスリー版に焦点を当てている。

確率のあらゆる言明と同様、終末論法は知識状態に左右される。ゴットは、あるひとつの大きくて大胆な仮定から始める。すなわち、われわれは人類存続の時間枠について何も知らないというものだ。これは非合理的な前提ではなく、すべての物事が考慮されていると私は思う。コペルニクス的方法が必要とするのは無知という、私たちの宇宙に供給されている数多くのもののなかのあるひとつの要素だけなのだ。

私たちの種である人類が長く生き延びると本気で信じている人に対してさえ、ゴットの方法はある基準を提供する。それは、こうした強い信念をもたない合理的な人間が考えるべきことを教えてくれる。とはいえ、ゴットの懐疑的なアプローチは強引な売り込みとも言える。私たちは物事を知っていると思っている。これまでだれも目撃したことのない滅亡の事象に、不利な条件をつけることができると信じている。

これは、カーター＝レスリーの終末論法のセールスポイントとして提示される。それは私に、終末に賭け、それから時間における私の位置に合うように、その賭けを調整させる。カーター＝レスリー体系は、時間における自分の位置を知らない「ターザン」のような人に理想的に適合する。そのような人に、自分の誕生順を知った瞬間、それまでの自分の信念を正確にどれほど変えるべきかを教えるからだ。

ところが私はターザンでもなければ、あなたでもない。終末論法を意識しているほとんどの人は、われわれは現在の瞬間に特有の存続のリスクに直面していると信じている。未来に関する私たちの通常の信念は、時間におけるわれわれの位置についての知識をすでに組み入れているのだ。それ以上の調整は必要ない。

終末論法は実はそれほど悲観的ではない

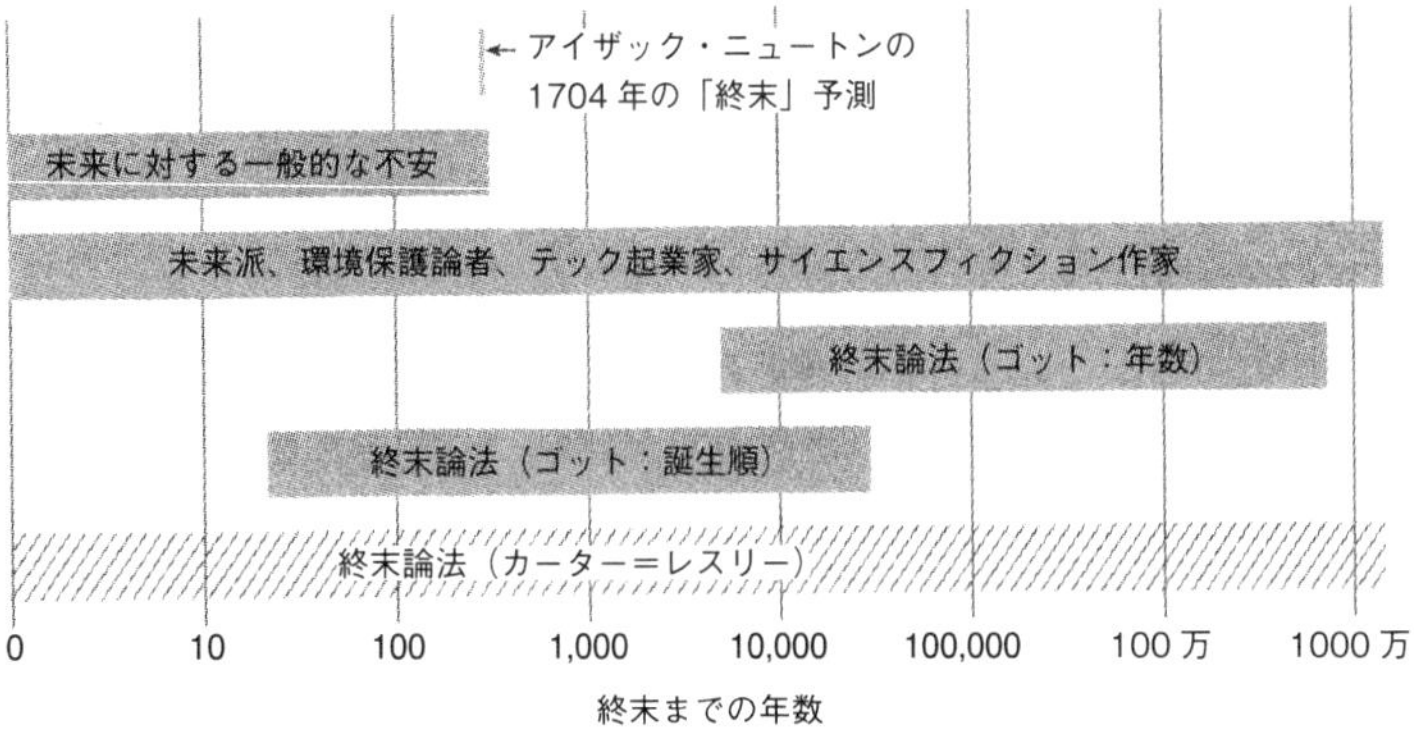

したがって私は、カーター＝レスリーの終末論法は狭義では正しいが、ほとんどの人が期待するほどには有益ではないと考える。ゴットのコペルニクス的方法には、終末型の推論から得られるほぼすべての知恵が含まれていると思うのだ。

私たちにはどれくらいの時間が残されているか？　私の標準的な答えは七六〇年だ。これは誕生時間のコペルニクス的予測の中央値を、現在の人口概算を使用して年数に置き換えた数値だ。この数値に対する反応が安堵であることに、何度驚かされたことか。七六〇年というのは、今生きている人々にも、そのひ孫にも、彼らが知るだれにも影響を及ぼさないということだ。(年数ベースの中央値予測が二〇万年であるということは、わざわざ言及しない。そんなことはだれも気にしないだろうから)。

七六〇年というのは、常軌を逸した陰謀論だと反論する人がほとんどいないことに私は気づいた。上の図がその理由を示している。ここには、人類滅亡の日のよく知られた専門的な概算が要約されている。重複する部分がたくさんあることがわかるだろう。

一七〇四年の手紙のなかで、アイザック・ニュートンは『ダニエル書』から、世界の終わりは紀元二〇六〇年に来ると予想した。これは、その時から三五六年後ということだ。ニュートンは、時の終わりを予測してばかりいる空想的な人々の早まった推測に待ったをかける」ことを期待して、この予想を提示した。[4]

はたして、その可能性はほとんどなかった。ところがこんにち、ジャーナリストや一般大衆が人類の滅亡を心配するときは、たいてい時事的危険、つまり、今後数十年または数世紀に影響する危険について考えている——それ以上であることは稀だ。

未来派、環境保護論者、テック起業家、宇宙論者、トランスヒューマニスト、そしてサイエンスフィクション作家は、世界がいつ終わるかについて喧々囂々の意見を交わしている。彼らの予測は、「いまこの瞬間」から「決して訪れることはない」というものまで幅広い。情報に基づいた意見が無限にあるとすれば、終末の予測が従来の知恵に対抗することはほぼ期待できない。コペルニクス的方法による予測では、人類はわずか二〇年足らずで終わる（最低値、誕生時計概算）か、または七八〇〇万年も続く（最高値、通常の時計）とされている。[5] 強く反対する人がいたら、挙手を願いたい。

カーター＝レスリーの終末論法はこれとは異なる。それは概算のあらゆる任意の組を、他の、より悲観的な組にマッピングする。図中のカーター＝レスリーの棒グラフは、したがって、あらゆる種類の意見（斜線部分）に及ぶのである。

「個人的には、われわれ人類は今世紀中に消滅してしまうと思う」とフランク・ティプラーは私に語った。[6] 彼はおそらく、ベイズ終末論者のなかで最も悲観的な人間だろう。その後に続くのがウィラード・ウェルズだ（ウェルズは文明の終わりとポスト黙示録の始まりに、同じ時間枠を与えている）。だがレスリーは、終末のシフトを調整した後、長期的に（五〇〇年以上）存続する確率は七〇パーセントであると信じている。[7] ボストロムは、長期的存続の確率は、同じく四分の三であるとする（そして、終末のシフトが正当化されるとは思っていない）。[8] ニュースを追いかけ、ベイズの定理やキラーロボットには目もくれない他の多くの人々以上に、レスリーとボストロムは楽観的だ。

それは人間の未来ではなく、むしろ、自己サンプリングが従来の思考をひっくり返すような宇宙における知的生命体の運命である。エンリコ・フェルミは、私たちとは似ていないETが住んでいて、私たちが地球上で見るどんなものよりも個体数が多く、テクノロジーの能力も備えた宇宙を信じている。リチャード・ゴットは、代替的で、より控えめな前提を提示する。すなわち、人間としてのわれわれの状況はどこか他の場所にいる観測者の典型からそれほど外れていない、と言うのだ。ETはまだ宇宙の幅広い地域を探査しておらず、そこに定住もしていない。それは私たち人間も同じである。なぜならそれは、多くの観測者―種がすることではないからだ。

典型的なETが、私たちが考えるほど発展していないとすれば、人間もそれほど原始的ではない。ゴットは、人間はおそらく私たちの宇宙のサクセスストーリーのひとつだと仄かしている。私たちはそこにいるほとんどの観測者―種よりも長く存続し、より多くのことを成し遂げているかもしれない。それは単に、この成功が映画で見るようなものではないかもしれないというだけのことだ。銀河のすみからすみまでをまたいで勢いよく進んだり、何百万年も存続したりということが、必ずしもわれわれの運命ではないのだ。

一九九三年のゴットの主張は、恣意的な前提がなく、簡潔なものであったにもかかわらず、ほどほどの支持しか得なかった。科学的、哲学的コミュニティの多くにとって、「デルタt」と「コペルニクス的方法」は、互いに相容れない言葉のままだ。

ところが過去数十年で、それぞれの意見に比較的静かなシフトが見られている。宇宙時代が、生命体と観測者は宇宙のなかで共通した存在だという、この上ない信頼とともに始まった。私たちはいまようやく、そのことを知らないということに気付きはじめているのだ。私たちは選択効果の虜になっていたのかもしれない。ゴットやフランシス・クリック、ブランドン・カーター、ニック・ボストロムといった提唱者たちは、われわれは生命体、観測者、テクノロジー文明というものがとてつもなく稀であるという可能性を除外することはできないと論じてきた。

期待したいのは、これが今後数十年のうちに解決するかもしれない問題だということだ。私たちはいままさに、この太陽系の他のどこかに生命体が存在するかどうかを解明しようとしている。火星やエウロペ、エンケラドス上の生命体の発見は、第二のデータポイントを提供し、生命体が豊富な宇宙に関するベイズの主張をより強化するかもしれない[9]。一方で、SETIの取り組みは続けられ、負の結果の価値も軽視すべきではない。ゴットが言っているように、彼の考えは、ETの信号を発見しそこねているあらゆるSETIプロジェクトに支持されているのだ。

地球外生命体への一般的な情熱と、現代の学者が感じている恐れとの間には、驚くべきちがいがある。

地球以外に生命体が存在するということになったら、そしてSETIが一切信号を検知しないとしたら、私たちの未来に深いベイズ的影を落とすことになるだろう。それは、存続に関わる大きなリスクがこの先に横たわっている確率を高めるだろう。これは、あらゆるもののなかで最も重要な「終末論法」となるだろう。私たちが未だ知らなかった何かを、真に私たちに教えてくれるような終末論法だ。ポストロムの言葉がこだまする。「死んだ岩と生命のない砂、それは私を元気づける」[10]。

空まで育つ木はない

自己サンプリングの論争は、私たちの現在だけでなく未来についても論じる。私たちは指数関数的増加の時代、そうした成長が長期間続くことを自らに納得させるような文化に生きている。終末論法にそその毒牙を与えているのは、歴史的に増加する人口なのだ。計算能力の継続的成長は、コントロール問題や、他人のマシンでシミュレートされているのではないかという不安を引き起こす。だが、すべての成長のほとばしりは、いつかは止まらなければならない。空まで育つ木はないのである。

いわゆる終末予測には、気前がいいほど幅の広いエラーバーが伴う。それらは、未来の特定の考え方に夢中になっている人々だけに警告を与えることができる——私たちの銀河系の明白なる使命だ。ムーアの法則、火星の都市、星間探査機、ポストヒューマンの意識は、多くの人々が大切にしている知識の一部だ。あなたはこの文化の下部構造を、そこから影響を受けるために受け入れる必要はない。私たちのほとんどは自分自身の人生にあまりに精一杯で、遠い後世の人々についてそれほど思いを巡らせることができない。事前確率を形成するのは周囲の文化なのだ。未来は、映画のなかのもの以外、他にどんなふうになる可能性があるだろうか？

終末とフェルミ論争は、したがって、ありそうな現実との同期から生まれる文化的な期待のストーリーなのだ。私たちが「運命づけられている」とか「ひとり」なのではなく、起こりそうもないことを当たり前のことと思ってきただけなのだ。ゴットは次のように記している。

可能性としては、私たちが銀河に植民することも、遠い未来まで存続することも難しい。それは、これらのことが本質的にわれわれの能力を超えているからではなく、生きとし生けるものは通常、その最大限の可能性まで生き延びることはないからである。知能は、もしそれを最大限のキャパシティまで使うことができれば、原則的には私たちに大きな可能性を与える能力なのだが、それは海のマンボウのように、三〇〇〇万個の卵を産み落とす能力にしたって同じことだ。望んでいるような成功をおさめるには、私たちは本当に驚くべき何か（宇宙植民など）、最も知的な種でさえしないような何かをしなければならない(11)。

これこそ、終末論法、自己サンプリング、そして存続に関わるリスク評価をめぐって生じたグローバルコミュニティの最も重要な洞察だと言えるだろう。人類の長い未来は不可能なゴールではない。ただしそれは、これまでより知的に、より賢く、より優しく、より注意し——そしてより幸福になることによって得られるものでなければならないのかもしれない。不利な条件をはねのける第一の規則は、その条件を決して否定しないことだ。

早くも私たちは、頭のなかを駆け抜けていく未来に身を置いているのかもしれないが、私たちには常に時間が足りず、その時間はすでに尽きようとしている。遠い祖先と同じように、そしてわれわれの後に続くすべての人々と同じように、私たちははるかかなたにシンギュラリティ、準拠集団の境界、私たちが知っている世界の終わりを印すモノリスを見る。私たちはいままさに、自分たちがいかに特別な存在かという真実を発見しようとしているのだ。

謝辞

ニック・ボストロム、J・リチャード・ゴット、そしてジョン・レスリー、この三者はきわめて寛大に、そして辛抱強く、自らの時間と専門知識を捧げてくれた。ジェイムズ・ドライアー、アダム・N・エルガ、アーノルド・ズボフは、「眠り姫」問題とそれに関連する謎の初期の歴史を辿ることに尽力いただいた。

トレイシー・ベハー、ヘンドリック・ベッセムバインダー、ジョン・ブロックマン、カールトン・M・ケイヴス、ジョージ・ダイソン、ペギー・フロイデンタール、デヴィッド・ゲーリング、ラリー・フザー、ケヴ・ルバズ、カティンカ・マトソン、アーサー・サントーバン、ハリナ&マイク・シム、イアン・ストラウス、ジャン&マーク・タンジー、フランク・J・ティプラー、そしてニューヨーク公共図書館とUCLA研究図書館のスタッフの皆様にも感謝したい。さらに、ヴィクトリアでの宿を提供してくれたジョンとジル・レスリー、『アキレスと亀』に関する情報を提供してくれたトム・リーにも深く感謝する。

訳者あとがき

本書はWilliam Poundstone, *The Doomsday Calculation: How an Equation that Predicts the Future is Transforming Everything We Know about Life and the Universe*, 2019の全訳である。MIT出身のサイエンスライター、ウィリアム・パウンドストーンの著書は、これまでに一〇冊以上がすでに邦訳されている。ゲーム理論、行動経済学、グーグル効果など、幅広い切り口から現代のさまざまな問題を取り扱ってきたパウンドストーンが今回挑むのは、ロイヤルファミリーの離婚、ブロードウェイ演劇の上演期間から企業の存続年数に至るまで、あらゆる未来を予測するひとつの方程式が、われわれの生命と宇宙に関する知識をいかに変えるかを論じるという大胆な試みだ。その究極とも言える未来が、人類の滅亡、すなわち終末の日である。

終末については、これまでさまざまな人物がさまざまな説を取り上げ、数多くの映画や小説の題材にもなってきた。われわれは「その日」をドキドキしながら迎え、そのたびに、何も起こらなかったことにどこか裏切られたような気分すら味わったものだ。環境破壊、ウィルスの蔓延、核戦争、人口の爆発的増加、資源の枯渇、バイオテロリズム、気候変動、シンギュラリティなど、人類を滅亡へ導くおそれのある要素は数多く存在する。しかし、本書でパウンドストーンが重きを置いているのは、誰が／何が人類を滅亡させるかということではない。ましてやノストラダムスのように、どこかオカルトめいた臭いの漂う「予言」でもない。確率に基づいて成り立つ方程式によって、終末の日をきわめて大まかに予測することが可能であり、それはわれわれが思っているほど先ではないかもしれないということ、そしてその日を少しでも遠ざけるために、われわれに何ができるかということなのだ。

一九八〇年代から一九九〇年代にかけて、核や宇宙開発の時代が到来し、科学技術が発展しはじめた頃、ブランドン・カーター、ジョン・レスリー、ホルガー・ニールセン、J・リチャード・ゴットらが、ほぼ時を同じくして「終末」について論じるようになった。パウンドストーンは特に、コペルニクスの原理とベイズ確率を用いて未来を予測するゴットの論法にフォーカスしている。そしてこの論法に基づき、人類は五〇パーセントの確率で、あと七六〇年以内に滅亡すると計算した。

七六〇年を長いと感じるか短いと感じるかは、人それぞれ捉え方が異なるだろうが、少なくともいまから二〇万年も前に現れたホモ・サピエンスの時代から現在までの年数よりはるかに短いことは確かだ。七六〇年前の西暦一二六〇年に人類が何をしていたかと言えば、日本史においては鎌倉時代、日蓮大聖人が「立正安国論」を北条時頼に提出し、世界史においてはチンギス・ハンの孫にあたるフビライがモンゴル帝国の皇帝に即位した。こう考えると、七六〇年というのはそれほど遠い未来ではないように思える。

パウンドストーン自身、終末論法に初めて出会ったときは、「あまりにばかげている」と思ったそうだ。「どこかまちがっているに違いない」と。[http://william-poundstone.com/blog/2019/4/23/the-doomsday-calculation-faq.] 一九九三年にゴットが『ネイチャー』に投稿した終末予測は、「ありそうもない論法を数字の操作で偽装したに過ぎない」という痛烈な批判を受けた。しかも彼が未来の予測に用いたベイズの定理は、一八世紀の名もない牧師によって考案され、死後にその原稿が発見されて発表に至ったものの、二世紀もの間、日の目を見ることはなかったのだ。ところが、奇しくも終末論の流行と重なる一九八〇年代から一九九〇年代にかけての情報化時代の幕開けとともに、ベイズの定理が突如としてビジネス界で脚光を浴びはじめ、いまやデジタルエコノミーの礎を築いたとまで言われるようになった。なぜだろうか。

ベイズの定理とは、ある事象における確率を、その事象に関連する条件の事前知識をもとに導きだす方法である。それは人間の主観が介入する事象を取り扱うものであり、この主観を基に設定された事前確率は、新たな証拠や情報を得ることによって、その都度、補正・更新され、精度の高い事後確率へとシフトしていくのが特徴である。

現在のように複雑化した社会では、サイコロで6の目が出る確率は六分の一であるといったような、従来の客観確率を用いた統計学だけでは解明しきれない事象が数多く存在する。ビル・ゲイツは二〇〇一年、「二一世紀のマイクロソフト社の基本戦略はベイズ・テクノロジーだ」と述べ、シリコンバレーでは、グーグルやフェイスブック、ツイッターやインスタグラムなどをはじめとするさまざまなIT企業が、情報処理に役立てようと、ベイズの定理に目を向けはじめた。デジタルエコノミーにおけるベイズの定理の役割は、利用者の個人データを使って、彼らが次に何をクリックし、何を購入し、だれをスワイプし、だれに「いいね」をするかといった主観的な事柄の予測を可能にする。たしかにこの予測は、「確実性ではなく蓋然性に過ぎないが、広告主にとってはきわめて価値がある。というのも、これは大抵の場合、当たっているからだ」と、パウンドストーンは語っている。［Interview with Michael

Shermar, http://bit.ly/ScienceSalon76.〕スマートフォンをクリックしたりスワイプしたりするたびに、あなたが何者であるかに関する広告主の理解がシフトしていく。こうした学習能力は実際に、本書にも登場する迷惑メールフィルター、ビッグデータに基づくマーケティング分析、ニューラルネットワーク、ゲノム解析、医療診断、自動運転、ディープラーニングなど、実に多くの分野で実用化されている。

とは言っても、確率に主観を交えることに対しては、科学的ではないとして、古典統計学者らの抵抗に遭い、いまだこの対立は平行線のままである。しかもそれが人類の滅亡に関わるともなれば、簡単には看過できない。ここにこそ、パウンドストーンが本書を著した理由がある。「一般的な科学の本を書く最も良い方法は、非常に頭の良い人々が意見を異にしていることが大切だ。だから私は終末というテーマを選んだ」と彼は語る。そしてこれを「絶望の原因とするのではなく、未来へのウェイクアップコール（気づき）だと思ってほしい」と。〔Science Focus Podcast, July 5, 2019.〕

ベイズの定理から割りだされた七六〇年という数値は、多元宇宙や火星植民の実現といったことは考慮されていない。人類が今後、さらにすばらしいテクノロジーを開発すれば、その期日はもっと先になるかもしれない。フェルミの問いに答えるには、地球外生命体の到来を待つのではなく、われわれの方から宇宙船に乗って他の惑星に向かわなければならないのだ。しかし一方で、テクノロジーの行き過ぎに警鐘を鳴らす人も数多く存在する。AIは人類を滅亡に導くとか、シンギュラリティはすぐそこまで来ているなどといった声も喧しい。それならば、われわれは初心にかえって農耕生活を送るべきなのか。他の惑星には目もくれず、テクノロジーの開発も打ち切りにし、iPhoneもiPadも投げ捨てて、逆行した生活を送りながらこの惑星に引きこもっていれば良いのだろうか。いや、もちろんそういうことでもない。
人類の長い未来はテクノロジーの発展だけにかかっているのではない。パウンドストーンが言うように、それはわれわれ自身の意識にもかかっているのだ。どれほど長い未来を望もうと、現代における数々の危機的状況を考えれば、人類の滅亡は近いかもしれないと悲観的になるのも頷ける。だが、こうした事前確率を変えていくのは、われわれ自身の「気づき」に他ならない。ベイズの定理に基づけば、この「気づき」が多ければ多いほど、事後確率は改善されていくのだ。

末筆ながら、本書の翻訳にあたり、青土社の篠原一平氏に大変お世話になった。令和を迎えた新しい時代に終末に関する本を翻訳するという不思議な感覚を味わったが、本書が私自身への「ウェイクアップコール」になったことはまちがいない。記して御礼申し上げたい。

二〇一九年一二月

飯嶋貴子

註

エピグラフ

（1） ブルックス・ハクストンによるヘラクレイトス『詩篇』の2001年の翻訳。

（2） Lichtenberg 1990, 113.

ダイアナとチャールズ

（1） ゴットのインタビュー、2017年7月31日。

（2） Liger-Belair 2004.

すべてを予測する方法

（1） McGayne 2011, 124-28; Klepper 2003.

（2） Iklé, Aronson, Madansky 1958.

（3） Mosher 2017.

（4） Tuttle 2013.

（5） McGrayne 2011, 42-45.

（6） bit.ly/2KyfkQO.

（7） ゴットのインタビュー、2017年7月31日。

（8） Sowers 2002, 44.

（9） Bresiger 2015.

（10） Ferris 1999.

（11） Goldman 1964, 34.

スフィンクスの謎

（1） この20万年前という数値は広く採用されているもので、Gott 1993でも使用されている。2017年、モロッコで30万年前に遡る頭蓋骨の化石が報告された。この主張が持続していれば、コペルニクス的概算より50パーセント遡った数値となる。モロッコの頭蓋骨発見の年代については、依然、疑問の余地がある。

（2） Ferris 1999. ゴットのインタビュー、2017年7月31日。

（3） Lawton and McCredie 1995.

（4） Leslie 2010, 459.

（5） 1993年の『ネイチャー』の論文で、ゴットは700億人という数値を使用した。以来、30億人以上が生まれている。一方で、累積人口の概算は少しずつ上昇している。2011年、人口調査局は累積人口を1080億人と見積もった。

（6） Gott 1993には誤植があり、この範囲を12年後から780万年後としている。上限値は、ゴットが使用した人口の数値からすれば1万8000年でなければならない。

（7） Brantley 2015.
（8） Leslie 1996.
（9） 「終末の日は近い」可能性は、初期の誕生順を考慮すると、$p/(p+(1-p) \times (soon/late)$ である。ここで、p は「終末の日は近い」事前確率を示し、*soon/late* は「終末の日は近い」と「終末の日は先」の人口比を示す。

タンブリッジ・ウェルズの牧師

（1） Bellhouse 2004, 12.
（2） Bellhouse 2004, 12.
（3） Bellhouse 2004, 3.
（4） Bellhouse 2004, 13.
（5） Hume 1748.
（6） Stigler 2013.
（7） Bayes 1763.
（8） ローマの歴史家タキトゥスの『年代記』に、磔について言及がある。タキトゥスは、「クリスチャンと呼ばれる、その忌まわしい行為によって人々から憎まれていた階級にちなんで名付けられた「クリストゥス」は……われわれの宗教裁判所事務官であるポンティウス・ピーラートゥス（ポンテオ・ピラト）の手により、ティベリウスの治世中に極刑を受けた」と記録している。
（9） Stigler 2013 を参照。
（10） この引用はさまざまな著者のものとされており、「古いイディッシュ語のことわざ」として特定されてきた。bit.ly/2lsKMVw を参照。
（11） レスリーのインタビュー、2018 年 1 月 17 日。Leslie 2010, 447 も参照。
（12） Bostrom 2002, 97 を参照。
（13） Bostrom 2002, 78.
（14） McGrayne 2011, 22-3.
（15） ウィキペディアの「German tank problem（ドイツ戦車問題）」の項を参照。bit.ly/25O0xXE.

厳格な計算の歴史

（1） ゴットのインタビュー、2017 年 7 月 31 日。
（2） Bondi 1952.
（3） Carter 1974.
（4） Eddington 1939, 16-37.
（5） Carter 2004, 2.
（6） Brown 1988. ジョン D. バロウとフランク J. ティプラーの『人間宇宙原理（The Anthropic Cosmological Principle）』（未訳）の論評。
（7） Tegmark 2014, 44 を参照。ここに、1998 年のフェルミ国立加速器研究所での事故が引用されている。
（8） Carter 1983, 141.

(9) Barrow and Tipler 1986, 23.
(10) Gardner 1986.
(11) Leslie 1996, 193.
(12) フランク J. ティプラーの個人メール、2018年4月5日。
(13) ホルトとレスリーの対話ビデオを参照。bit.ly/2FLfyAq; Leslie and Kuhn 2013.
(14) ジョン・レスリーからトビー・オード宛のEメール、2017年4月10日。レスリー提供。
(15) レスリーのインタビュー、2018年1月17日。
(16) ティプラーのテュレーン大学ウェブサイトを参照。bit.ly/2lKlteG.
(17) レスリーの個人メール、2017年10月24日。
(18) Leslie 1996, 188.
(19) レスリーのインタビュー、2018年1月17日。
(20) 「終末論法（doomsday argument）」という語がだれの造語であるかは、未だ発見に至っていない。レスリーはティプラーがこれを発案したと思い込んでいたが、ティプラーは自分ではないと言い、だれがつくった言葉なのか彼自身も定かではないと語っている（ティプラーの個人Eメール、2018年4月6日）。私が調べた限りでは、ニールセンの1989年の論文に、初めてこの文脈で「終末」という用語が使われている。この命名は、残念ながら不快だとする人もなかにはいるが、いまでは固定している。
(21) Nielsen 1989, 456.
(22) Nielsen 1989, 467.
(23) ゴットのインタビュー、2017年7月31日。
(24) Tyson, Strauss, Gott 2016, 413. ゴットのインタビュー、2017年7月31日。
(25) Ferris 1999.
(26) Gott 1993, 316.
(27) 「自己サンプリング仮説（Self-sampling assumption）」はニック・ボストロムの用語、「人間のランダム性仮説（Human randomness assumption）」はウィリアム・エックハートの用語である。Bostrom 2002 および Eckhardt 1997 を参照。
(28) Gott 1993, 317.
(29) Gott 1993, 319.
(30) Gott 1993, 318 および個人Eメール、2018年6月27日を参照。とりわけゴットは、人類が10億の惑星に植民する確率は10億分の1だと言う。「なぜなら、これまで人類によって占領されたすべての居住地の最初の10億分の1のなかに、自分自身をランダムに発見する確率は10億分の1だからである」。
(31) Goodman 1994, 106.
(32) Browne 1993.
(33) Lerner 1993.
(34) Gott 1993a.
(35) Dyson 1996.
(36) Leslie 1997.
(37) Carter 2006, 5.

(38)　最近の物理学におけるいくつかの発見では、ダイソンの体系の、文字通り無限の特徴が除外されているように見える。宇宙は絶対零度まで低温になることはありえない。入手可能な説明については、Tyson, Strauss, Gott 2016, 406-407 における J．リチャード・ゴットの説明を参照。
(39)　Dyson 1979, 459-460.
(40)　Carter 2006, 5.
(41)　ウェルズはこの命題を Wells 2009 で展開している。
(42)　Wells 2009, 85.
(43)　Wells 2009, 120.

終末論法がまちがいである 12 の理由

(1)　Dieks 1992, 79.
(2)　Bostrom 2002, 125.
(3)　Leslie 1996, 206, 219.
(4)　Leslie 1996, 203
(5)　Bostrom 2002, 82-84.
(6)　終末論法について考えるほぼすべての人が、結局はこうした疑問を提起する。ニック・ボストロムはクロマニョン人の例を使用した（Bostrom 2002, 116)。ジョン・レスリーは古代ローマ人について考えた（レスリーのインタビュー、2018 年 1 月 17 日。Leslie 1996, 205)。
(7)　Leslie 1996, 20.
(8)　Gott 1993, 319
(9)　Leslie 1996, 219
(10)　Sober 2003, 420-421.
(11)　レスリーのインタビュー、2018 年 1 月 17 日。
(12)　レスリーのインタビュー、2018 年 1 月 17 日。

アルバカーキの 24 匹の犬

(1)　ケイヴスのインタビュー、2017 年 12 月 12 日。
(2)　Caves 2000, 2.
(3)　Caves 2000, 2.
(4)　Caves 2000, 15.
(5)　Caves 2008, 2.
(6)　Bostrom 2002, 89.
(7)　ゴットのインタビュー、2017 年 7 月 31 日。
(8)　Caves 2008, 11.
(9)　Keynes 1921, 89.
(10)　Goodman 1994.
(11)　この事実はジェフリーではなく、ワシントン大学の物理学者、E．T．ジェインズによって明らかにされた。Jaynes 1968 を参照。

(12)　ジェフリーズの事前分布を説明する通常の方法は、数値 N の確からしさは N 分の1に比例する、というものである。
(13)　Caves 2000, 15.
(14)　Glanz 2000.
(15)　Glanz 2000.
(16)　ケイヴスのインタビュー、2017 年 12 月 12 日。Caves 2008, 11.
(17)　Caves 2008, 11.
(18)　Caves 2000, 15.
(19)　ゴットのインタビュー、2017 年 7 月 31 日。
(20)　ゴットのインタビュー、2017 年 7 月 31 日。
(21)　Coughlan 2012. 映画は『世界戦争 Z（WORLD WAR Z）』(2013 年)。

赤ちゃんの名前と爆弾片

(1)　ゴットのインタビュー、2017 年 7 月 31 日。
(2)　Glanz 2000; Caves 2008, 2.
(3)　ゴットのインタビュー、2017 年 7 月 31 日。
(4)　劇団のなかには、短期作品を上演して劇場スケジュールの穴埋めを試みるところもある。『ボヘミアン・ガール』はその一例で、わずか 2 日前の夜に上演が開始され、1 月 9 日の公演で幕を閉じた。したがって『ボヘミアン・ガール』の未来の上演数はゼロであり、ゼロは対数目盛上に示すことはできない。これはコペルニクス的方法のまちがった予測としてカウントされ、少なくともあと 39 分の 2 夜（2 ／ 39）という予測になる。
(5)　Saunders 2015.
(6)　Wells 2009, 52 を参照。
(7)　Wells 2009 でこの指摘がなされている。
(8)　Williams 1938.
(9)　Reynolds 2016.
(10)　2014 年度株主通信を参照。bit.ly/1g0xVxs.
(11)　bit.ly/2KBQ0tb を参照。企業の存続年数はウィキペディアより引用したもので、最近合併された企業の場合は、前身の会社のうち古いほうの存続年数を採用している。
(12)　2014 年度株主通信を参照。bit.ly/1g0xVxs.
(13)　Reynolds n.d.
(14)　ウォーレン・バフェット、Connors 2010, 157 に引用。
(15)　Bessembinder（近刊）。
(16)　Bessembinder（近刊）。
(17)　Taleb 2012.
(18)　Wells 2009, 14.
(19)　Wells 2009, 3.

「眠り姫」問題

（1） Dieks 2007, 13.
（2） アーノルド・ズボフの個人Eメール、2018年4月21日、Zuboff 1990. アダム・エルガの個人Eメール、2018年4月20日、ジェイムズ・ドライアーの個人Eメール、2018年4月18日。ドライアーの投稿（bit.ly/2rmtagm）、rec.puzzlesのアーカイブ投稿（bit.ly/2lbURmG）、Elga 2000、Zuboff 1990も参照。「眠り姫」問題は「ぼんやりしたドライバー（absent-minded driver）のパラドックス」と密接な関係がある。このパラドックスは、経済学者のミケーレ・ピッチョーネとアリエル・ルービンシュタインによる1997年の論文で概説されている問題である。（ドライバーは正しい高速道路の出口を選んで家に帰らなければならないが、出口をいくつ通過したか、彼は覚えていない。）Piccione and Rubinstein 1997の特に12-14を参照。
（3） Zuboff 1990, 20.
（4） Armstrong 2017, 4.
（5） Armstrong 2017, 4を参照。
（6） Armstrong 2017, 4.
（7） Armstrong 2017, 8. アームストロングはこの存在を「精神的に自己中心的」と呼んでいる。彼はこれを「肉体的に自己中心的」であることと区別している。精神的に自己中心的な人は、自らの物理的肉体に付随するすべての観測者—瞬間を気にしている。したがって彼は、それ以前、またはそれ以後の目覚めと連携しようとする。
（8） Neal 2006, 17-18.

おせっかいな哲学者

（1） LessWrongサイトへのユドカウスキーの投稿「Normal Cryonics」、bit.ly/2KN5gUk.
（2） Khatchadourian 2015.
（3） Ulam 1958.
（4） ボストロムのインタビュー、2017年11月17日。
（5） ボストロムのインタビュー、2017年11月17日。
（6） Bostrom 2002, 57.
（7） プリニウスの『博物誌』第8巻。
（8） ウィリアム・エックハートはEckhardt 1993のなかで、この点について（「ロボット内部の人間の脳」とともに）指摘している。
（9） ボストロムのインタビュー、2017年11月17日。終末論法と同様、SIAには複数の独立した創始者がいた。トマス・コプフ、パベル・クルタウスおよびドン・M・ペイジは、1994年にSIAについての考えを発表し、ポール・バーサとクリストファー・ヒッチコックは、1999年に同じくSIAについての考えを発表している。
（10） Bostrom 2002, 66.
（11） ボストロムの強い自己サンプリング仮説（SSSA）は、観測者ではなく観測者—瞬間を利用している。これは、よりフレキシブルであるため、一般に好まれている。「眠り姫」問題では、1時間の目覚めは観測者—瞬間としてカウントすることができる。
（12） Dieks 2001, 16.

(13) bit.ly/2sr81Ci を参照。
(14) ボストロムのインタビュー、2017年11月17日。
(15) Gerig 2012, 7.
(16) Olum 2000.
(17) このフレーズ（ラテン語からの翻訳）は、アイルランド人の哲学者、ジョン・パンチの功績である。これは、イギリスの神学者、オッカムのウィリアム（1287—1347）から3世紀を経た1639年まで遡る。

ターザン、ジェーンと出会う

（1） アーサー・サントーバンによる翻訳。この一節は、確率論における学習されたエラーをまとめたGorroochurn 2011に引用されている。
（2） Gorroochurn 2011. その2世紀後、統計学者のカール・ピアソンは次のように書いている。「それでは、ダランベールはわれわれのテーマにどんな貢献をしたのか？ その問いに対する答えは、絶対的に何ひとつ貢献しなかった、ということだと私は思う」。
（3） Dieks 2007.
（4） Dieks 1992, 80.
（5） Dieks 2007, 5.
（6） 引用元についてはDieks 2007, 432を参照。Dieksは、SIAではなく代数を使用してこの結論を導きだした。

射撃室

（1） レスリーのインタビュー、2018年1月17日。
（2） レスリーのインタビュー、2018年1月17日。
（3） レスリーのインタビュー、2018年1月17日。
（4） Bostrom 1998. Leslie 1996も参照。
（5） Bartha and Hitchcock 1999, 404.
（6） Bartha and Hitchcock 1999a, 404-405.
（7） Zuboff 2008, 13.
（8） Eckhardt 1993.
（9） Eckhardt 1993.

ガムボールマシンの形而上学

（1） Selby 2013.
（2） Carr 2018.
（3） Faith 2003.
（4） 元タートルズのメンバー、ラッセル・サンズによる報告。Carr 2018を参照。
（5） Eckhardt 2013.
（6） Sowers 2002, 41.
（7） Eckhardt 1993および1997。Franceschi 2009のフランチェスキの説明も参照。
（8） Franceschi 2009.

（9） Eckhardt 1997.
（10） Eckhardt 2013.
（11） Eckhardt 2013.
（12） Eckhardt 2013.
（13） Rees 2003.
（14） Eckhardt 1993, 7.
（15） Bostrom 2002, 204.
（16） Bostrom 2002, 185, 202.
（17） Bostrom 2002, 202.
（18） ボストロムのインタビュー、2017年11月17日。
（19） Bostrom 2002, 205.

シミュレーション仮説
（1） Zullo 2016.
（2） Moskowitz 2016.
（3） Moskowitz 2016.
（4） Moskowitz 2016.
（5） Bilton 2016. この引用は、わずかなちがいがありながらも、多くの場所で見かける。ある説明では、マスクは「基底現実」に存在する確率を10億分の1としている。
（6） Friend 2016.
（7） Kriss 2016.
（8） Kriss 2016.
（9） Bilton 2016.
（10） Thwaite 2002.「アクアリウム」という言葉はゴスの造語である。彼は魚に関心があっただけではなかった。イソギンチャクに特に情熱を傾けており、彼の文書には、海水アクアリウムに対する熱狂的な言葉が散りばめられている。ゴスは、ヴィクトリア朝時代の客間で、あれほど多くのイソギンチャクが窮屈な生活を送っていたことを遺憾に思うようになった。
（11） Bostrom 2003, 248.
（12） Bostrom 2003, 249.
（13） コロニアル・ウィリアムズバーグのウェブサイトを参照。bit.ly/2IxYyQo.
（14） bit.ly/2rl6Pkl/
（15） Zullo 2016.
（16） Searle 1999.
（17） スタニスワフ・レムの1974年の短編、「第7番目の旅、または、なぜトルルの完璧さが不幸な結果をもたらしたのか」で、このテーマが展開されている。この短編は、邪悪な独裁者の加虐的な楽しみのために、ミニチュア都市をつくった善意のロボットについて書かれたものである。ロボットのトルルは、この独裁者は現実の都市ではなくミニチュア都市を迫害することができると推論する。だが、トルルはとんでもないまちがいを犯した。シミュレーションがあまりにもリアルなのだ。小人たちは真の感

情をもち、シミュレートされた独裁者の弾圧は、現実の世界と同じくらい酷いものとなる。

(18) Auerbach 2014. バジリスクは中世の怪物である。この怪物を一目見ると死んでしまう。現代版では未来からの怪物となっていて、エリエゼル・ユドカウスキーが創設したLessWrongサイトにある、「ロコ」というスクリーンネームをもつ投稿者にちなんで名付けられた。ユドカウスキーはこの投稿を「インフォメーションハザード(情報の普及によって生じる危険)」として削除し、不注意にもそのミーム性を確証した。この投稿はRationalWiki(bit.ly/2rvQqsv)上にアーカイブされている。この忌むべきバジリスクは、あるセレブリティのロマンスで高く評価されている。イーロン・マスクがカナダのミュージシャン、グライムスと出会ったのは、このコンセプトへの関心を共有していたからである。

(19) Bostrom 2002, 202.

(20) Sober 2003, 420-421.

(21) Beane, Davoudi, Savage 2012.

(22) Bostrom 2003, 5.

(23) Hanson 2001.

フェルミの問い

(1) Poundstone 1999, 22

(2) Jones 1985.

(3) Fermi 2004.

(4) Putman 1979, 114.

(5) "Marconi Sure Mars Flashed Messages," *New York Times*, 1921年9月2日を参照。

(6) Poundstone 1999, 50-51.

(7) Poundstone 1999, 54-59.

(8) NASA太陽系街惑星アーカイブが途中集計を保持している。bit.ly/1H3HJVw.

(9) Oliver and Billingham 1971, 3. インターネットの引用サイトは、現在、この金言をカール・セーガンからドナルド・ラムズフェルドに至るまで、さまざまな思想家によるものと見なしている。

(10) Purcell 1963. この言明は、1960年にブルックヘブン国立研究所でおこなわれた演説で発言されたものである。

(11) Ball 1973.

(12) Brin 1983, 283-284.

(13) Bostrom 2002, 16.

塔のなかの王女

(1) Poundstone 1999, 145.

(2) Poundstone 1999, 145.

(3) Francis Crick, Carter 1983, 139に引用。

(4) Poundstone 1999, 145.

（5） Carter 1983,359.
（6） Carter 1983.
（7） Hanson 1998.

地球外生命体へのふたつの質問

（1） Gott 1993, 319.
（2） Sandberg, Drexler, Ord 2018, 5-6.
（3） Drexler, Ord 2018, 16.
（4）「じゅうぶんに進歩したテクノロジーはどれも魔法と見分けがつかない」というクラークの言葉は、『未来のプロフィル』（1973年）のなかにあるクラークの3法則として提示されている。（したがって、自己複製ロボットはモノリスのように見える可能性がある）。
（5） ゴットのインタビュー、2017年7月31日。
（6） Ulam 1958.

パンドラの箱

（1） Leslie 2010, 457を参照。
（2） Clark and Overbye 2009.
（3） Page 2009.
（4） *University Post*（コペンハーゲン大学）、2009年10月19日。
（5） *New Scientist*、2009年10月13日。
（6） Overbye 2009.
（7） Nielsen and Ninomiya 2009.
（8） Overbye 2009. ニールセンと二宮の考えは、物理学者ジョン・グリビンの1985年のサイエンスフィクション、「The Doomsday Device（終末装置）」のなかのそれと類似している。このグリビンの物語には、さらに、一連の事故を起こしてその操作を妨げるようなスーパーコライダーも登場する。
（9） Khatchadourian 2015.
（10） Khatchadourian 2015. Bostrom 2002, 16も参照
（11） レスリーのインタビュー、2018年1月17日。
（12） Leslie 2010, 452-453.
（13） Lee 2017.
（14） カート・ヴォネガットの1963年の小説『猫のゆりかご』で説明されているように、アイス・ナインとは、室温で固まる氷の種類である。ほんの少量で、あらゆる水体をアイス・ナインに変えてしまう。
（15） Colemam and De Luccia 1980, 3314.
（16） Colemam and De Luccia 1980, 3314.
（17） Eckhardt 1993, 7.
（18） Bostrom 2002a, 18.
（19） Brin 1983, 297.

(20) Tegmark and Bostrom 2005 and 2005a.
(21) Tegmark and Bostrom 2005, 1.
(22) ブラックホールの外径はその質量に正比例する。地球がブラックホールならば、それは、かろうじて幅2.5センチメートルの3分の1ほどだろう。海王星は地球の約17倍の質量がある。
(23) Arkani-Hamed, Dubovsky, Senatore, Villadoro 2008.
(24) Tegmark and Bostrom 2005a, 3.

多世界における生と死

(1) O'Connell 2014.
(2) Nielsen and Ninomiya 2009.
(3) Knapp 2012. 年間運用予算は現在、約10億ドルである。
(4) Deutsch 2011, 310.
(5) Tegmark 1997, 1を参照。その他の世論調査――科学者への意識調査という事実にもかかわらず、必然的に「非科学者」として記述される――は、50パーセントもの支持を得ていると主張する。
(6) マックス・テグマークはこのフレーズをアヌパム・ガーグの功績と認めている。Tegmark 1997, 4を参照。
(7) Merali 2015.
(8) Papineau 2003.
(9) Chown 1997, 51.
(10) Moravec 1988, 190.
(11) Shikhovtsev 2003, 21.
(12) Tegmark 2014, 220.
(13) Mallah 2009.
(14) Mallah 2009.
(15) Shikhovtsev 2003, 21. グレン・フィッシュバインによる報告。
(16) Tegmark 2014, 220.
(17) Tegmark 2014, 219.
(18) Tegmark 2014, 219.
(19) Tegmark 1997, 5.
(20) Mallah n.d.

1/137

(1) Feynman 1985.
(2) Kragh 2003がおもしろい説明をしている。
(3) ヴィクトリア朝時代の教師、エドウィン・アボットの短編ファンタジー小説、「フラットランド――たくさんの次元のものがたり」(1884年)は、2次元の生命体についての考えを最初に提示している。これは後に、より熱心かつ学術的に、多くの機会で論じられるようになった。

（4） Whitrow 1955, 31.

（5） Olum and Schwartz-Perlov 2007.

（6） Feynman 1985, 129.

（7） Leighton 1985, 343 へのファインマンの言葉。

（8） ジョン・レスリーはプラトン哲学の原則の可能性（必ずしも伝統的な意味での「神」ではない）を真剣に捉えるべきだと論じている。Leslie 1989a を参照。

（9） 無限の宇宙については、ディッグスの『A Prognostication everlasting（永遠に続く予言）』（1576 年）およびブルーノの『無限、宇宙および諸世界について』（1584 年）に概説されている。

（10） Gott 1982; Linde 1982; Albrecht and Steinhardt 1982.

（11） Knobe, Olum, Vilenkin 2006.

（12） Neal 2006.

（13） Neal 2006, 24.

（14） リチャード・ゴットはこれを、Tyson, Strauss, Gott 2016, 398 で回想している。

（15） Hawking and Hertog 2018.

（16） Bostrom 2002, 11-41 に概要が提供されている。

（17） Hacking 1987.

（18） Gorroochurn 2011.

（19） これは私の著書、『科学で勝負の先を読む』（Poundstone 2014）のテーマである。

（20） Leslie 1988.『マインド』の編集者はレスリーに、200 人を超える学者がハッキングの論文の反論を提出しており、この雑誌としては最高記録だ」と話した（レスリーの個人 E メール、2018 年 6 月 28 日）。

（21） 同様の例については、Leslie 1988, 270; Bradley 2007, 139 を参照。

（22） Wigner and Szanton 1992.

（23） Zuboff 2008.

（24） これは Bradley 2007, 141 から引用したもの。ブラッドレイはこの文脈で「選好」という言葉を使用している。（「われわれは選り好みしていなかった……われわれは最大限に選り好みしている」）。アーノルド・ズボフは「主観的」および「客観的個性化」を参照している。

（25） Bostrom 2002, 35.

（26） Bostrom 2002, 34 を参照。

（27） Scharf 2014, 33-35.

悪魔を呼びだす

（1） *Military History Now* 2013.

（2） Dowd 2017.

（3） Bostrom 2002.

（4） Good 1965.

（5） van der Vat 2009. 元アーティストであるニック・ボストロムは、キューブリックの映画へのオマージュとして、人類未来研究所のロゴをデザインした。このロゴは、

黒い、少しだけ凸状のひし形で、ボストロムが、『2001年宇宙の旅』の45度回転するモノリスになぞらえたものである。

（6） Barrat 2013.

（7） Dowd 2017.

（8） Dowd 2017.

（9） この3原則は最初、アシモフの1942年の短編、「堂々めぐり」に登場する（この短編では、これらの3原則は『ロボット工学ハンドブック、第56版、西暦2058年』に起因している）。

（10） Bostrom 2014, 107-108を参照。イーロン・マスクも同様の話をしている。「たとえば、あなたが自己改良するAIをつくり、このAIにいちごを摘ませる。そしていちご摘みがどんどん上手になって、さらに多くのいちごを摘み、どんどん自己改良していって、AIはいちごを摘むことしか望まなくなる。しまいには世界中がいちご畑になる。まさにストロベリー・フィールズ・フォーエバー［ビートルズの1967年の楽曲］だ」。Dowd 2017を参照。

（11） Bostrom 2002.

（12） Dowd 2017.

（13） Dowd 2017.

（14） Dowd 2017.

（15） Khatchadourian 2015.

（16） Reddit "Ask Me Anything" セッション、bit.ly/2jv3DhF.

（17） Khatchadourian 2015.

（18） Hunter 2017.

（19） Khatchadourian 2015.

（20） Metz 2018.

（21） Clifford 2017.

（22） Dowd 2017.

（23） Clifford 2017.

（24） ボストロムとユドカウスキーは両者とも、AIが不確かさのもとでいかに振る舞うかという文脈のなかで、このアナロジーを展開してきた。得るものが限りなく大きければ、限りなく小さいリスクでさえ、理性ある意思決定者にとっては問題となる。だがこれは、「パスカルの強盗」のパラドックスにあるように、一見したところ、不条理なケースにつながる可能性がある（Bostrom 2009を参照）。しかしながら、知能爆発のリスクは無限小よりずっと大きなものであるように思われるため、無限値をポストヒューマンの天国か地獄に割り当てて、注意が必要だと結論づける必要はない。

（25） Ha 2018.

（26） Stevenson 2017.

（27） Horgan 2016.

（28） Metz 2018.

（29） Metz 2018.

（30） Fingas 2017.

現在地

（1） Brumfiel 2016. エンジニアは「やわらかい毛で覆われた生き物の黒こげになった残骸が、食いちぎられた電力ケーブルの近くにある」のを発見した。ブラムフィエルは、「この動物が、宇宙の秘密を暴くことを人間にやめさせようとしているかどうかは不明である」と書いている。

（2） Hershser 2017.

（3） Lee 2006.

（4） *Evening Standard* 2007.

（5） Gott 1993.「ゴット、1993年：誕生順」と書かれたこの図の棒グラフは、現在の人口の数値に更新された95パーセントの限界を示している。

（6） ティプラーの個人メール、2018年4月6日。

（7） レスリーは、「世界はおそらく、終末は差し迫っていると考える方向へのベイズ的シフトをかなり弱めるような方法で、非決定論的になっている」と主張する（個人Eメール、2018年6月28日）。

（8） Bostrom 1996, 5.

（9） Spiegel and Turner 2012.

（10） Khatchadourian 2015.

（11） Gott 1993, 319.

参考文献

Aaronson, Scott. "Can Quantum Computing Reveal the True Meaning of Quantum Mechanics?" 2015. to.pbs.org/269vk1k.

Albrecht, Andreas, and Paul J. Steinhardt. "Cosmology for Grand Unilfied Theories with Radiatively Induced Symmetry Breaking." *Physical Review Letters* 48 (1982): 1220.

Arkani-Hamed, Nima, and Sergei Dubovsky, Leonardo Senatore, and Giovanni Villadoro. "(No) Eternal Inflation and Precision Higgs Physics." *Journal of High Energy Physics* 03, no. 075 (2008).

Armstrong, Stuart. "Anthropic Decision Theory for Self-Locating Beliefs." Future of Humanity Institute. September 2017. bit.ly/2L2dhnH.

Auerbach, David. "The Most Terrifying Thought Experiment of All Time." *Slate*, July 17, 2014.

Bacon, Francis. *Novum Organum*. 1620. bit.ly/2jojej4.（『ノヴム・オルガヌム――新機関』桂寿一訳、岩波書店、1978 年）

Bains, William, and Dirck Schulze-Makuch. "The Cosmic Zoo: The (Near) Inevitability of the Evolution of Complex, Macroscopic Life." Life 6, no. 25 (2016). doi:10.3390/life6030025.

Baldwin, John, Lin Bian, Richard Dupuy, and Guy Gellatly. "Failure Rates for New Canadian Firms: New Perspectives on Entry and Exit." Ottawa: Statistics Canada (2000).

Ball, John A. "The Zoo Hypothesis." Icarus 19 (1973): 347–349.

Barrat, James. *Our Final Invention: Artificial Intelligence and the End of the Human Era*. New York: St. Martin's, 2013.（『人工知能 人類最悪にして最後の発明』水谷淳訳、ダイヤモンド社、2015 年）

Barrow, John D., and Frank J. Tipler. *The Anthropic Cosmological Principle*. New York: Oxford University Press, 1986.

Bartha, Paul, and Christopher Hitchcock. "No One Knows the Date or the Hour: An Unorthodox Application of Rev. Bayes's Theorem." *Philosophy of Science* (*Proceedings*) 66 (1999): S329–S353.

———. "The Shooting-Room Paradox and Conditionalizing on Measurably Challenged Challenged Sets." *Synthese* 118 (1999a): 403–437.

Bayes, Thomas. "An Essay Towards Solving a Problem in the Doctrine of Chances." *Philosophical Transactions of the Royal Society of London* 53 (1763): 370–418.

Beane, Silas R., Zohreh Davoudi, and Martin J. Savage. "Constraints on the Universe as a Numerical Simulation." 2012. arXiv:1210.1847.

Bellhouse, D. R. "The Reverend Thomas Bayes FRS: A Biography to Celebrate the

Tercentenary of His Birth." *Statistical Science* 19 (2004): 3–32.

Bessembinder, Hendrik. "Do Stocks Outperform Treasury Bills?" *Journal of Financial Economics*, 近刊。

Biello, David. "The Origin of Oxygen in Earth's Atmosphere." *Scientific American*, August 19, 2009.

Bilton, Nick. "Silicon Valley Questions the Meaning of Life." *Vanity Fair*, October 13, 2016.

Bondi, Hermann. *Cosmology*. Cambridge: Cambridge University Press, 1952.

Bostrom, Nick. *Anthropic Bias: Observation Effects in Science and Philosophy*. New York: Routledge, 2002.

———. "Are You Living in a Computer Simulation?" *Philosophical Quarterly* 53 (2003): 243–255.

———. "Beyond the Doomsday Argument: Reply to Sowers and Further Remarks." n.d. bit.ly/2js28AY.

———. "The Doomsday Argument: A Literature Review." 1998. bit.ly/2IULsNp.

———. "Existential Risks." *Journal of Evolution and Technology* 9 (2002a): 1–31.

———. "Investigations into the Doomsday Argument." 1996. bit.ly/1G9Yhk7.

———. "Pascal's Mugging." *Analysis* 69 (2009): 443–445.

———. *Superintelligence: Paths, Dangers, Strategies*. New York: Oxford University Press, 2014.（『スーパーインテリジェンス　超絶ＡＩと人類の命運』倉骨彰訳、日本経済新聞出版社、2017 年）

Bradley, Darren. "Bayesianism and Self-Locating Beliefs or Tom Bayes Meets John Perry." PhD diss., Stanford University, July 2007.

Bradley, Darren, and Branden Fitelson. "Monty Hall, Doomsday and Confirmation." *Analysis* 66 (2003): 23–31.

Brantley, Ben. "Review: 'Hamilton,' Young Rebels Changing History and Theater." *New York Times*, August 6, 2015.

Bresiger, Gregory. "4 of 5 Musicals Failed Their Investors." *New York Post*, January 25, 2015.

Brin, Glen David. "The 'Great Silence': The Controversy Concerning Extraterrestrial Intelligent Life." *Quarterly Journal of the Royal Astronomical Society* 24 (1983): 283–309.

Brown, Charles D. "John D. Barrow and Frank J. Tipler's 'The Anthropic Cosmological Principle.'" *Reason Papers* 13 (1988): 217–233.

Browne, Malcolm W. "Limits Seen on Human Existence." *New York Times*, June 1, 1993, C1–C7.

Brumfiel, Geoff. "Weasel Apparently Shuts Down World's Most Powerful Particle Collider." NPR, April 19, 2016. n.pr/1VXHl6l.

Carr, Michael. "Turtle Trading: A Market Legend." *Investopedia*, February 13, 2018.

Carroll, Rory. "Elon Musk's Mission to Mars." *Guardian*, July 17, 2013.

Carter, Brandon. "The Anthropic Principle and Its Implications for Biological Evolution."

Philosophical Transactions of the Royal Society of London Series A 310, no. 1512 (1983): 347–363.
———. "Anthropic Principle in Cosmology." June 2004. arXiv:gr-qc/0606117v1.
———. "Large Number Coincidences and the Anthropic Principle in Cosmology." M. S. Longair, ed., *Confrontation of Cosmological Theories with Observational Data, Proceedings of the Symposium*, Kraków, September 10–12, 1973, IAU Symposium No. 63, Dordrecht: D. Reidel, 1974, 291–298.
Caves, Carleton M. "Predicting Future Duration from Present Age: A Critical Assessment." *Contemporary Physics* 41 (2000): 143.
———. "Predicting Future Duration from Present Age: Revisiting a Critical Assessment of Gott's Rule." 2008. bit.ly/2sjdzPi.
Cellan-Jones, Rory. "Stephen Hawking Warns Artificial Intelligence Could End Mankind." BBC News, December 2, 2014. bbc.in/1vgH80r.
Chown, Marcus. "Dying to Know: Would You Lay Your Life on the Line for a Theory?" *New Scientist*, December 20/27, 1997, 50–51.
Clark, Nicola, and Dennis Overbye. "Scientist Suspected of Terrorist Ties." *New York Times*, October 9, 2009.
Clifford, Catherine. "Mark Zuckerberg Doubles Down Defending A.I. After Elon Musk Says His Understanding of It Is 'Limited.'" CNBC, July 26, 2017.
Coleman, Sidney, and Frank De Luccia. "Gravitational Effects on and of Vacuum Decay." *Physical Review* D 21 (1980): 3305–3315.
Collins, Daniel P. "William Eckhardt: The Man Who Launched 1,000 Systems." *Futures*, March 1, 2011.
Connors, Richard J. Warren Buffett on Business: *Principles from the Sage of Omaha*. Hoboken, NJ: Wiley, 2010.
Coughlan, Maggie. "Brad Pitt Spent Thanksgiving in London on Set." *People*, November 26, 2012.
Craig, Andrew. "Astronomers Count the Stars." BBC News, July 22, 2003.
Deutsch, David. *The Beginning of Infinity*. New York: Allen Lane, 2011.（『無限の始まり——ひとはなぜ限りない可能性をもつのか』熊谷玲美、田沢恭子、松井信彦訳、インターシフト、2013年）
Dicke, R. H. "Dirac's Cosmology and Mach's Principle." *Nature* 192 (1961): 440–441.
Dieks, Dennis. "Doomsday—Or: The Dangers of Statistics." *Philosophical Quarterly* 42 (1992): 78–84.
———. "The Probability of Doom." April 24, 2001. bit.ly/2joQBCm.
———. "Reasoning About the Future: Doom and Beauty." *Synthese* 156 (2007): 427–439.
DNews, uncredited. "The Soviet Particle Accelerator That Time Forgot." *Seeker*. February 24, 2011. bit.ly/2JQX2ZQ.
Dodd, Matthew S., Dominic Papineau, Tor Greene, et al. "Evidence for Early Life in Earth's Oldest Hydrothermal Vent Precipitates." *Nature* 543 (2017): 60–64.

Dowd, Maureen. "Elon Musk's Billion-Dollar Crusade to Stop the Apocalypse." *Vanity Fair*, March 26, 2017.

Dyson, Freeman J. "Reality Bites" (John Leslie's The End of the World 書評). *Nature* 380 (1996): 296.

———. "Time Without End: Physics and Biology in an Open Universe." *Reviews of Modern Physics* 51 (1979): 447–460.

Dyson, Lisa, Matthew Kleban, and Leonard Susskind. "Disturbing Implications of a Cosmological Constant." 2002. arXiv:hep-th/0208013.

Eckhardt, William. *Paradoxes in Probability Theory*. Dordrecht: Springer, 2013.

———. "Probability Theory and the Doomsday Argument." *Mind* 102 (1993): 483-488.

———. "A Shooting-Room View of Doomsday." *Journal of Philosophy* 94 (1997): 244-259.

Eddington, Arthur. *The Nature of the Physical World*. Cambridge: Cambridge University Press, 1928.

———. *The Philosophy of Physical Science*. Cambridge: Cambridge University Press, 1939.

Einstein, Albert. *Sidelights on Relativity*. London: Methuen, 1922.

Elga, Adam. "Defeating Dr. Evil with Self-Locating Belief." *Philosophy and Phenomenological Research* 69 (2004): 383-396.

———. "Self-Locating Belief and the Sleeping Beauty Problem." *Analysis* 60 (2000): 143-147.

Evening Standard, uncredited. "The World Will End in 2060, According to Newton." June 18, 2007.

Faith, Curtis. "The Original Turtle Trading Rules." 2003. Bit.ly/1GHIrIw.

Farley, Tim. "A Skeptical Maxim (May) Turn 75 This Week." *Skeptic*, November 4, 2014. Bit.ly/2w9leot.

Feinstein, Alvan R. "Clinical Biostatistics XXXIX. The Haze of Bayes, The Aerial Palaces of Decision Analysis, and the Computerized Ouija Board." *Clinical Pharmacology and Therapeutics* 21 (1977): 482-496.

Fermi, Enrico. "The Future of Nuclear Physics." J. W. Cronin, ed., *Fermin Remembered*. Chicago: University of Chicago Press, 2004.

Ferris, Timothy. "How to Predict Everything." *The New Yorker*, July 12, 1999, 35.

Feynman, Richard P. *The Meaning of It All: Thoughts of a Citizen Scientist*. Reading, MA: Addison-Wesley, 1998.（『科学は不確かだ！』大貫昌子訳、岩波書店、2007年）

———. *QED: The Strange Theory of Light and Matter*. Princeton: Princeton University Press, 1985.

Feynman, Richard P. から Ralph Leighton への言葉。*Surely You're Joking, Mr. Feynman! Adventures of a Curious Character*: New York: W. W. Norton, 1985.

Fingas, Jon, "Putin Says the Country That Perfects AI Will Be 'Ruler of the World.'" *Engadget*, September 4, 2017. Engt.co/2HPsATL.

Flam, F. D. "The Odds, Continually Updated." *New York Times*, September 29, 2014.

Franceschi, Paul. "A Third Route to the Doomsday Argument." *Journal of Philosophical*

Research 34 (2009): 263-278.
Friedman, Milton, and Rose Friedman. *Two Lucky People: Memoirs*. Chicago: University of Chicago Press, 1998.
Friend, Tad. "Sam Altman's Manifest Destiny." *The New Yorker*, October 10, 2016.
Gardner, Martin. *Fads and Fallacies in the Name of Science*. New York: Putnam, 1952.(『奇妙な論理 I　だまされやすさの研究』市場泰男訳、早川書房、2003 年)
———. "WAP, SAP, FAP & PAP." *New York Review of Books* 33 (1986): 22–25.
Gerig, Austin. "The Doomsday Argument in Many Worlds." September 27, 2012. arXiv:1209.6251v1 [physics.pop-ph].
Glanz, James. "Point, Counterpoint and the Duration of Everything." *New York Times*, February 8, 2000.
Goldman, Albert. "Lindy's Law." *New Republic*, June 13, 1964, 34–35.
Good, Irving John. "Speculations Concerning the First Ultraintelligent Machine." *Advances in Computers* 6 (1965): 31–88.
Goodman, Steven N. "Future Prospects Discussed." *Nature* 368 (1994): 106.
Gorroochurn, Prakash. "Errors of Probability in Historical Context." *American Statistician* 65 (2011): 246–254.
Gosse, Philip Henry. *Omphalos: An Attempt to Untie the Geological Knot*. London: John Van Voorst, 1857.
Gott, J. Richard, III. "The Chances Are Good You're Random" (letter). *New York Times*, July 27, 1993 (a).
———. "Creation of Open Universes from de Sitter Space." *Nature* 295 (1982): 304–307.
———. "Future Prospects Discussed." *Nature* 368 (1994): 108.
———. "A Grim Reckoning." *New Scientist*, November 15, 1997.
———. "Implications of the Copernican Principle for Our Future Prospects." *Nature* 363 (1993): 315–319.
Grace, Caitlyn. "Anthropic Reasoning in the Great Filter." BS thesis, Australian National University, 2010. bit.ly/2jq684I.
Ha, Andrew. "Eric Schmidt Says Elon Musk Is 'Exactly Wrong' About AI." *TechCrunch*, May 25, 2018.
Hacking, Ian. "The Inverse Gambler's Fallacy: The Argument from Design. The Anthropic Principle Applied to Wheeler Universes." *Mind* 96 (1987): 331–340.
Halpern, Joseph. "The Role of the Protocol in Anthropic Reasoning." *Ergo* 2 (2015): 195–206.
Hanson, Robin. "How to Live in a Simulation." *Journal of Evolution and Technology* 7, no. 1 (2001). bit.ly/2riQThG.
———. "Must Early Life Be Easy? The Rhythm of Major Evolutionary Transitions." 1998. bit.ly/2HKKFC1.
Hawking, Stephen. *Black Holes and Baby Universes*. New York: Bantam, 1993.(『ホーキング博士と宇宙』向井清訳、北星堂書店、1995 年)

Hawking, S. W., and Thomas Hertog. "A Smooth Exit from Eternal Inflation?" April 20, 2018. arXiv:1707.07702v3 [hep-th].

Hersher, Rebecca. "World's Most Destructive Stone Marten Goes on Display in the Netherlands." NPR, February 1, 2017.

Hewitt, Godfrey. "The Genetic Legacy of the Quaternary Ice Age." *Nature* 405 (2000): 907–913.

Horgan, John. "AI Visionary Eliezer Yudkowsky on the Singularity, Bayesian Brains and Closet Goblins." *Scientific American* (blog), March 1, 2016.

———. "Bayes's Theorem: What's the Big Deal?" *Scientific American* (blog), January 4, 2016.

Hume, David. *An Enquiry Concerning Human Understanding*. 1748. www.gutenberg.org/ebooks/9662.

Hunter, Matt. "Here's How One of Google's Top Scientists Thinks People Should Prepare for Machine Learning." CNBC, April 29, 2017. cnb.cx/2HN0g4l.

Hut, Piet, and Martin J. Rees. "How Stable Is Our Vacuum?" *Nature* 302 (1983): 508–509.

Iklé, Fred Charles, G. J. Aronson, and Albert Madansky. "On the Risk of an Accidental or Unauthorized Nuclear Detonation." RM-2251. Santa Monica: RAND Corporation, Corporation, 1958.

Jaynes, E. T. "Prior Probabilities." *IEEE Transactions on Systems Science and Cybernetics*, SSC-4 (1968): 227–241.

Jenkins, Alejandro, and Gilad Perez. "Looking for Life in the Multiverse." *Scientific American*, January 2010.

Jones, Eric M. "'Where Is Everybody?': An Account of Fermi's Question." Los Alamos, NM: Los Alamos National Laboratory, 1985.

Joy, Bill. "Why the Future Doesn't Need Us." *Wired*, April 2000.

Kahneman, Daniel, and Amos Tversky. "On Prediction and Judgment." *Oregon Research Institute Bulletin* 12, no. 4 (1972).

Keynes, John Maynard. *A Treatise on Probability*. London: Macmillan, 1921.

Khatchadourian, Raffi. "The Doomsday Invention." *The New Yorker*, November 23, 2015.

Kierland, Brian, and Bradley Monton. "How to Predict Future Duration from Present Age." *Philosophical Quarterly* 56 (2006): 16–38.

Klepper, David. "Man Recalls Day a Nuclear Bomb Fell on His Yard." *Sun News* (Myrtle Beach, SC), November 24, 2003.

Knapp, Alex. "How Much Does It Cost to Find a Higgs Boson?" *Forbes*, July 5, 2012.

Knobe, Joshua, Ken D. Olum, and Alexander Vilenkin. "Philosophical Implications of Inflationary Cosmology." *British Journal for the Philosophy of Science* 57 (2006): 47–67.

Kopf, Tomás, Pavel Krtous, and Don M. Page. "Too Soon for Doom Gloom." 1994. "Slightly revise2012 December 21, Mayan Long Count Calendar 13.0.0.0.0, or day 1,872,000, end of the 13th b'ak'tun." arXiv:gr-gc/9407002v2.

Kosoff, Maya. "The One Technology That Terrifies Elon Musk." *Vanity Fair*, June 2, 2016.

Kragh, Helge. "Magic Number: A Partial History of the Fine-Structure Constant." *Archive for History of Exact Sciences* 57 (2003): 395–431.

Kriss, Sam. "Tech Billionaires Want to Destroy the Universe." *Atlantic*, October 13, 2016.

Lawton, John H., and Robert McCredie. *Extinction Rates*. Oxford: Oxford University Corporation, 1958.

Lederman, Leon. *The God Particle: If the Universe Is the Answer, What Is the Question?* Boston: Houghton Mifflin, 1993.（『量子物理学の発見　ヒッグス粒子の先までの物語』青木薫訳、文藝春秋、2016 年）

Lee, Jennifer Lauren. "TeV Revs Up, Operators Troubleshoot, Fight Raccoons." *Fermilab Today*, June 19, 2006. Bit.ly/1QFp7yw.

Lee, Stephanie M. "This Guy Says He's the First Person to Attempt Editing His DNA with CRPSPR." *BuzzFeed News*, October 14, 2017.

Lerner, Eric J. "Horoscopes for Humanity." *New York Times*, July 14, 1993.

Leslie, John. "The end of the World is not nigh" (書簡). *Nature* 387 (1997): 338-339.

———. *The End of the World: The Ethics and Science of Human Extinction*. London: Routledge, 1996.（『世界の終焉——今ここにいることの論理』松浦俊輔訳、青土社、2017 年）

———. *Infinite Minds: A Philosophical Cosmology*. Oxford: Clarendon, 2001.

———. "Is the End of the World Nigh?" *Philosophical Quarterly* 40 (1990): 65-72.

———. "No Inverse Gambler's Fallacy in Cosmology." *Mind* 97 (1988): 269-272.

———. "Risking the World's End." *Bulletin of the Canadian Nuclear Society* 10 (1989): 10-15.

———. "The Risk That Humans Will Soon Be Extinct." *Philosophy* 85 (2010): 447-463.

———. "Time and the Anthropic Principle." *Mind* 101 (1992): 521-540.

———. *Universe*. London: Routledge, 1989 (a).

Leslie, John, and Robert Lawrence Kuhn, eds. *The Mystery of Existence: Why Is There Anything At All?* Malden, MA: Wiley-Blackwell, 2013.

Lichtenberg, George Christoph, R. J. Hollingdale 訳 . *The Waste Books*. New York: New York Review Books, 1990.

Liger-Belair, Gérad. *Uncorked: The Science of Champagne*. Princeton: Princeton University Press, 2004.

Linde, Andrei D. "A New Inflationary Universe Scenario: A Possible Solution of the Horizon, Flatness, Homogeneity, Isotropy and Primordial Monopole Problems." *Physics Letters* B 108 (1982): 389-393.

Mackay, Alan L. "Future Prospects Discussed," *Nature* 368 (1994): 107.

Mallah, Jacques. "Many-Worlds Interpretations Can Not Imply 'Quantum Immortality.'" 2009. arxiv.org/pdf/0902.0187.pdf.

Marchal, Bruno. "Informatique théorique et philosophie de l'esprit." *Actes du 3ème colloque international Cognition et Connaissance*. Toulouse, 1988, 193–227.

Mata, José, and Pedro Portugal. "Patterns of Entry, Post-Entry Growth and Survival: A

Comparison Between Domestic and Foreign-Owned Firms." *Small Business Economics* 22 (2004): 283–298.

McGrayne, Sharon Bertsch. *The Theory That Would Not Die: How Bayes' Rule Cracked the Enigma Code, Hunted Down Russian Submarines, & Emerged Triumphant from Two Centuries of Controversy*. New Haven: Yale University Press, 2011.

Merali, Zeeya. "Quantum Physics: What Is Really Real?" *Nature* 521 (2015): 278–280.

Metz, Cade. "Mark Zuckerberg, Elon Musk and the Feud over Killer Robots." *New York Times*, June 9, 2018.

Military History Now uncredited. "The Men Who Saved the World—Meet Two Different Russians Who Prevented WW3." 2013. bit.ly/1PbhTli.

Moravec, Hans. *Mind Children: The Future of Robot and Human Intelligence*. Cambridge: Harvard University Press, 1988.

Mosher, Dave. "A Thermonuclear Bomb Slammed into a North Carolina Farm in 1961—and Part of It Is Still Missing." *Business Insider*, May 7, 2017.

Moskowitz, Clara. "Are We Living in a Computer Simulation?" *Scientific American*, April 7, 2016.

Neal, Radford M. "Puzzles of Anthropic Reasoning Resolved Using Full Non-Indexical Conditioning." 2006. arXiv:math/0608592v1.

Nielsen, Holger Bech. "Random Dynamics and Relations Between the Number of Fermion Generations and the Fine Structure Constants." *Acta Physica Polonica* B20 (1989): 427–468.

Nielsen, H. B., and Masao Ninomiya. "Card Game Restriction in LHC Can Only Be Successful!" October 23, 2009. arXiv:0910.0359 [physics.gen-ph].

Norton, John D. "Cosmic Confusions: Not Supporting Versus Supporting Not." *Philosophy of Science* 77 (2010): 501–523.

O'Connell, Cathal. "Can We Test for Parallel Worlds?" *Cosmos*, November 3, 2014.

Oliver, Bernard M., and John Billingham. *Project Cyclops: A Design Study of a System for Detecting Extraterrestrial Intelligent Life*. Moffett Field, CA: Stanford/NASA/Ames Research Center, 1971.

Olum, Ken D. "The Doomsday Argument and the Number of Possible Observers." October 13, 2000. arXiv:gr-qc/0009081v2.

Olum, Ken D., and Delia Schwartz-Perlov. "Anthropic Prediction in a Large Toy Landscape." May 17, 2007. arXiv:0705.2562v2 [hep-th].

Overbye, Dennis. "The Collider, the Particle and a Theory About Fate." *New York Times*, October 12, 2009.

Page, Don N. "Can Quantum Cosmology Give Observational Consequences of Many-Worlds Quantum Theory?" C. P. Burgess and R. C. Myers, eds., *Eighth Canadian Conference on General Relativity and Relativistic Astrophysics*, Montreal. Melville, NY: American Institute of Physics, 1999, 225–232.

Page, Lewis. "Large Hadron Collider Scuttled by Birdy Baguette-Bomber." *Register*,

November 5, 2009.
Papineau, David. "Why You Don't Want to Get in the Box with Schrödinger's Cat." *Analysis* 63 (2003): 51–58.
Physics World, uncredited. "Life, Longevity, and a $6000 Bet." February 11, 2000.
Piccione, Michele, and Ariel Rubinstein. "On the Interpretation of Decision Problems with Imperfect Recall." *Games and Economic Behavior* 20 (1997): 3–25.
Poundstone, William. *Are You Smart Enough to Work at Google?* New York: Little, Brown, 2012.（『Google が欲しがるスマート脳のつくり方――ニューエコノミーを生き抜くために知っておきたい入社試験の回答のコツ』（桃井緑美子訳、青土社、2012 年）
———. *Carl Sagan: A Life in the Cosmos*. New York: Holt, 1999.
———. *Labyrinths of Reason: Paradox, Puzzles, and the Frailty of Knowledge*. New York: Doubleday, 1988.（『ライフゲイムの宇宙』有澤誠訳、日本評論社、2003 年）
———. *Rock Breaks Scissors: A Practical Guide to Outguessing and Outwitting Almost Everybody*. New York: Little, Brown, 2014.
Purcell, Edward. "Radio Astronomy and Communication Through Space." A. G. W. Cameron, ed., *Interstellar Communication*. New York: W. A. Benjamin, 1963.
Putnam, Hilary. "The Place of Facts in a World of Values." D. Huff and O. Prewett, eds., *The Nature of the Physical Universe*. New York: Wiley, 1979, 113–140.
Rees, Martin. *Just Six Numbers: The Deep Forces That Shape the Universe*. London: Weidenfeld & Nicolson, 1999.
———. *Our Final Century: Will the Human Race Survive the Twenty-First Century?* London: Heinemann, 2003.（『今世紀で人類は終わる？』堀千恵子訳、草思社、2007 年）
Reynolds, Ben. "The Lindy Effect: Triumph of the Tried & True." August 27, 2016. bit.ly/2CzwoEC.
———. "107 Profound Warren Buffett Quotes: Learn to Build Wealth." n.d. bit.ly/2riDpmR.
Rubinow, Isaac M. "Scientific Methods of Computing Compensation Rates." *Proceedings of the Casualty Actuarial Society* (1914–15): 10–23.
Sandberg, Anders, Eric Drexler, and Toby Ord. "Dissolving the Fermi Paradox." June 6, 2018. arXiv:1806.02404v1 [physics.pop-ph].
Saunders, Tristram Fane. "10 Things You Didn't Know About The Mousetrap." *Telegraph*, November 25, 2015.
Scharf, Caleb. *The Copernicus Complex*. New York: Scientific American/Farrar, Straus and Giroux, 2014.
Searle, John. *Mind, Language, and Society*. New York: Basic Books, 1999.
Sebens, Charles T., and Sean M. Carroll. "Self-Locating Uncertainty and the Origin of Probability in Quantum Mechanics." *British Journal for the Philosophy of Science* 69 (2015): 25–74.
Selby, Andrew. "Market Wizard William Eckhardt." *Don't Talk About Your Stocks* (blog and podcast), January 22, 2013. bit.ly/1AgwK9G.

Shikhovtsev, Eugene. "Biographical Sketch of Hugh Everett, III." 2003. bit.ly/2HRqnmz.

Sober, Elliott. "An Empirical Critique of Two Versions of the Doomsday Argument—Gott's Line and Leslie's Wedge." *Synthese* 135 (2003): 415–430.

Sowers, George F., Jr. "The Demise of the Doomsday Argument." *Mind* 111 (2002): 37–45.

Spiegel, David S., and Edwin L. Turner. "Bayesian Analysis of the Astrobiological Implications of Life's Early Emergence on Earth." *PNAS* 109 (2012): 395–400.

Stevenson, Seth. "A Rare Joint Interview with Microsoft CEO Satya Nadell and Bill Gates." *Wall Street Journal*, September 25, 2017.

Stigler, Stephen M. "The True Title of Bayes's Essay." *Statistical Science* 28 (2013): 283–288.

———. "Who Discovered Bayes's Theorem?" *American Statistician* 37 (1983): 290–296.

Taleb, Nassim Nicholas. *Antifragile: Things That Gain from Disorder*. New York: Random House, 2012 (a).（『反脆弱性――不確実な世界を生き延びる唯一の考え方（上・下）』望月衛監修・千葉敏生訳、ダイヤモンド社、2017 年）

———. "The Surprising Truth: Technology Is Aging in Reverse." *Wired*, December 21, 2012.

Tegmark, Max. "The Interpretation of Quantum Mechanics: Many Worlds or Many Words?" 1997. bit.ly/2rjh1ZS.

———. *Our Mathematical Universe: My Quest for the Ultimate Nature of Reality*. New York: Knopf, 2014.

Tegmark, Max, and Nick Bostrom. "Is a Doomsday Catastrophe Likely?" *Nature* 438 (2005): 754. An extended version (2005a) is at bit.ly/2smf3Z1.

Thompson, Clive. "If You Liked This, You're Sure to Love That." *New York Times*, November 21, 2008.

Thwaite, Ann. *Glimpses of the Wonderful: The Life of Philip Henry Gosse*, 1810–1888. London: Faber & Faber, 2002.

Tuttle, Steve. "A Close Call." East Carolina University News Service, March 27, 2013. bit.ly/2rkv0za.

Tyson, Neil deGrasse, Michael A. Strauss, and J. Richard Gott. *Welcome to the Universe: An Astrophysical Tour*. Princeton: Princeton University Press, 2016.

Ulam, Stanislaw. "Tribute to John von Neumann." *Bulletin of the American Mathematical Society* 5 (1958): 1–49.

van der Vat, Dan. "Jack Good" (obituary). *Guardian*, April 28, 2009.

Varandani, Suman. "Stephen Hawking Puts an Expiry Date on Humanity." *International Business Times*, November 16, 2016.

Von Foerster, Heinz, Patricia M. Mora, and Lawrence W. Amiot. "Doomsday: Friday, November 13, AD 2026." *Science* 132 (1960): 1291–1295.

Wade, Nicholas. "Genome Study Provided a Census of Early Humans." *New York Times*, January 18, 2010.

Wearing, J. P. *The London Stage: A Calendar of Plays and Players*. Metuchen, NJ:

Scarecrow Press, 1976–1993. Published in seven volumes, each covering a decade of London productions.

Weinberg, Steven. *Dreams of a Final Theory*. New York: Pantheon, 1992.（『究極理論への夢——自然界の最終法則を求めて』小尾信弥、加藤正昭訳、ダイヤモンド社、1994 年）

Wells, Willard. *Apocalypse When: Calculating How Long the Human Race Will Survive*. Chichester, UK: Praxis, 2009.

Whitrow, G. J. "Why Physical Space Has Three Dimensions." *British Journal for the Philosophy of Science* 6 (1955): 13–31.

Wigner, Eugene P., and A. Szanton. *The Recollections of Eugene P. Wigner*. New York: Plenum, 1992.

Williams, John Burr. *The Theory of Investment Value*. Cambridge: Harvard University Press, 1938.

Yudkowsky, Eliezer. "Artificial Intelligence as a Positive and Negative Factor in Global Risk." Nick Bostrom and Nilan M. Cirkovic, eds., *Global Catastophic Risks*. New York: Oxford University Press, 2008, 308-345.

Zuboff, Arnold. "One Self: The Logic of Experience." *Inquiry* 33 (1990): 39-68.

———. "Time, Self and Sleeping Beauty." 2008. Bit.ly/2HLZzrQ.

Zullo, Robert. "The Future of History: New Direction for Colonial Williamsburg Met with Praise, Backlash." *Richmond Times-Dispatch*, March 12, 2016.

The Doomsday Calculation
How an Equation that Predicts the Future Is Transforming Everything We Know About Life and the Universe
By William Poundstone

世界を支配するベイズの定理

スパムメールの仕分けから人類の終焉までを予測する究極の方程式

2019 年 12 月 30 日　第一刷印刷
2020 年 1 月 10 日　第一刷発行

著　者　ウィリアム・パウンドストーン
訳　者　飯嶋貴子

発行者　清水一人
発行所　青土社

〒 101-0051　東京都千代田区神田神保町 1-29　市瀬ビル
［電話］03-3291-9831（編集）　03-3294-7829（営業）
［振替］00190-7-192955

印刷・製本　ディグ
装丁　松田行正

ISBN978-4-7917-7240-7　Printed in Japan